国家科学思想库

中国学科发展战略

材料科学

中国科学院

科学出版社
北京

图书在版编目(CIP)数据

中国学科发展战略·材料科学/中国科学院编．—北京：科学出版社，2013

（中国学科发展战略）

ISBN 978-7-03-037376-2

Ⅰ.①材… Ⅱ.①中… Ⅲ.①材料科学—学科发展—发展战略—中国 Ⅳ.①TB3-12

中国版本图书馆 CIP 数据核字（2013）第 085283 号

丛书策划：侯俊琳 牛 玲

责任编辑：樊 飞/责任校对：宋玲玲

责任印制：赵 博 / 封面设计：黄华斌

编辑部电话：010-64035853

E-mail：houjunlin@mail.sciencep.com

科学出版社 出版

北京东黄城根北街 16 号

邮政编码：100717

http://www.sciencep.com

北京厚诚则铭印刷科技有限公司印刷

科学出版社发行 各地新华书店经销

*

2013 年 5 月第 一 版 开本：B5（720×1000）

2025 年 2 月第五次印刷 印张：16 1/4

字数：320 000

定价：138.00元

（如有印装质量问题，我社负责调换）

中国学科发展战略

指 导 组

组　长：白春礼

副组长：李静海　秦大河

成　员：詹文龙　朱道本　陈　颙

陈宜瑜　李　未　顾秉林

工 作 组

组　长：周德进

副组长：王敬泽　刘春杰

成　员：马新勇　林宏侠　张　恒

申倚敏　薛　淮　张家元

钱莹洁　傅　敏　刘伟伟

中国学科发展战略·材料科学

研 究 组

组　长：叶恒强

成　员：曹春晓　黄伯云　李龙土

卢　柯　王佛松　王　曦

王占国　姚　熹　朱　静

总 序

九层之台，起于累土[①]

白春礼

近代科学诞生以来，科学的光辉引领和促进了人类文明的进步，在人类不断深化对自然和社会认识的过程中，形成了以学科为重要标志的、丰富的科学知识体系。学科不但是科学知识的基本的单元，同时也是科学活动的基本单元：每一学科都有其特定的问题域、研究方法、学术传统乃至学术共同体，都有其独特的历史发展轨迹；学科内和学科间的思想互动，为科学创新提供了原动力。因此，发展科技，必须研究并把握学科内部运作及其与社会相互作用的机制及规律。

中国科学院学部作为我国自然科学的最高学术机构和国家在科学技术方面的最高咨询机构，历来十分重视研究学科发展战略。2009年4月与国家自然科学基金委员会联合启动了“2011～2020年我国学科发展战略研究”19个专题咨询研究，并组建了总体报告研究组。在此工作基础上，为持续深入开展有关研究，学部于2010年底，在一些特定的领域和方向上重点部署了学科发展战略研究项目，研究成果现以“中国学科发展战略”丛书形式系列出版，供大家交流讨论，希望起到引导之效。

根据学科发展战略研究总体研究工作成果，我们特别注意到学

① 题注：李耳《老子》第64章：“合抱之木，生于毫末；九层之台，起于累土；千里之行，始于足下。”

科发展的以下几方面的特征和趋势。

一是学科发展已越出单一学科的范围，呈现出集群化发展的态势，呈现出多学科互动共同导致学科分化整合的机制。学科间交叉和融合、重点突破和“整体统一”，成为许多相关学科得以实现集群式发展的重要方式，一些学科的边界更加模糊。

二是学科发展体现了一定的周期性，一般要经历源头创新期、创新密集区、完善与扩散期。并在科学革命性突破的基础上螺旋上升式发展，进入新一轮发展周期。根据不同阶段的学科发展特点，实现学科均衡与协调发展成为了学科整体发展的必然要求。

三是学科发展的驱动因素、研究方式和表征方式发生了相应的变化。学科的发展以好奇心牵引下的问题驱动为主，逐渐向社会需求牵引下的问题驱动转变；计算成为了理论、实验之外的第三种研究方式；基于动态模拟和图像显示等信息技术，为各学科纯粹的抽象数学语言提供了更加生动、直观的辅助表征手段。

四是科学方法和工具的突破与学科发展互相促进作用更加显著。技术科学的进步为激发新现象并揭示物质多尺度、极端条件下的本质和规律提供了积极有效手段。同时，学科的进步也为技术科学的发展和催生战略新兴产业奠定了重要基础。

五是文化、制度成为了促进学科发展的重要前提。崇尚科学精神的文化环境、避免过多行政干预和利益博弈的制度建设、追求可持续发展的目标和思想，将不仅极大促进传统学科和当代新兴学科的快速发展，而且也为人才成长并进而促进学科创新提供了必要条件。

我国学科体系系由西方移植而来，学科制度的跨文化移植及其在中国文化中的本土化进程，延续已达百年之久，至今仍未结束。

鸦片战争之后，代数学、微积分、三角学、概率论、解析几何、力学、声学、光学、电学、化学、生物学和工程科学等的近代科学知识被介绍到中国，其中有些知识成为一些学堂和书院的教学内容。1904 年清政府颁布“癸卯学制”，该学制将科学技术分为格致科（自然科学）、农业科、工艺科和医术科，各科又分为诸多学科。1905 年清朝废除科举，此后中国传统学科体系逐步被来自西方的新学科体系取代。

民国时期现代教育发展较快，科学社团与科研机构纷纷创建，现代学科体系的框架基础成型，一些重要学科实现了制度化。大学引进欧美的通才教育模式，培育各学科的人才。1912 年詹天佑发起成立中华工程师会，该会后来与类似团体合为中国工程师学会。1914 年留学美国的学者创办中国科学社。1922 年中国地质学会成立，此后，生理、地理、气象、天文、植物、动物、物理、化学、机械、水利、统计、航空、药学、医学、农学、数学等学科的学会相继创建。这些学会及其创办的《科学》、《工程》等期刊加速了现代学科体系在中国的构建和本土化。1928 年国民政府创建中央研究院，这标志着现代科学技术研究在中国的制度化。中央研究院主要开展数学、天文学与气象学、物理学、化学、地质与地理学、生物科学、人类学与考古学、社会科学、工程科学、农林学、医学等学科的研究，将现代学科在中国的建设提升到了研究层次。

中华人民共和国建立之后，学科建设进入了一个新阶段，逐步形成了比较完整的体系。1949 年 11 月新中国组建了中国科学院，建设以学科为基础的各类研究所。1952 年，教育部对全国高等学校进行院系调整，推行苏联式的专业教育模式，学科体系不断细化。1956 年，国家制定出《十二年科学技术发展远景规划纲要》，该规划包括 57 项任务和 12 个重点项目。规划制定过程中形成的“以任务带学科”的理念主导了以后全国科技发展的模式。1978 年召开全国科学大会之后，科学技术事业从国防动力向经济动力的转变，推进了科学技术转化为生产力的进程。

科技规划和“任务带学科”模式都加速了我国科研的尖端研究，有力带动了核技术、航天技术、电子学、半导体、计算技术、自动化等前沿学科建设与新方向的开辟，填补了学科和领域的空白，不断奠定工业化建设与国防建设的科学技术基础。不过，这种模式在某些时期或多或少地弱化了学科的基础建设、前瞻发展与创新活力。比如，发展尖端技术的任务直接带动了计算机技术的兴起与计算机的研制，但科研力量长期跟着任务走，而对学科建设着力不够，已成为制约我国计算机科学技术发展的“短板”。面对建设创新型国家的历史使命，我国亟待夯实学科基础，为科学技术的持续发展与创新能力的提升而开辟知识源泉。

反思现代科学学科制度在我国移植与本土化的进程，应该看到，20 世纪上半叶，由于西方列强和日本入侵，再加上频繁的内战，科学与救亡结下了不解之缘，新中国建立以来，更是长期面临着经济建设和国家安全的紧迫任务。中国科学家、政治家、思想家乃至一般民众均不得不以实用的心态考虑科学及学科发展问题，我国科学体制缺乏应有的学科独立发展空间和学术自主意识。改革开放以来，中国取得了卓越的经济建设成就，今天我们可以也应该静下心来思考“任务”与学科的相互关系，重审学科发展战略。

现代科学不仅表现为其最终成果的科学知识，还包括这些知识背后的科学方法、科学思想和科学精神，以及让科学得以运行的科学体制，科学家的行为规范和科学价值观。相对于我国的传统文化，现代科学是一个“陌生的”、“移植的”东西。尽管西方科学传入我国已有一百多年的历史，但我们更多地还是关注器物层面，强调科学之实用价值，而较少触及科学的文化层面，未能有效而普遍地触及到整个科学文化的移植和本土化问题。中国传统文化以及当今的社会文化仍在深刻地影响着中国科学的灵魂。可以说，迄 20 世纪结束，我国移植了现代科学及其学科体制，却在很大程度上拒斥与之相关的科学文化及相应制度安排。

科学是一项探索真理的事业，学科发展也有其内在的目标，探求真理的目标。在科技政策制定过程中，以外在的目标替代学科发展的内在目标，或是只看到外在目标而未能看到内在目标，均是不适当的。现代科学制度化进程的含义就在于：探索真理对于人类发展来说是必要的和有至上价值的，因而现代社会和国家须为探索真理的事业和人们提供制度性的支持和保护，须为之提供稳定的经费支持，更须为之提供基本的学术自由。

20 世纪以来，科学与国家的目的不可分割地联系在一起，科学事业的发展不可避免地要接受来自政府的直接或间接的支持、监督或干预，但这并不意味着，从此便不再谈科学自主和自由。事实上，在现当代条件下，在制定国家科技政策时充分考虑"任务"和学科的平衡，不但是最大限度实现学术自由、提升科学创造活力的有效路径，同时也是让科学服务于国家和社会需要的最有效的做法。这里存在着这样一种辩证法：科学技术系统只有在具有高度创造活力的情形下，才能在创新型国家建设过程中发挥最大作用。

在全社会范围内创造一种允许失败、自由探讨的科研氛围；尊重学科发展的内在规律，让科研人员充分发挥自己的创造潜能；充分尊重科学家的个人自由，不以"任务"作为学科发展的目标，让科学共同体自主地来决定学科的发展方向。这样做的结果往往比事先规划要更加激动人心。比如，19 世纪末德国化学学科的发展史就充分说明了这一点。从内部条件上讲，首先是由于洪堡兄弟所创办的新型大学模式，主张教与学的自由、教学与研究相结合，使得自由创新成为德国的主流学术生态。从外部环境来看，德国是一个后发国家，不像英、法等国拥有大量的海外殖民地，只有依赖技术创新弥补资源的稀缺。在强大爱国热情的感召下，德国化学家的创新激情迸发，与市场开发相结合，在染料工业、化学制药工业方面进步神速，十余年间便领先于世界。

中国科学院作为国家科技事业"火车头"，有责任提升我国原始创新能力，有责任解决关系国家全局和长远发展的基础性、前瞻性、战略性重大科技问题，有责任引领中国科学走自主创新之路。中国科学院学部汇聚了我国优秀科学家的代表，更要责无旁贷地承担起引领中国科技进步和创新的重任，系统、深入地对自然科学各学科进行前瞻性战略研究。这一研究工作，旨在系统梳理世界自然科学各学科的发展历程，总结各学科的发展规律和内在逻辑，前瞻各学科中长期发展趋势，从而提炼出学科前沿的重大科学问题，提出学科发展的新概念和新思路。开展学科发展战略研究，也要面向我国现代化建设的长远战略需求，系统分析科技创新对人类社会发展和我国现代化进程的影响，注重新技术、新方法和新手段研究，提炼出符合中国发展需求的新问题和重大战略方向。开展学科发展战略研究，还要从支撑学科发展的软、硬件环境和建设国家创新体系的整体要求出发，重点关注学科政策、重点领域、人才培养、经费投入、基础平台、管理体制等核心要素，为学科的均衡、持续、健康发展出谋划策。

2010年，在中国科学院各学部常委会的领导下，各学部依托国内高水平科研教育等单位，积极酝酿和组建了以院士为主体、众多专家参与的学科发展战略研究组。经过各研究组的深入调查和广泛研讨，形成了“中国学科发展战略”丛书，纳入“国家科学思想库—学术引领系列”陆续出版。学部诚挚感谢为学科发展战略研究付出心血的院士、专家们！

按照学部“十二五”工作规划部署，学科发展战略研究将持续开展，希望学科发展战略系列研究报告持续关注前沿，不断推陈出新，引导广大科学家与中国科学院学部一起，把握世界科学发展动态，夯实中国科学发展的基础，共同推动中国科学早日实现创新跨越！

前言

材料作为社会与经济发展的基础物资，一直伴随着时代的进步而前行。当今世界进入信息时代，其基础物资正是以硅为代表的功能材料。2011 年中国政府公布的促进经济转型的七大战略性新兴产业中，新材料正处其中；而其他四项：新能源、节能环保、新能源汽车、新一代信息技术，也都与材料密切相关。在专家评选的中国 2011 年十大科技进展中，有六项也得到材料研制的有力支撑，分别是歼-20 飞机、北斗导航系统、快中子堆、嫦娥二号、神八天宫对接、蛟龙号潜水器。

现代材料科学通过改进已有的制备技术或发明新的技术，从而获得更高性能或具有新性能的材料。通过表征设备性能的提高，从更深入的层次来理解材料结构与性能的关系。这是本学科发展的总体态势。随着科学的发展，材料科学与物理、化学、信息、生物等学科的交叉更为明显。准晶、超构材料等超出平移周期性但又具有广义周期性的晶体，碳-60 -碳纳米管-石墨烯材料，超晶格材料，诱导人体组织生长的生物医学材料应运而生，为材料学科的丰富与拓展打开了新的前景。因此，材料科学发展战略的研究更显其必要性和重要性。中国科学院技术科学学部认为，充分发挥中国科学院学部的咨询和思想库作用，长期深入开展基于国家利益的跨行业、跨部门、跨领域的材料战略研究具有重要意义。

2010 年，技术科学学部决定成立“材料科学学科发展战略研究”专题咨询项目，主要研究①材料科技发展的规律和趋势：材料的发展历史及规律；材料科技发展的总体趋势；材料科学的研究热点及分析。②国外特别是发达国家材料科技发展情况：主要发达国家近期材料发展规划、发展的重点、科研方向、产业模式、政策和资源导向；材料标准制定情况；世界的原材料资源情况。③我国材料科技的现状和存在的问题：我国社会发展对材料的需求；我国原材料资源及利用情况；我国材料产业的现状，满足需求的程度，和主要存在的问题及差距；我国材料科技发展水平、基本布局、存在的问题、对经济发展的支撑和与产业发展的衔接情况；材料科技产业政策的变迁和现实，不同阶段主要的材料瓶颈，关键问题，可借鉴的技术和经验；对材料科技发展重点、模式及政策的建议。

2010年正是我国国民经济发展“十一五”与“十二五”计划交接之时。与科技有关的各部门都召集大批专家制定“十二五”的学科战略发展规划。材料学科也是如此。相应地，也从发达国家收集到一些材料科学领域的发展规划。因此，研究组认为，广泛地再作一次调研和编写规划，没有必要。研究组决定集中在“近年重大事件”、热点、新生长点等方面进行重点研讨，并于2012年下半年完成《中国学科发展战略·材料科学》的整体书稿。

全书共分九章：第一章、第三章由中国科学院金属研究所叶恒强撰写；第二章由中国科学院金属研究所任文才、成会明撰写；第四章由中国科学院半导体研究所王占国撰写；第五章由中国科学院金属研究所李依依撰写；第六章由中国科学院金属研究所韩恩厚撰写；第七章由美国俄亥俄州立大学赵继成撰写；第八章由清华大学周济、李龙土撰写；第九章由清华大学朱静、中国科学院金属研究所叶恒强撰写。

同时，在本书成文过程中，得到了中国科学院金属研究所谭若兵研究员、李秀艳研究员、张华博士，中国工程物理研究院法涛研究员，以及中国科学院武汉文献情报中心的支持和帮助，在此一并致谢。

中国科学院金属研究所材料科学学科发展战略研究中心

2013年1月

摘要

《中国学科发展战略·材料科学》全面总结了2010～2011年材料科学的研究现状和研究动态，分析了若干重点分支学科发展态势，从学科的发展规律和该领域热点问题的特点出发，思考了有关分支学科的布局，提出了相应的重要科学问题、前沿方向，以及推动该学科领域发展的政策措施等。

本书就当前最受关注的纳米材料、新能源材料、生态环境材料作简单回顾之后，提出今后若干年的材料科学发展趋势。本书特别关注材料领域的重要事件和新生长点：新研制的材料层出不穷，新材料品种千千万万，但能在物质科学的基本认知上有所发现，非常可贵；对2010年获诺贝尔物理学奖的“石墨烯的发现”和2011年获诺贝尔化学奖的“准晶的发现”这两个与材料科学关系密切的事件做了解读，并对与此有关的研究方向进行了介绍。全书重点分析的材料科学分支学科有：钢铁材料——在我国家的经济腾飞中，作为基础材料的金属材料功不可没，钢铁材料的作用尤为显著；但这些材料的生产带来的能源及资源耗费，也引起社会的重视。光电功能材料——在全球社会与经济发展中，功能材料的发展是最快的，而且起某种引领作用。核电材料——日本福岛核电站受海啸的冲击，引起人们对核电安全性的恐慌。材料科学家有责任对核电材料的可靠性问题做出解答。

对材料科学的基础问题，本书选择了材料设计和表征进行重点论述。材料的计算设计，在2011年美国提出“材料基因组工程”之后，成为材料领域新的热点；材料的组织结构与性能表征，是材料科学四大支柱之一。近年由于透射电子显微镜实现了像差校正，不仅将分辨水平深入到亚埃尺度，而且电子束的品质也大为改善，使得诸多谱仪的空间分辨率和能量分辨率都上了一个台阶。本书对此分别做了系统的分析。

关于材料学科的新生长点，本书选择了超材料和建设材料系统研究中心两个议题。超材料由一些结构单元组成，这些单元的结构与性能是“普通的”，但组合在一起便产生与自然界物质不一样的性质，如负介电常数、负磁导率、负折射系数。由此派生出一些令人惊讶的现象：负折射、次波长成像、光逆行等。根据有关理论已设计并制造出新颖的器件，如超透镜、隐身衣等。材料研究正处在新时代的边缘——从观测到控制与预测，需要新的研究能力来实现。先进的合成制备技术（包括在极端环境下完成），以及对材料组织的调控与表征，就要从静态、二维发展到原位、动态和三维的测量手段，并与可预测的建模和模拟相结合。材料研制要跨出从实验摸索到可调制、有一定预测能力的一步，必须建设多种有特定目标、能将性能检测和组织表征集成到材料制备与加工流程上的材料系统研究中心。

目录

总序 …… i
前言 …… vii
摘要 …… ix

第一章 绪 论 …… 1

第一节 引言 …… 1
一、从需求出发将材料分类 …… 1
二、重点领域巡礼 …… 2
三、材料科学发展趋势 …… 6
四、关注材料领域重要事件和新生长点 …… 8
第二节 碳材料绽放新葩 …… 9
第三节 从晶体到准晶 …… 12
第四节 功能材料 …… 14
一、新能源材料 …… 14
二、光电功能材料 …… 16
第五节 金属材料学科 …… 17
一、钢铁材料 …… 17
二、轻质金属 …… 18
第六节 材料使役性能研究新机遇 …… 20
第七节 金属强韧化新途径 …… 22
第八节 计算材料学成为热点 …… 24
一、计算材料科学工具 …… 26
二、计算材料学的实验验证 …… 28
三、数据库 …… 28
第九节 超构材料 …… 29
第十节 材料结构表征 …… 32

第十一节 建设调控材料制备与性能的研究中心…… 36
一、依托大科学装置的材料组织表征和性能测试…… 36
二、包含大科学装置的材料系统研究中心…… 37
三、建设材料制备与性能调控中心…… 38
参考文献…… 39

第二章 石墨烯的历史、现状与未来 …… 42

第一节 石墨烯的研究历史、发现与意义…… 42
第二节 石墨烯的研究现状、趋势与应用前景…… 43
第三节 我国的石墨烯研究概况与建议…… 47
参考文献…… 48

第三章 准晶的发现与研究 …… 54

第一节 对传统晶体学的挑战…… 54
第二节 准晶研究的发展…… 60
一、寻找存在准晶的体系…… 63
二、扩展准晶存在的类型…… 63
三、结构描述…… 64
四、缺陷和相变…… 66
五、性能与应用…… 67
第三节 研究展望…… 67
参考文献…… 68

第四章 光电功能材料…… 70

第一节 硅和硅基半导体材料…… 70
第二节 GaAs、InP 和 GaSb 基Ⅲ-Ⅴ族化合物半导体材料和器件 … 72
一、GaAs、InP 和 GaSb 等单晶材料…… 72
二、低维半导体结构材料和器件…… 73
第三节 宽带隙半导体材料…… 77
一、GaN 基半导体材料 …… 77
二、碳化硅材料…… 79
三、氧化锌材料…… 79
四、半导体金刚石…… 81
第四节 光电传感材料与器件…… 82

一、碲镉汞面阵和双色焦平面探测器 …… 83
二、非致冷红外焦平面技术 …… 84
三、高性能 InGaAs 近红外探测器 …… 84
四、半导体低维结构红外探测器 …… 85
五、基于 InAs/GaSb Ⅱ类超晶格的红外探测材料与器件 …… 88
六、GaN 基紫外探测器材料与器件 …… 89
第五节　微纳结构光电功能材料 …… 90
第六节　半导体太阳能光伏电池 …… 91
一、元素半导体太阳电池 …… 91
二、化合物（第二代）太阳能光伏电池 …… 92
三、染料敏化太阳电池（DSSC） …… 93
四、有机半导体太阳电池（OPV） …… 93
五、新概念（新三代）高效太阳电池 …… 94
六、我国的光伏产业发展概况 …… 94
第七节　光电功能晶体材料研究进展 …… 95
一、激光晶体材料 …… 95
二、非线性光学晶体材料 …… 97
第八节　小结 …… 99
参考文献 …… 99

第五章　我国钢铁发展中的资源能源问题 …… 101

第一节　我国钢铁发展现状 …… 101
一、钢铁产量 …… 101
二、钢铁产能 …… 103
三、钢铁利润 …… 103
四、产业集中度 …… 103
第二节　我国钢铁发展中资源能源现状 …… 104
一、我国钢铁发展中资源现状 …… 104
二、我国钢铁发展中能源现状 …… 110
三、废钢资源 …… 112
第三节　钢铁发展面临的资源能源问题 …… 117
一、钢铁工业发展中资源问题 …… 118
二、钢铁工业发展中能源问题 …… 118
三、废钢存在的问题 …… 119

第四节 我国钢铁发展中的资源能源对策和建议 …………………… 119
一、关于开发国内铁矿石资源的政策建议 …………………… 121
二、关于开发国外铁矿石资源的政策建议 …………………… 122
三、应对国际铁矿石垄断化趋势的对策与建议 ……………… 123
四、应对国际铁矿石金融化趋势的对策与建议 ……………… 124
五、关于二次铁资源开发与利用的政策建议 ………………… 124
六、关于国家铁矿石资源储备的政策建议 …………………… 126
七、加强铁矿石高效利用与节能环保技术开发 ……………… 126
八、进一步建立与完善铁矿石技术标准 ……………………… 127
九、钢铁企业余能、余热的利用 ……………………………… 127
参考文献 …………………………………………………………… 128

第六章 核电材料的历史、现状与挑战 ……………………… 129

第一节 引言 ……………………………………………………… 129
第二节 锆合金 …………………………………………………… 130
一、国外锆合金的研究状况 …………………………………… 131
二、国内锆合金的研究状况 …………………………………… 133
三、锆合金的研发趋势 ………………………………………… 133
第三节 低合金钢 ………………………………………………… 134
一、发展历史与现状 …………………………………………… 134
二、国内外 RPV 钢的研究热点、问题与趋势 ……………… 135
第四节 不锈钢 …………………………………………………… 137
第五节 镍基合金 ………………………………………………… 137
一、核用镍基合金的发展过程 ………………………………… 138
二、核用 690 镍基合金的现状、问题与挑战 ………………… 138
第六节 焊接材料 ………………………………………………… 139
第七节 电缆 ……………………………………………………… 140
一、核电站电缆材料要求 ……………………………………… 141
二、核电站电缆的发展趋势 …………………………………… 142
第八节 混凝土 …………………………………………………… 142
第九节 核电关键金属结构材料的使役行为 …………………… 143
一、核电关键材料环境行为的主要研究部署 ………………… 144
二、服役过程中的主要性能退化机制 ………………………… 145

三、待解决的问题与研究趋势 …… 148
第十节　安全性评估与寿命评价技术 …… 150
一、压水堆核电厂的关键金属部件及其重要度排序 …… 150
二、反应堆压力容器（RPV）的安全性 …… 151
三、主管道和泵（铸造不锈钢）的热老化与结构完整性 …… 153
四、应力腐蚀开裂（SCC）评估 …… 155
五、金属疲劳评估 …… 156
六、无损检测 …… 158
七、安全评估与寿命评价的研究趋势 …… 159
第十一节　标准 …… 159
第十二节　小结 …… 161
参考文献 …… 162

第七章　材料基因组工程 …… 164

第一节　美国材料基因组计划简介 …… 164
第二节　材料中的“基因” …… 166
第三节　计算工具 …… 168
一、第一性原理和分子动力学计算 …… 169
二、CALPHAD方法 …… 172
三、显微组织预测 …… 173
四、力学性能预测和多尺度计算工具的集成 …… 174
第四节　实验工具 …… 175
一、扩散多元节方法 …… 175
二、高通量材料性能测试方法 …… 176
三、数字化三维微观结构的表征与分析 …… 180
四、组合材料学方法 …… 181
第五节　数据库及材料信息学 …… 181
第六节　成功实例 …… 182
第七节　小结 …… 183
参考文献 …… 185

第八章　超材料拓展材料科学研究新领域 …… 198

第一节　超材料的崛起 …… 198

第二节　高性能材料构造的新策略 …… 200
第三节　人工超材料的困境及其与天然材料的融合 …… 201
第四节　利用超材料结构改进与提高材料性能 …… 203
第五节　探寻天然材料中的超常特性 …… 204
第六节　战略思考 …… 205
参考文献 …… 205

第九章　材料组织结构研究的新机遇 …… 207

第一节　电子显微镜已可在原子尺度给出材料的成分与结构信息 …… 208
第二节　电子透镜的像差及其校正 …… 211
一、电子透镜像差 …… 211
二、像差校正器 …… 212
三、单色器 …… 215
第三节　材料显微研究新机遇 …… 217
一、像差校正电子显微学 …… 217
二、扫描透射电子显微学与原子柱元素分辨的成分分析 …… 222
三、三维原子像 …… 223
四、复杂结构晶体表面与界面 …… 224
五、时间分辨电子显微术 …… 226
六、电子全息术 …… 228
七、原位电子显微术 …… 232
第四节　小结 …… 232
参考文献 …… 233

第一章　绪　论

第一节　引　言

一、从需求出发将材料分类

材料通常按其属性分为结构材料、功能材料、多功能材料、生物材料。随着节能、可持续发展和经济转型需求的日益迫切，材料可以从新的视角进行分类，即能源相关材料——安全的、清洁的、可负担的采集、运输与使用能源有关材料；可持续性材料——聚焦于交通、建筑与基础设施、有利于降耗、重复使用与循环经济的材料；高端市场有关材料——包括人体健康、有创造力的工业、国防与安全有关材料。这种分类更靠近使用需求，或者说更符合市场需求。

表 1-1 是把通常分类的材料与技术按上述三种需求进行分类[1]。

表 1-1　按使用需求将材料分类

材料与技术	能源	可持续性	高端市场
轻质材料	*	*	*
苛刻条件用材料	*	*	*
光电功能材料	*	*	*
智能材料	*	*	*
表面工程与涂层技术	*	*	*
近净成型加工	*	*	
纤维与织造	*		*
生物吸收、活性与相容材料			*

续表

材料与技术	能源	可持续性	高端市场
自然与生物基材料		*	*
连接技术	*	*	*
便携电器电池材料	*		*
纳米材料	*	*	*
生态材料		*	
循环使用材料设计		*	
全寿命材料预测	*	*	*

由表 1-1 可以看出，凡是研究历史比较悠久的材料和有关科学领域，适应时代的进展需求也比较好，从而在三种需求方面都得到认可。相对而言，与生态相关的材料和有关材料科学问题，则正在发展之中。

二、重点领域巡礼

以下就当前最受关注的纳米材料、新能源材料、生态环境材料作简单回顾。

（一）纳米材料

2011 年在纳米材料及其应用方面取得许多进展。相应文献［2］对此进行了综述，将其转述如下：

1. 制备技术

中国科学家采用温控电弧炉大批量制备出非晶碳纳米管，并提出非晶碳纳米管生长的物理模型，为非晶碳纳米管的可控制备与应用提供了新的思路。

美国物理学家将只有几个埃大小的铁单晶放入空的碳纳米管的内部，铁的纳米晶可存储数据位。美国研究人员用化学插层的方法，将钾原子插入氮化硼纳米管中，钾会撕开纳米管的化学键并与之组合成新的化学键，使纳米管沿纵向撕开，形成纳米带。

美国、澳大利亚、加拿大、韩国等国研究人员合作，用碳纳米管制备出新型螺旋纱纤维，其扭曲能力有数量级的提高，有较好的应用前景。

中国和美国科学家合作，利用甲醇和乙醇混合碳源，借助碳纳米管和石英单晶晶格的相互作用，在石英表面制备出含量为 95%～98%的半导体型平行单壁碳纳米管，实现了对碳纳米管平行性和导电性的同时控制。

南开大学研究组成功合成纳米晶 $M_xMn_{3-x}O_4$（M 是二价金属）尖晶石，用于氧化还原反应和析出反应，大大提高了反应活性。

2. 新能源应用

美国研究人员利用锂离子可在石墨烯表面和电极之间大量快速穿梭运动的特性，开发出新型储能设备，使之兼具高功率密度和高能量储存密度的特性，有可能将充电时间从数小时缩短到一分钟以内。美国伦斯勒理工学院研究人员制成“纳米铲”，可减轻阳极充电时的压力，使小型锂电池充电速度有数量级的提高。美国科学家发现偶苯功能化碳纳米管在太阳能储存方面有快速、容量大的优点。美国佐治亚理工学院的科学家用氧化锌制成的纳米金属丝，在受迫振动时会产生微弱电压，使用数百万条纳米金属丝制成“纳米发电机”，由5个“纳米发电机”组成的微型晶片就能产生3伏电压。

北京大学研究组利用碳纳米管能产生光伏效应的性质，通过使碳纳米管虚拟接触，可将碳纳米管产生的光伏电压放大，在一根长10微米碳纳米管产生了超过1伏的电压。

3. 超构材料

超构材料主要是针对可见光设计的，所以构件单元和周期排布的距离也在数百纳米量级。美国科学家用纳米超构材料研制出“隐形毯”，它专门为需要隐匿的物品而特制。根据大小不同而设计不同的纳米多孔氧化硅基底，使物体在整个可见光波段都无法被侦测到。

4. 磁性材料

中国和美国科学家采用锰掺杂和微纳加工相结合的办法，将居里温度为180开的（镓、锰）砷薄膜加工成纳米尺寸条状结构，再通过低温退火使居里温度提高到200开，改写了之前191开的世界纪录。

5. 生物医用材料

德国科学家利用光学镊子，把高度聚焦的激光束用来捕获、加热并控制金纳米粒子，使之融化细胞膜，从而溶解生病的细胞。

美国科学家研制出多孔的直径为150纳米的二氧化硅粒子，使之存储种类繁多的药品，据说可以用于攻击癌细胞。

加拿大科学家结合叶绿素及脂质制造出独特的纳米粒子，其结构如同微小又多彩的水球，可装填药物来治疗所瞄准的肿瘤。

英国科学家开发出一种直径为几十纳米的微粒，每个微粒可以携带上百个光敏分子，如果把这种微粒送入肿瘤，将起到治疗作用而不会在健康组织中引起副作用。英国科学家研发一种可以实时监测糖尿病患者血糖的纳米贴片，其上有许多微小针头，每个针头都包含精密的纳米线，可以感应患者血液成分。

美国和印度科学家用一种高分子乳酸糖醇解酸聚合物将直径约 200 纳米的螺旋状碳纳米管纤维编织成一片直径 22 毫米、厚约 15 微米的圆形网状心脏纳米补丁，这种人造纳米补丁能再生出天然的心肌细胞和神经细胞，让心脏上面的受损区域重新修复。

6. 分离膜

美国科学家使用嵌段共聚物合成出一种新型纳米膜，孔洞约为 55 纳米，足以让水分子通过而过滤出细菌，人类有望通过这种手段获得健康饮水。

英国科学家利用类似的技术，在 50 纳米孔中利用电荷高速推进 DNA 链，当 DNA 链出现在芯片后面时，它的编码序列被一种电极接头读取隧道电流，这大大加快了 DNA 测序速度。

以上转述，对于纳米领域的科学家的研究成果而言，只是其中一部分，仅希望能引起读者的兴趣。

（二）新能源材料[3]

新能源材料主要关注高能量转换效率与存储材料和高效催化材料。这包括：①高效低成本太阳能利用材料。②高效二次电池材料。③质子交换膜燃料电池材料。④中低温固体氧化物燃料电池材料。⑤超级电容器材料。⑥储氢材料。⑦非贵金属催化材料。贵金属被证明是很好的催化材料，从可持续发展的要求，寻找非贵金属新型催化材料已迫在眉睫，主要关注贵金属催化剂替代；纳米尺度新型非贵金属催化材料的催化性能及规模化应用；非贵金属催化材料的功能调控及新催化体系的开发及拓展。

从催化材料的角度，介绍三方面的进展。

1. 二氧化碳化学能转换材料

二氧化碳被认为是无色、无味的无害气体，现在已被证明为全球气候变暖的罪魁祸首。全世界每年排放 350 亿吨二氧化碳，为减少碳排放，各国政要展开热烈讨论、企业家们费尽思量。除了深埋储藏途径外，化学家看重二氧化碳的碳和氧元素，作为单质，它们都是很好的能源。首先，利用纯二氧化碳制甲醇，已经达到工业规模，全世界有近 90 家这样的工厂。化学家认为目前的工艺路线并不高效，一方面不能很好利用燃煤从烟囱中排出的废气；另一方面所使用的催化剂也有待改进。德国的科学家分析了目前使用的催化剂体系：铜＋氧化锌＋氧化铝。通过精巧的配比和严格控制的工艺（pH 和温度），确实收到好的效果。但从工业界看来，将铜微粒放置在光滑的氧化锌表面的催化剂没法搬到大生产的反应器中。科学家从谱仪和透射电子显微镜的研究中发现，催化剂一方面要高的比表面（这样的多孔铜称为“纳米海绵”），另一方面要想法将氧化锌颗粒渗到铜的孔中，催化剂的活性区域正是氧化锌与铜缺陷区的接合部。这样的催化剂满足了工业界的需要。其他的利用包括用镍作催化剂将甲烷加二氧化碳变成一氧化碳加氢气，通常称为合成气，将苯和二氧化碳在氧化物催化下生成苯乙烯。

2. 生物质制油

人们意识到地球的化石能源终有枯竭的一天，寻找可持续的替代能源迫在眉睫。太阳能、风能、水力能既清洁，又取之不竭，这虽然很好，但比之石油和煤，它们也只能转变成电能。例如，它们不能做出塑料瓶。化石能源中的有机物成分极其可贵，它们是许多化工原料的来源。生物质同样来自大自然，同样含有丰富的有机物成分。生物质主要包括薪炭林、经济林、用材林、农作物秸秆和农林产品加工残余物（如甘渣、木屑）等。作为唯一能够直接转化为液体燃料的一种可再生能源，生物质以其产量巨大、可储存和碳循环等优点引起全球的广泛关注。将可再生的生物质资源转化为洁净的高品位液体燃料部分替代石油，不仅可使我们摆脱对有限石油资源的过分依赖，而且能够大幅度减少污染物和温室气体的排放，改善环境，保护生态。生物质油（Bio-oil）是纤维素、半纤维素和木质素的各种降解物所组成的一种混合物。其初步市场定位是替代重油、柴油和煤焦油等。生物质油可作为燃料直接燃烧使用，例如，可用作燃油锅炉和工业窑炉燃料；也可经过精制加工后可替代 0 号柴油作为内燃机燃料；亦可作为化工原料提取或加工各种化工产品（如防腐剂、食品调料、脱硫脱硝剂、有机肥料、羟基乙醛、左旋葡聚糖等）。

发展生物能源产业必须具备资源条件、技术条件和体制条件。中国发展生物能源产业有着巨大的资源潜力。我国人口多，虽然可作为生物能源的粮食、油料资源很少，但是可作为生物能源的生物质资源有着巨大的潜力。如农作物秸秆尚有 60%可用于能源用途，约合 2.1 亿吨标准煤，有约 40%的森林开采剩余物未加工利用，现有可供开发的生物质能源至少能达 4.5 亿吨标准煤，同时还有约 1.33 亿公顷宜农宜林的荒山荒地可用于发展能源农业和能源林业。利用农林废弃物，开发宜林荒地，培育与生产生物能源资源发展生物能源产业，还可以增加农民的就业机会。

生物质油的关键技术环节是快速热解，这一技术理论提出于20世纪70年代末，即将经粉碎后的农作物秸秆快速加热至500多度，促使其由大分子热解裂变为小分子形成油离蒸气，再快速冷凝生成生物质油。目前这技术的效率还不高。从催化剂的角度看，因为参加反应的大分子比较多，要提供广谱催化效应的催化剂有很大难度。另外，生物质来源的分散也是个问题，收集生物质同样要耗费能源。

3. 碳纳米管催化剂

长期以来，催化剂是贵金属一枝独秀，其缺点是资源少、用量大。最近科学家发现碳纳米管在苯乙烯生产中的催化作用很好，苯乙烯是塑料生产的重要原料，年产量达2千万吨。世界上第一条碳纳米管催化生产苯乙烯的中试线建在中国。

（三）生态环境材料[3]

1. 高效水处理材料

新型高性能海水/苦咸水反渗透膜的制备、结构形态调控及其检测；重污染水应急吸附和凝聚材料的设计与快速吸附机制；荒漠化治理和农林业种植用环境友好材料的制备与生物可降解性。

2. 可降解材料

天然高分子的多层次结构、塑化和熔融加工、新溶剂和溶解机制及溶液性质研究；以全部或部分生物质为原料合成生物可降解高分子材料的结构设计与合成及其合成新方法；生物可降解高分子材料的新型高效催化剂体系的研究；生物降解高分子材料的降解性表征方法、流变学、生物降解机制、降解速度与力学、热学综合调控方法研究。

三、材料科学发展趋势

在21世纪跨入第二个10年之际，各国都制订2010年之后若干时间段的材料科学发展战略规划。我国在不同层面（如国家自然科学基金委员会、高技术计划、重点基础研究发展计划等）也制定了“十二五”材料领域发展规划。国家自然科学基金委员会和中国科学院合作研究了《未来10年中国学科发展战略·材料科学》[3]；中国科学院发布了《中国至2050年先进材料科技发展路线图》[4]。关于未来若干年的材料科学发展趋势，不同研究组给出趋同的意见，现按文献［3］的表述归纳如下：

1. 注重多学科的交叉与综合

综合利用现代科学技术的最新成就，发展现代材料科学；通过多学科交叉融合，不断开拓创新，共同创建"物质科学技术"大学科。

2. 发展材料合成、制备与表征科学技术

以原子、分子为起始物质进行材料合成，并在微观尺度上控制其成分和结构，已成为现代先进材料合成制备技术的重要发展方向；环境协调和低成本的合成制备技术普遍受到人们重视；在某些领域，材料合成制备已与器件设计制造实现一体化；材料制备合成的新技术、新装备不断涌现。

3. 多层次、跨尺度的多级耦合发展

在未来较长一段时间内，材料研究将向两个方向不断发展：小到纳米尺寸及原子量级，大到大型和超大型结构。一方面，对于超小尺寸和超大尺寸材料、器件的制备的越来越强烈的需求，需要更加系统的理论来支持；另一方面，计算技术的发展使得在不同尺度的多个单元设计和模拟成为可能，而观测精度的不断提高和视场的不断扩大也使得从原子尺度到微观再到宏观的研究从实验上成为可能。如何实现从原子层次到宏观材料行为的多层次设计和研究，进行各尺度之间的耦合，建立起跨尺度的材料系统理论是材料科学亟待解决的问题，材料科学家在这一方面进行了有益的探索，这方面，纳米材料与器件科学技术是当前及未来一段时期内纳米科学技术的研究重点之一，在未来一段时间还会有重大的发展。

4. 全寿命成本约束

材料的生产和应用经历"自然资源—材料—零件—器件—系统—废品/资源"的过程，相应地，材料全寿命成本包括原料成本、制造成本、加工成本、组装集成成本、检测成本、维护成本、修复成本和循环使用成本，是材料在其寿命周期中对资源、能源、人力、环境等消耗的叠加。随着社会经济的发展和科学技术的进步，考虑材料的全寿命成本并研究应用相应的控制技术已经或即将成为必然趋势。

5. 结构功能一体化

材料按用途可分成结构材料和功能材料。进入 21 世纪，材料的产量增速放慢，但是对材料综合性能的追求更高，原有品种的性能在不断改善，性能更为优越的品种不断增加，人们不断开拓出具有新功能的材料。现阶段材料结构功能一体化的需求更加突出，实现材料的结构功能一体化，同时实现材料与器件相结合，制备的器件多功能化是材料的发展趋势之一。

四、关注材料领域重要事件和新生长点

2010 年诺贝尔物理学奖颁发给石墨烯的发现者，2011 年诺贝尔化学奖授予准晶的发现者。新研制的材料层出不穷，新材料品种千千万万，但能在物质科学的基本认知上有所发现，非常可贵。石墨烯和准晶的获奖，是材料科学领域的重要事件。本章第二、三节和本书的第二、三章，将详细谈到它们的发现与研究。

在新兴国家的经济腾飞中，作为基础材料的金属材料功不可没。钢铁材料的作用尤为显著。但这些材料的生产带来的能源及资源耗费，也引起社会的重视。在全球社会与经济发展中，功能材料的发展是最快的，而且起某种引领作用。本章第三、四节及本书的第四、五章，将论述这两个问题。

在材料学科发展方面，材料的使役性能一直受到关注。日本福岛核电站受海啸的冲击，引起人们对核电安全性的恐慌。材料科学家有责任对核电材料的可靠性问题做出解答。材料追求高强度，同时有足够的韧性，是最好的选择。近年来，从块体纳米铜材料研究出发，中国和美国科学家提出利用孪晶的共格界面来强化并吸收部分位错以达到提高韧性，为金属材料的研制开拓出新的局面；在 2011 年美国提出“材料基因组工程”之后，材料的计算设计成为材料领域新的热点；材料的组织结构与性能表征成为材料科学四大支柱之一。近年由于透射电子显微镜实现了像差校正，不仅将分辨水平深入到亚埃尺度，而且电子束的品质也大为改善，使得诸多谱仪的空间分辨率和能量分辨率都上了一个台阶。本章第五、六、七、八节和第六、七、九章，将分别作系统的分析。

关于材料学科的新生长点，选择了超构材料和建设材料系统研究中心这两个议题。将在本章第九、十节和第八章中介绍。

中国材料界的另一个重要事件是师昌绪院士获得 2010 年度国家最高科学

技术奖。师昌绪院士带领的科研团队自主设计并研制成功的九孔高温合金涡轮叶片，使我国成为继美国之后第二个开发该关键材料技术的国家，40 多年来大量应用于我国多种飞机发动机。他获得国际材料学会联合会授予的“实用材料创新奖”，是中国金属学会高温合金领域唯一的“终身成就奖”获奖人。师昌绪院士作为材料研究领域的战略科学家，以敏锐的洞察力、前瞻的战略思维、强国富民的责任感，在我国科技发展战略咨询中做出了重大贡献。师昌绪院士的获奖是中国材料界的光荣，我们向敬爱的师昌绪院士表达最诚挚的祝贺和最崇高的敬意。

第二节　碳材料绽放新葩

碳材料研究可以说是近 20 年来最活跃的科学领域之一。无定形碳存在于煤炭之中，是人们日常生活最常见的碳元素形式。石墨则在制造铅笔、电极、电刷等生产领域成为重要的工业原料。金刚石因其闪烁的光辉和坚硬的程度，成为加工宝石的原料并可作为切割工具。1985 年、1991 年、2004 年接续报道了富勒烯、碳纳米管、石墨烯的发现，使碳材料家族中又增添了新的成员。这不仅在元素的存在结构与形态上的多样性是少有的，而且 1996 年诺贝尔化学奖颁给富勒烯的发现者，2010 年诺贝尔物理奖颁给石墨烯的发现者，而唯独没有给碳纳米管的发现者颁发奖项，这引起人们对“发现”含义的诸多议论。

首先从富勒烯的发现[5]谈起。1975 年，英国苏塞克斯大学化学系的克罗托（Harry Kroto）开始了研究星际分子中氰基丁二炔（H—C═C—C═C—C═N，简称 HC5N）的射电微波谱。当时被发现的星际分子的片段尚小，克罗托的雄心是要找到 HC33N 的大段分子。关心星际尘埃的另一些科学家触摸到大原子数的碳分子。美国亚利桑那大学物理系的赫夫曼（Donald Haffman）和德国马克斯-普朗克核物理研究所的克雷奇默（Wolfgang Kratschmer）用光吸收谱看到 217 纳米处有一个吸收峰，正处于紫外区。电磁理论告诉人们，紫外区的强烈吸收表明存在尺寸约为纳米的颗粒。他们于 1982 年试图在碳蒸发器收集石墨颗粒未能重现 217 纳米吸收结构。1984 年春，克罗托应另一位微波光谱学家，美国赖斯大学的柯尔（Bob Curl）之邀，到该校访问。在赖斯大学，他参观了斯莫利（Rick Smalley）的实验室，看到有一台很先进的激光蒸发原子团簇质谱分析仪器。克罗托建议用石墨作靶进行实验，以完成他研究氰基碳的夙愿，但斯莫利没有听进去。返回英国后，克罗托看到了埃克森石油公司实验室的三位科学家用激光蒸发器对石墨做出的2～190的碳原子团簇，其中碳-60和碳-70的丰度甚高，但对碳原子簇结构没有提出明确的见解。这个实验结果使得克罗托大为懊恼。其时赫夫曼和克雷奇默也意识到埃克森实验室的结果与217纳米吸收峰的关联。1985年8月23日，斯莫利的学生希思（Jim Heath）、奥布赖恩（Sean O'Brien），柯尔的学生张清玲（Qing-Ling Zhang）和另一位教授的学生刘元（Yuan Liu）重复了18个月前埃克森小组进行的团簇实验，意外发现飞秒质谱仪满量程地观测到碳-60的信号。以后的实验重复了这个结果，他们确实在实验室里制造出前所未见的碳-60。尽管最后克罗托等人也构造出碳-60的原子模型，但是科学先知们的预见性也让人们大吃一惊。在1966年11月出版的《新科学家》杂志中，化学家琼斯（David Jones）提出了弯曲石墨面成为“气球”的设想，在其1982年出版的书中，他明确指出，石墨面必须引进缺陷，而很可能是五边形。他从数学家欧拉（Leonhard Euler）1752年证明的多面顶点数加上它的面数，等于其边数加2，从而得到纯六角形不可能构成多面体的结论。1917年，新英格兰的发明家富勒从力学的角度构筑宏观结构，设计建造荷载、张力和应力分布异常均匀的建筑，从此网格球顶在建筑学领域风靡一时。虽然富勒本人没有提到类似足球结构的60个角顶的结构，但富勒的网格球顶的确包含了碳-60及更大型球状碳分子的构型，后人还是以他的名字命名碳-60及其相关原子团簇。60个碳原子构型球形分子的首创应归于日本化学家大泽（Eiji Osawa），他在1971年的《芳香性》一书中，对此已有描述。1988年，赫夫曼和克雷奇默在用碳蒸发器制备的“碳灰”中，成功重复了217纳米吸收结构，而且在红外谱中观察到4条谱线，体现出碳-60大分子足球状结构的二十面体对称性。当然，能使碳-60被科学界公认，还要经过许多化学家的合成制备，物理学家的严格测量表征，以及物理学家、数学家的理论计算验证。这一切，都经过近10年的努力才尘埃落定。1996年，诺贝尔化学奖授予柯尔、克罗托、斯莫利，他们是最早在实验室中制备出足球状碳-60分子的人。

碳-60的发现也给电子显微学家提供了机遇。日本科学家饭岛（Sumio Iijima）在拍摄碳-60的电子显微像过程中，观察到中空的纳米碳管。他于1991年发表了发现碳纳米管的论文[6]，次年宣布了大规模合成碳纳米管的方法。饭岛对碳纳米管的结构、手性、形态进行了系统的描述，并用电子显微像和电子衍射做了准确的表征。关于碳纳米管的发现过程，《碳》杂志的主编蒙梯欧克斯（Marc Monthioux）和俄罗斯科学家库茨涅索夫（Vlaimir

L. Kaznesov）2006 年撰文给予说明[7]。他们指出，奥柏林（A. Oberlin）等在 1976 年发表于《晶体生长》杂志研究通过苯分解碳的丝状生长时，公布了一幅中空的、很像单壁碳管的照片，管径大于 5 纳米[8]，受放大倍数的限制，管壁未能分辨出石墨层。考虑到管径过大，不大符合单壁碳纳米管的稳定范围，那就很难肯定那就是（尽管很像）单壁碳纳米管。在当时碳研究学界也不认为石墨面卷曲成管是可能的。关于多壁碳纳米管的报导无疑归属于饭岛 1991 年的论文。尽管两百多年前就有制备丝状碳的报导，但那显然不是碳纳米管制备的证据。那时的显微镜分辨水平不可能看到丝状碳纤维中的管道。20 世纪中叶，透射电子显微镜提供了这种可能性。1952 年，苏联科学家在《物理化学杂志》中发表了多幅管状碳纤维的电子显微像，估计管壁有 10 余层石墨面[9]。随后，还有若干类似的工作发表。例如，希拉特（M. Hillert）等[10]就从事过碳纳米管的电子衍射研究。《碳》杂志的文章进一步指出："为什么饭岛的文章正当其时地对科学界产生这么大的影响？首先，碳纤维和碳管长时间被这样一些材料科学家所研究，他们的主要目的是去理解纤维和管的生长机制，以便在煤、钢铁工业及核反应堆的冷却通道中防止它们的形成。对基础研究的物理学家来说一点都提不起兴趣！另外，这些物理学家也不去看材料和化学领域的杂志，如《碳》杂志，所以不知道相关的进展。第二个原因更重要，即科学界成熟的程度，这包括一系列合适条件的结合，例如，适当的材料、相关理论的发展、研究工具、科学理念等，在 1991 年之前，这些很难用'纳米'的思维去想象。所以，1991 年饭岛论文能有不容置疑的巨大冲击得益于各种有利条件的结合，即高质量的论文，被包括基础研究科学界和研究基本问题的物理学家在内的全体自然科学界阅读的高影响力的刊物，由早些时候全球性研究热点，如碳-60 所激发的热情，以及已准备好接受纳米热浪冲击的全然成熟的科学读者"。饭岛被认为是碳纳米管的发现者是当之无愧的。"公认的发现者往往不是最先的发现人，而是这样的一些人——充分发展了先驱的设想，迫使社会勉强接受它们。因此，使这些发现得以成功的主要功劳应归于他们。"[11]

找寻石墨烯的发现者没有那么曲折，第二章将详细说明这类碳材料的新葩的发现与研究情况。

碳纤维是具有工程使用价值的重要的碳材料。由于它的密度低、强度和模量都很高、导热导电性能好，是高质量装备用复合材料的关键材料。但高质量碳纤维的生产，长期为日本 Toray、Toho、Mitzubishi 公司和美国 Cytec、Hexcd 公司，德国 SGL 公司，匈牙利 Zoeten 公司，我国台湾台塑集团所垄断。我国对碳纤维的需求量巨大，2008 年的进口量达世界总产的 1/4。近年内，由于国家的重视和民营企业的积极性增加，碳纤维的研制与中试有了长足的进步，到 2011 年，已有 20 家企业形成可观的生产能力，但高性能的碳纤维仍在研制之中。

第三节　从晶体到准晶

晶体内原子在三维周期性分布，其特征就是平移周期性。当波长与原子间距相近的射线在晶体产生散射时，原子分布的周期性对特定散射方向有干涉加强的作用称为衍射。射线在晶体中产生明锐的衍射反过来又成为晶体的一种定义。

在其他科学领域中，不严格的周期性叠加得到关注，例如，天体运动的不严格周期循环，声学中有着非公度频率的声波的合成等。举一个简单的例子，波形 $y_1=\sin x$ 和 $y_2=\sin 3x$ 的叠加会产生一个新周期波形。但 $y_3=\sin x+\sin\pi x$ 的叠加将是一个非周期性的波形，因为 1 与 π 是非公度的。广而言之，有着互为非公度频率的一系列正弦函数的叠加产生的非周期函数，在极致的情况可以用一个非常长的长周期的周期函数去逼近它。这类函数称之为概周期函数（almost periodic functions）。该类函数在 20 世纪 20～30 年代在欧洲大陆得到系统的研究。S. Bochner 曾证明，概周期函数的傅里叶变换也是一系列点 δ 函数[12]。仍以上面的例子说明，$y_4=\sin x+\sin 3x$ 的傅里叶变换将是分立的 1 和 3；而 $y_3=\sin x+\sin\pi x$ 的频谱是分立的 1 和 π。概周期函数的特征（在声学领域中早已出现准周期函数“quasiperiodic function”的称谓）并没有引起晶体学界的注意。尽管晶体中的调制结构已经有概周期函数的味道，但非公度结构似乎总可以用一个足够大的周期去近似它，而且晶体中的非公度调制一般比较弱，晶体中的准周期性并未引起足够的重视。

晶体学概念的拓展是从另一个更直观的角度产生的。前面所说晶体中原子的三维周期性，对简单结构比较容易说清楚，对于复杂结构，晶体学家采用抽象的对称群的说法，即“原子三维周期性”换成“阵点三维周期性”，而阵点是一组原子团簇的几何抽象。原子团簇内原子排布有旋转对称、镜面对称、反演中心等及其组合。阵点周期性即平移对称，在三维有 14 种点阵形式。将原子团簇放入点阵，旋转对称将受到平移对称的约束，只有 1、2、3、4、6 次旋转对称是允许的，5 次及 6 次以上旋转对称则为平移对称所不容。

1982 年 4 月，以色列科学家 Shechtman 在美国作访问研究时，在 Al-14%Mn 合金的电子衍射中观察到奇异的五重对称衍射图[13]，进一步的倾转试验证实存在一种有着三维二十面体对称（m35）的新相。这就是准晶相。（详见第三章）肯定了晶体五重对称的存在第一个直观结果就是打破了平移对称性。这就从根本上动摇了晶体学的传统观念。很快一两年间，8、10、12 次旋转对称的准晶也被发现。进一步的研究表明，具有传统晶体学允许的立方、6 次对称也会出现不遵守平移周期性的现象。更简单地说，一维准晶既不遵守平移对称，又与旋转对称的"正常"与"非正常"不相干。于是，人们的目光又转向概周期函数，晶体的平移周期性概念应该扩展到平移准周期性，准周期性既容纳"非常"的旋转对称，又能像传统晶体那样给出明锐衍射。1992 年，国际晶体学会对晶体定义提出了新的表述："晶体是能给出明锐衍射的固体，非周期晶体是没有周期平移的晶体。"[14]

从事基础研究的科学家经常会面对公众提出的这样问题："你的研究很精彩。但是它有什么用呢?"特别是准晶的发现已经过去近 20 年了，这样的问题更有现实意义。对于科学家来说，从新发现的科学现象到确定其理论与实验的坚实根基，往往需要多年的时间。以碳- 60 大分子为例，从星际尘埃中紫外吸收谱的提示到实验室制备出碳-60，经过 8 年之久。从实验室制备小量的碳-60 到完全确证其为足球状的正二十面体构型，也花了七八年的时间。在新技术不断推出的世界里，类似富勒烯和准晶这样的新物质，如何应用于商业性开发，只是时间问题。下面举一个准周性应用于介电体超晶格的例子。

半导体的电子输运与晶体中能带结构密切相关。通过能带设计与裁剪，实现电子的调控和光子的发射，为微电子、光电子技术打开了新的思路。20 世纪 70 年代，半导体超晶格的出现，开拓了能带工程的新领域。将周期微结构引入介电晶体，也可以构成介电体超晶格。超晶格的周期与光波、超声波波长相近，就出现光子能带、声子能带。介电常数周期调制的介电体超晶格，称为光子晶体；非线性光学常数被调制的称为准位相匹配材料。南京大学的研究组将准周期引入介电体超晶格。对于一维周期超晶格而言，只有一组倒易点阵矢，只能高效地完成一个光参量过程。如前所述，准周期超晶格哪怕只是一维，仍然可以有多组倒易点阵矢，从而可以同时高效完成多个光参量过程。他们在建立多重准位相匹配理论的基础上，在实验上将两个光参量过程高效地集成于一块准周期超晶格之中，实现了激光的倍频输出[15]；随后又研制出超晶格三基色和白光全固态激光器原型[16]。

第四节 功能材料

功能材料种类繁多，这里只关注一些新能源材料和光电功能材料。

一、新能源材料

（一）稀土材料

稀土是中国最丰富的战略资源，是很多高技术产业所必不可少的原料。由于其具有优良的光、电、磁等物理特性，能与其他材料组成性能各异、品种繁多的新型材料，其最显著的功能就是大幅度提高其他产品的质量和性能，因此被广泛应用于航空、航天、军工、信息、能源、生物、海洋等领域。

中国不少战略资源相对贫乏，但稀土资源却相对丰富。然而，在相当长的一段时间，具有绝对优势的稀土资源的重要性并未被我国所重视，长期作为低端矿产品出口，造成了宝贵资源的廉价流失。

目前，我国是世界稀土资源、生产、出口和消费的第一大国，在世界上具有举足轻重的地位。经过 50 多年的发展，我国建立了较完整的稀土采选冶工业和稀土材料制备与应用体系，特别是稀土永磁、催化、发光和储氢等材料已实现了大规模生产，供应量占世界的 80%以上，为国民经济和社会发展做出了重要贡献。

随着稀土在高技术领域应用范围的不断扩大，稀土材料需求量快速增长。稀土资源消耗过快，生产过程污染严重，资源高效和可持续利用已经成为必须解决的严峻问题。2011 年 5 月 19 日，国务院正式颁布了《关于促进稀土行业持续健康发展的若干意见》（国发［2011］12 号），强调“必须加快转变稀土行业发展方式，提升开采、冶炼和应用的技术水平，坚持保护环境和节约资源，坚持控制总量和优化存量，坚持统筹国内国际两个市场、两种资源，积极开展国际合作，力争用 5 年左右时间，形成合理开发、有序生产、高效利用、技术先进、集约发展的稀土行业持续健康发展格局”。显然，“保护环境”、“节约资源”与“高效利用”是稀土科学和技术发展的必然趋势及工作目标。

美国、日本等发达国家均将稀土元素作为“21 世纪的战略元素”的重要组成部分，加以战略储备和重点研究。美国能源部在《紧要材料战略》的报告中[17]将 Dy、Nd、Tb、Eu、In、Y、La、Ce、Sm、Pr、Ga、Te、Co、Li

等以稀土元素为主的材料分别列入1～5年和5～15年内紧缺物资，提出加强回收处理和开拓资源探取等应对措施。

（二）热电转化材料

热电材料是一种利用固体内部载流子和声子的输运和相互作用实现热能和电能相互转换的功能材料，可用于温差发电装置、固态制冷器、热信号传感器。热电材料最重要的性能指标是无量纲的热电优值 ZT，其中 T 是温度，$Z=\alpha^2\sigma/\kappa$。α、σ 和 κ 分别为温差电势系数（常称为 Seebeck 系数）、电导率和热导率，是决定热电材料性能的3个基本的输运参数。材料的 ZT 值越大，热电性能越好，热电转换效率越高。

热电发电在工业余热、废热和低品位热差发电方面有很大的潜在应用，并已用于空间航天器中的热电发生器和热电发电站。热电制冷具有机械压缩制冷所没有的一些优点：尺寸小、质量轻、无任何机械传动、无噪声、无液态或气态介质、无污染、可实现精确控温、响应速度快、器件使用寿命长。热电制冷已用于冰箱、空调等家用电器，更多则用于信息技术领域，如制造红外探测器、激光器、计算机芯片等。

当前，热电材料的应用目标已从制冷、同位素温差发电转向以余热、废热利用为目标的“能量收获”（energy harvesting）。虽然目前以太阳能和风能为代表的绿色能源发展迅速，但从整体上看，在可预见的将来，矿物能源作为主导能源的格局不会被打破。另一方面，矿物能源的有效利用率平均只有1/3左右，约占消耗总能量2/3的余热、废热至今未被有效利用。特别是以汽车为代表的交通工具，根据美国能源部的研究报告，燃油能量利用率不到20%。利用汽车发动机余热发电，将是今后几年热电材料在能量收获方面得到应用的最主要的突破点。

为了提高材料的热电转换效率，提升与其他换能系统的竞争力，必须使热电材料的 ZT 值提高到1.5～3。但是决定 ZT 值的3个因子是相互关联的参数，虽然都是载流子浓度的函数，却难以使它们同时得到优化。例如高效热电材料要求有良好的导电性，同时要尽量不导热。这样，在给其施加电压后，才能使材料的一端保持较热，另一端一直较凉，而不是两端立刻达到温度平衡。但大部分材料导电性和导热性是同步的，同步高或同步低，所以关键是将材料的这两种特性分离开来。

热电材料还是一种微观组织敏感性材料，晶粒尺寸、晶体缺陷、第二相颗粒、织构等微观结构特征对材料性能具有重要影响。研究表明，纳米化和复合化是提高热电材料性能的有效途径和发展方向。

在 2006～2010 年美国、日本、欧盟热电材料研究计划中，将研发的块体热电材料性能 ZT 值定为～2.0，但至今并未实现。中国科学家在这个领域做出了非常有特色的工作。中国科学院上海硅酸盐研究所的科学家，以方钴矿（$CoSb_3$）为对象，在计算设计和实验验证的集成研究中，取得突破性的进展。纯 $CoSb_3$ 材料的 ZT 值仅为 0.1。沿着填充原子局域振动散射声子，从而大幅降低晶格热导率的思路，前人进行过填充原子探索。例如，加入稀土：La、Ce、Yb、Eu 等元素，或碱土：Ba、Ca 等金属，使相应 ZT 值从～0.1 提高到～1.0，提高 10 倍以上。上海硅酸盐研究所的研究小组采用多原子填充方案，得到 850 开下 ZT 值达到 1.7 的良好成绩[18]。

针对热电性能对微结构敏感的性质，武汉理工大学研究组利用熔体旋甩结合放电等离子体烧结新技术（MS-SPS 技术），发展利用低维结构和纳米复合结构制备热电材料的新技术，在研究微结构协同调控电热输运的物理机制的基础上，在提高电输运性能的同时，大幅度降低热导率。将低温 Bi_2Te_3 体系的 ZT 值从 1.0 提高到 1.5[19]。

（三）光催化材料

利用太阳能进行光催化，可分为两类：一是光分解水制氢，二是用于环境光催化。利用太阳光降解有机物，针对污染物使之降解，达到优化生态环境的目的。更长远的目标则是模仿植物在太阳光照射下进行光合作用，在水与碳的系统中生产碳水化合物，即人工光合作用。

在光催化分解水方面，太阳能转换率一直很低，2005 年仅为 0.06%，2007 年才接近 0.1%。远低于实用化所需的 6%～8%的要求。

南京大学研究组在光催化制氢方面，所研制装置主要吸收太阳光 420 纳米波段的能量，量子效率大于 50%，太阳能转换效率达到 4.1%，实现氢气和氧气完全分离[20]。

光催化环境净化主要是使用 TiO_2，只能利用紫外光，以前仅用于室外。目前，我国高效光催化材料已用于潜艇舱空气净化。

二、光电功能材料

此方面包括硅和硅基半导体材料，GaAs、InP 和 GaSb 基Ⅲ-Ⅴ族化合物半导体材料和器件，宽带隙半导体材料，光电传感材料与器件，微纳结构光电功能材料，半导体太阳能光伏电池，光电功能晶体材料等，将在第四章中作详细介绍。

第五节　金属材料学科

人类的文明时代曾以其主导材料来命名，如石器时代、铜器时代、铁器时代、硅时代，说明材料表示人类的创造力与财富。金属材料学科是各分门类材料学科中最早建立的分支，它的定位从学科意义上与材料科学与工程完全一致，即“关于材料成分、制备与加工、组织结构与性能，以及使用性能和它们之间相互关系的知识的开发与应用的科学”[21]。

结合我国经济多年持续高速发展的特点，金属材料学科的战略地位可叙述如下[22]：①金属材料是我国2009年确定十大产业振兴规划的重要组成部分。其中钢铁、有色金属直接就是金属材料产业；而汽车、船舶和装备制造业的振兴与金属材料的发展密切相关；金属材料又是轻工、石化、电子信息等产业发展的基础材料。②国防工业和航空航天事业发展迫切需要研发高性能金属材料。③金属材料是纳米、新能源、信息等高新科技的重要组成部分。④金属材料是保障人民安全和提高生活质量的要素之一。

金属材料门类繁多，分类标准因不同用途而异，这里不作细述，仅就量大面广的钢铁材料和轻质金属材料的学科发展状况，作一介绍。

一、钢铁材料[23]

钢铁材料是产量最大的工程结构材料，占整个金属材料的95%以上。“世界钢铁工业的发展大体可分为两类：一类是钢铁产量很大，靠产量获得良好的经济效益，这就是所谓的规模效益型，技术创新比较少，大多数发展中国家属于这一类；另一类是钢铁产量适中，不是大幅度地提高产量，而是不断增加科技投入，开发高附加值新品种，提高产品质量和性能，减少批次产量，靠高附加值获得良好的经济效益，大多数发达国家的钢铁企业都属于这一类。”随着我国经济的快速发展，钢铁工业增速惊人。自1996年粗钢产量达到1亿吨，超过日本居世界首位之后，2008年粗钢产量已超过5亿吨，占世界总产量的37.7%。“中国钢铁工业的发展历程表明，中国钢铁工业的发展是非传统和非常规式的，在某种意义上说是一种跳跃式的发展规模。这种发展模式是与国民经济的发展密切相关的。如汽车工业，中国原来不能生产高级轿车。改革开放后，从多个国家引进多条先进生产线，形成了中国汽车产业的‘八国联军’，大量生产不同档次的轿车。这就要求我国钢铁企业从原来不能生产各种轿车用钢，立刻跳跃到按世界先进水平供应各种高质量的轿车用钢。……类似的发展模式在其他行业也很多，如海上采油用钢，工程机械用钢，矿山采掘用钢，临界、超临界、超超临界火电用钢，核电用钢，造船用钢，高速铁路用钢，等等。……这导致国内钢铁材料的生产主要走仿制的道路，进行多次反复试制，直到产品质量和性能满足用户需求为止，基本忽略了材料研制前期必须按科学程序开展扎实的基础科学研究工作，以及材料研制后期在服役条件下的应用基础研究工作。很显然，这不太符合研制钢铁新材料所应遵循的客观规律，导致一些钢铁材料的基础科学问题被遗留下来，造成材料在制造和服役过程中常常出现性能不稳定、寿命低和不满足使用要求的现象。”同时，我国钢铁材料的应用基础研究也有一些亮点，1998年启动的“超细晶钢铁材料”研究计划，以冶金工艺技术和微合金化理论有机结合将部分钢铁材料性能提高到一个新的水平。

钢铁材料学科的问题可分为两类，一类是产量很大的建筑与工程用钢的关键基础科学问题，主要是资源与能源耗费高的问题，第五章将就这个问题作详细分析；另一类是高性能钢铁材料的研发瓶颈，“通过技术创新、工艺冶金和合金组成紧密结合的新材料设计、材料制备系列技术的精确集成、服役应用性能等项技术的研究，为这类进口材料基本立足国内，为高性能结构材料的国产化奠定理论基础，做到多品种、小批量、高附加值，顶替进口，并在某些方面达到国际先进水平”[23]。关于钢铁材料将在第五章作专题论述。

二、轻质金属[24]

铝及铝合金是轻质金属材料中产量最高、用途最广的材料。我国2008年原铝产量和消费量都超过一千万吨，列世界首位。但在铝材质量、高品质铝合金研发上与国际先进水平尚有较大差距。究其原因，仍是在关键基础科学问题方面需要提高。“国际上高性能铝合金的发展经历了提高静荷载强度，耐腐蚀性能，疲劳强度、断裂韧性，到获得优异的综合性能（包括耐高温蠕变、高损伤容限、抗冲击、功能化、低成本等）四个阶段。每一阶段的发展都伴随着基于基础研究突破所带来的关键技术的进步。例如，通过固溶-时效技术提高静强度，通过过时效技术提高耐腐蚀性能，通过主成分设计控制及高纯化技术提高疲劳强度和断裂韧性，以及在上述技术的基础上通过微合金化技术提高铝合金的综合性能。”铝业是用电大户，节能的任务很重。大型预拉伸板、大断面复杂截面型材、大型锻件等高端产品，需要以特征微结构为出发点，将加工工艺和热处理过程中的组织结构演变与宏观力学性能相结合，通过集成计算材料工程，配合必要的实验，提高高性能铝合金的生产水平。铝合金成分优化的重要进展是微合金化，Ag、Ge 等元素通过改变主合金元素的析出相的析出过程、分布、形貌来提高合金的强度；Sc、Er 等元素的作用是所形成的析出相有弥散、共格的强化效果，Sc 是我国的富有资源，有加以利用的条件。

镁合金是工业金属结构材料中最轻的，镁资源也是我国的富有资源，镁合金原材料产量已居世界首位。但是，我国对镁合金进行深加工以获得高性能镁合金材料及应用产品还很少。

“镁合金化学性质极其活泼，在原镁生产中及合金熔炼、合金化处理、铸锭运输及铸造等过程中极易产生氧化及熔剂夹杂。这些夹杂物与镁的密度接近或略高，与镁的熔体难以分离，造成镁熔体的纯净化极为困难。夹杂物的存在将严重地影响镁合金凝固的铸锭质量及材料的力学性能与耐腐蚀性能。目前，主要通过熔剂净化、电磁净化、熔炼气体保护等技术进行熔体净化。熔剂精炼目前仍是国内外应用最为广泛的去除镁熔体夹杂的方法。但该方法效率低、污染环境。”镁合金固-液相变温度间隔在 100～300℃，体积变化大，相变潜热和热容量小，这样凝固枝晶发达，缩孔疏松和热裂倾向大，产品缺陷难以控制。加上镁作为六角晶型，滑移系少，所以镁合金加工成形比较困难。有效提高镁合金塑性是镁合金加工工艺的重要课题。纯镁的强度较低，因此镁合金的强韧化大有可为。除了一系列析出相的强化理论有待完善外，加入稀土元素出现的有序长周期结构和准晶相，对镁合金性能改善有很好的前景。中国科学家在这方面做出了开拓性工作，值得发扬光大[25,26]。提高镁合金自身的耐腐蚀性能，以及通过表面改性提高耐腐蚀性能，是在各种使役环境下保证镁合金使用安全性的重要考虑。

钛合金具有低密度［铁（7.8）＞钛（4.5）＞铝（2.7）＞镁（1.7）］、高比强度（纯钛为 430 兆帕，钛合金可达 1400 兆帕）、耐高温（熔点 1668℃）、耐低温、耐腐蚀、可焊、无磁及生物相容性等优异综合性能。公众认识的钛合金制造物有国家大剧院的椭球形穹顶、蛟龙号深潜器的部件及人工骨关节等。在先进的飞机中，钛合金占结构重量的 10%，化工领域用钛量也很大。目前，大量使用的医用钛合金弹性模量仍偏高，与人骨的弹性模量尚不匹配。人体应用环境复杂，钛合金的耐蚀性仍有待提高。作为钛合金标志性应用的航空器高温部件，要稳定工作于 600～700℃高温，除了继续在合金化、组织调控方面加大研究力度外，复合材料和 TiAl 金属间化合物都是可能的选项。

第六节　材料使役性能研究新机遇

材料在使役过程中不可避免地受到环境、应力及其耦合作用，导致损伤，甚至失效。材料在研发过程表现的性能受使役过程中的条件的影响，出现不同的响应，而由于环境和受负荷的多样性，材料使役性能更为多样与复杂。本节只讨论腐蚀与核电材料两个问题。

材料腐蚀学科研究化学反应导致材料因环境诱发的退化，并不包括蠕变、疲劳、摩擦磨损等非化学过程。2011 年美国科学院提出《腐蚀科学与工程的研究机遇报告》[27]，有些观点值得我们借鉴。报告认为，材料腐蚀科学与工程，由于化学过程在纳米尺度和更短时间尺度得到深入理解，也得益于材料表征设备的改进，具备有效的材料建模与模拟能力，更加受到社会重视，该领域不仅只有负面意义，更是一个活跃的、大有作为的领域。材料腐蚀给国民经济造成的损失粗略估计，其损失在发达国家占国民生产总值的 3%以上，美国 10 年间损失以万亿美元计。腐蚀对国防的影响有许多还没有被认识，如果说飞机寿命还可以量度和估计的话，一些战略武器所采用的高性能材料在某种意义上对腐蚀更敏感，一旦失效造成失去快速反应的战略时机，则后果严重。材料腐蚀是从结构材料开始研究的，主要注重其对材料力学性能的影响。然而，在微电子器件在制备过程中利用到化学浸蚀，集成电路器件在使用过程中受环境腐蚀会影响性能，这些都需要加强研究。

该报告提出导致材料腐蚀研究机遇的十一大挑战，并将它们与基础设施、健康、能源、环保、国防、教育的相关性列于表 1-2。

表 1-2　材料腐蚀研究与经济、国际、教育的相关性

挑战	基础设施	健康	能源	环保	国防	教育
抗应力腐蚀和氢脆材料	*	*	*		*	*
环境友好材料，涂层和抑制剂		*		*		
理解防护膜、氧化皮和相关组织的性质		*	*		*	
从电子到微尺度水平全面和综合理解电化学及其他界面	*	*	*	*	*	*
寿命建模与预测、设计对特定腐蚀性能、定量环境腐蚀强度因子	*	*	*	*	*	*
先进涂层，包括长寿命涂刷与功能涂层	*	*		*	*	
加速试验科学和对困难电解质腐蚀速度的定量评定技术	*	*	*	*	*	*
多重环境应力下系统的反应途径与产物		*	*		*	

续表

挑战	基础设施	健康	能源	环保	国防	教育
腐蚀的建设性使用（对合成功能与工艺机制的理解）		*	*			
应力与开裂效应	*	*		*	*	
预测-传感器，探头、远程监控		*	*		*	

从表 1-2 可以看出，诸如电化学基理、定量化、加速试验科学基础等腐蚀与防护科学中的基础问题最受关注。

腐蚀科学无疑更偏重于应用，因此面向经济发展的重大需求势必要做出回应。下面举两个例子，一个是储藏和输运二氧化碳的材料的腐蚀与防护。解决碳排放、碳收集是全球性的大问题，相应的装备所采用材料势必面临二氧化碳腐蚀的考验。对于石化企业，虽然硫化氢、二氧化碳和生物因素的腐蚀对管道及相关设施的影响早已纳入视野，但对二氧化碳的腐蚀问题理解尚浅。在二氧化碳的收集与运输过程中，二氧化碳需要压缩到一定压强，如果一定压强的二氧化碳的泄漏情况就显得危险了；另外，关于超临界二氧化碳及多相气液二氧化碳的资料也很缺乏。另一个例子是卤族元素环境下的高温腐蚀。北京科技大学的褚武扬教授指出："在化学元素周期表中，卤族元素中的氟、氯、溴、碘四元素，以氯气和氟气对金属材料腐蚀最为严重。例如，包钢烧结厂使用白云鄂博矿的精矿粉制作烧结矿的烧结机上篦条遭受室温到1000℃热循环温度，……在高温氟会与篦条（材质高铬铸铁）中许多合金元素产生剧烈化学反应，形成低熔点的氟化物甚至挥发。故很难在篦条表面形成保护性氧化膜可以认为包钢篦条以氟腐蚀为主，……其使用寿命仅有三四个月，与原设计使用寿命两至三年相距甚远。……就稀土金属提炼的整个过程而言，不论是稀土精矿分解（高温氯化分解）、还是稀土金属制取使用的熔融电解法（钙热还原氯化物），都脱离不开高温氟或高温氯腐蚀，都对反应器及管路等设备造成严重腐蚀……"在利用钛资源方面，天然金红石砂矿的提炼工艺也要经过液态化氯化或熔盐氯化生成四氯化钛，再经镁热还原成海绵钛，褚教授建议："建立高温卤化（氟化、氯化）腐蚀实验装置，以模拟现实工业生产的使用条件，用以筛选抗腐蚀的新合金和新材料。"[28]

核电在发达国家的能源供应中已经起到相当大的作用。在太阳能、风能未能完善地进入电网之前，核电还是不错的选择，但核电的安全性一直认民众担心。作为核电设施基础物资的材料，也同样经受可靠性的考验。第六章将回答这个问题。

第七节 金属强韧化新途径

1984 年，Gleiter 研究组利用真空蒸发金属凝固小颗粒并原位压制成块体材料，当颗粒尺寸达到纳米级时，这就是块体纳米材料。由晶界强化机制可以预期，纳米块体金属将具有很高的强度。实验表明，它们的硬度确实很高，但塑性却很差。研究组开始怀疑工艺中颗粒表面受污染，或者压制时压力不够大使颗粒间留有空隙。工艺改进后，晶界表征也显示晶界是类晶态，并保证无污染或疏松，但塑性仍没有根本改善。西方学者称此性质为“阿喀琉斯之踵”（古希腊勇士，出生后其母提其脚踵使全身浸入冥河，他浑身刀枪不入，只有脚踵是其弱点）。不过，细晶强化却在钢铁材料中得到实践。纯铁素体和超低碳微合金钢的 Hall-Pecht 关系表明，当晶粒尺寸从 10 微米降到 1 微米时，屈服强度由 300 兆帕提升到 500 兆帕。我国科学家从理论到实验，实现了铁素体-珠光体钠钢最终使用态的晶粒度从传统的几十微米（八级晶粒度为 20 微米）细化到几个微米，使强度成倍提升，而其塑性基本保持。进一步实现了钢洁净化，疲劳强度也大幅提高。

中国科学院金属研究所沈阳材料科学国家（联合）实验室的卢柯院士、卢磊研究员与美国麻省理工学院的 S. Suresh 教授合作，在过去大量研究工作的基础上提出[29]：为了使材料强化后获得良好的综合强韧性能，强化界面应具备三个关键结构特征：①界面与基体之间具有晶体学共格关系；②界面具有良好的热稳定性和机械稳定性；③界面特征尺寸在纳米量级（小于 100 纳米）。进而，他们提出了一种新的材料强化原理及途径——利用纳米尺度共格界面强化材料。孪晶界是一种特殊的共格晶界，其两侧的晶格呈镜面对称。尽管研究表明在一些退火态合金中，单个孪晶界对位错的阻碍作用与普通晶界相当，但是由于孪晶界数量较少，其总体强化效应远弱于其他强化机制（如固溶强化和细晶强化等）。因此，长期以来人们一直没有将共格界面作为一种可有效强化材料的界面来加以利用。研究发现，纳米尺度孪晶界面具备上述强化界面的三个基本结构特征。他们利用脉冲电解沉积技术，成功地在纯铜样品中制备出具有高密度纳米尺度的孪晶结构（孪晶层片厚度小于 100 纳米），发现随孪晶层片厚度减小，样品的强度和拉伸塑性同步显著提高。当层片厚度为 15 纳米时，拉伸屈服强度接近 1.0 吉帕（是普通粗晶铜的 10 倍以上），拉伸均匀延伸率可达 13%。显然，这种使强度和塑性同步提高的纳米孪晶强化与其他传统强化技术截然不同。理论分析和分子动力学模拟表明，高密度孪晶材料表现出的超高强度和高塑性源于纳米尺度孪晶界与位错的独特相互作用。例如，当一个刃型位错与一个 $\sum 3$ 孪晶界相遇时，位错与孪晶界反应可生成一个新刃型位错在孪晶层片内滑移，同时可在孪晶界上产生一个新的不全位错，该位错可在孪晶界上滑移。当孪晶层片在纳米尺度时，位错与大量孪晶相互作用，使强度不断提高。同时，在孪晶界上产生大量可动不全位错，它们的滑移和储存为样品带来高塑性和高加工强化。由此可见，利用纳米尺度孪晶可使金属材料强化，同时也可提高韧塑性。

材料中纳米尺度孪晶界可以通过多种制备技术获得，如利用电解沉积、磁控溅射沉积、塑性变形或退火再结晶等工艺均可在金属中产生纳米尺度孪晶。研究表明，沉积速率越快形成的孪晶层片越薄。如在脉冲电解沉积中当沉积速度超过 4 纳米/秒时，铜样品中的平均孪晶层片小于 20 纳米。塑性变形诱发的孪晶在中低层错能材料（如铜、铜合金及不锈钢等）中十分普遍，提高应变速率或降低变形温度等均有助于孪晶形成。金属研究所研究组近期发展的动态塑性变形（DPD）技术可使材料中形成大量的纳米尺度孪晶界，已成为制备块状纳米孪晶结构的有效途径。利用纳米尺度共格晶界强化材料还可以带来优异的电学性能。研究表明，超高强度纳米孪晶铜样品具有与无氧高纯铜相当的高电导率，可同时实现高强度高导电性。纳米孪晶结构可有效降低铜的电致原子的扩散迁移率，从而大大降低电迁移效应，这为减少微电子器件中铜线的电迁移损伤找到了新的解决途径。也有学者发现纳米孪晶结构可有效提高材料的阻尼性能，为研发高性能阻尼材料开辟了新途径。但是，并不是只要在金属中引入高密度孪晶，就能获得良好的强度和塑性的匹配。文献报道表明，当磁控溅射法制备的柱状晶铜中择优分布的纳米孪晶与受力方向平行时，尽管材料表现出较高的强度，但其均匀拉伸塑性仅有1%～2%。可见，纳米孪晶金属力学性能还与其他微观结构参数（如晶粒形状、孪晶界取向、结构和样品厚度等）密切相关。由于晶界影响区所占的体积分数随晶粒尺寸增加而降低，柱状纳米孪晶铜的均匀拉伸塑性明显依赖于晶粒尺寸。当晶粒尺寸小于 3 微米，柱状纳米孪晶铜的均匀拉伸塑性有限（小于2%），而当晶粒尺寸超过 3 微米，塑性随晶粒尺寸增大而显著增大。

新的途径使金属材料学科可能展现新的面貌。更何况金属仍是并将长期是我国基础设施的承载主力，由于它们具有的独特性质，金属仍是不可替代的材料[30]。

第一，金属具有较其他材料高得多的断裂韧性，其中钢是已知的材料中韧性最高的。因此，金属常被用作可靠性和持续性要求最高的一些关键部件，例如，大桥钢缆、建筑混凝土中的增强体和车辆框架，波音 787 中金属含量仍高达 45%，并且主要用于发动机、机翼和起落架等一些对可靠性要求最高的关键部件。

第二，金属在各个方向上的性能比较一致，拉伸和压缩强度基本相同，而且金属的强度通常可以预测，这对于预测工程结构的断裂极为重要。相反，目前人们难以推算复合材料和陶瓷的断裂，这些材料的断裂经常是灾难性的（瞬时断裂），可能导致严重的经济损失或人员伤亡。因此，许多先进技术仍依赖于高性能金属材料。例如，只有韧性很高的合金材料才能经受住下一代核电站中的苛刻的辐射和高温环境。人体植入材料也需要经受严苛的腐蚀和承载环境，因此也需要先进的高韧性金属材料。

第三，大多数金属的导电性均比陶瓷和高分子强，铜和铝仍是制造空中电力传输线的最好材料，信息行业用的电线和散热器也主要是铜及铜合金。同时，金属还具有其他材料所不易有的独特磁学性能。

第四，金属在从低温至几百摄氏度的温度范围内均具有良好的综合力学性能，这些温度正是大多数的化工、能源、发动机等工业机械的工作温度区间。

第五，大多数的金属都是可回收的，因此更适合大量应用。

现代技术不仅依赖于金属的这些特性，而且还急需开发性能更高的金属材料。提高金属的强度而不损失其他性能对提高金属的竞争力尤为重要；多尺度多级结构可能是优化金属整体性能的一个途径；金属也可以与其他材料可控混合形成复合结构；通过独特的强化或多级组装等方式将金属与其他部件组装，可以将其强度和韧性同时大幅度提高，各类不同材料也可能通过这种方式相互补充，性能得到提升。

第八节　计算材料学成为热点

“材料科学”的概念源自于 20 世纪 50 年代的美国大学；到 60 年代，材料科学被引入到欧洲的大学，在欧洲，材料科学成为“物理冶金”的自然延伸；到 80 年代，美国已经有过半数的“冶金系”更名为“冶金与材料系”或“材料科学与工程系”。美国西北大学材料科学系创始人 M. E. Fine 教授对材料科学研究范围描述为：材料制备、固体化学、高分子工程与科学、X 射线晶体学、生物材料、结构材料、材料理论和凝聚态材料及器件等[31]。现在，大家普遍接受材料科学与工程的四大内涵是：性能、使役性能、组织与成分、合成与加工。材料科学在其初期聚焦于组织结构及其演变的理论及表征、材料缺陷与性能关系等。计算机的出现及计算方法的迅速发展，使计算机实验逐渐成为材料科学家的重要工具。在早期对"材料科学中的计算机实验"的调查中[32]，将计算机实验分为四类：第一类是蒙特卡洛方法；第二类是动力学方法，现在通常称为分子动力学；第三类是变分法，用这种方法确定如晶体位错中原子的平衡组态，或缺陷移动时原子的运动等：第四类是模式形成计算，用它来模拟一些显微术成像图像，以确定假设结构模型正确与否。现在看来，还要加上借助第一原理计算从事的材料设计及对材料制造及加工过程的数值模拟，它处理连续介质问题。Reebe[33]对"建模"和"模拟"做了如下区分："建模描述了一种经典的科学方法，即阐述一种对实际情况的简化模仿，同时又保留其基本特征。换言之，模型就是用与真实系统相似但更简单的结构来描述真实体系的一部分。"而模拟本质上就是将数据代入模型，让它在计算机上运行并得到数值结果的过程。模拟自然不会比它所依赖的模型更好。

计算材料学利用计算机建模于虚拟现实的优势，把在一些极端条件下可能存在而现实中又暂不存在的材料或材料性能模拟出来，为材料研制指出方向，以显示出良好的前景。

材料计算设计的一个例子是 C_3N_4 的硬度预言。M. L. Cohen 于 1989 年基于 Si_3N_4 的晶体结构模型，将碳原子置换硅，计算出这种新化合物的硬度与目前已知的金刚石的硬度相当[34]，并一时引发研制 C_3N_4 的热潮。虽然块体的 C_3N_4 没能制造出来，但经计算设计，预言的能力仍使人激动不已。

2008 年，美国科学院在《集成计算材料工程》的建议书里分析了计算材料学发展所遇到的障碍[35]，这些问题可分为文化与组织因素和技术因素。对于文化与组织因素，报告指出这是材料科学与工程领域自身的问题，计算的重点过度集中于材料的科学问题，即寻求材料行为的最基本理解或发现新材料，而对将其转移到材料研制与改善工艺过程不够重视。很多材料工程师缺乏计算背景和建模及模拟的基础，因为大学不重视这方面的教学，在工作后对材料工程师也没有适当的培训。计算材料科学比较集中于原子、分子层次，这一方面有科学与工程分隔的原因，即与工程结合的难度不小，而且更不易为科学家所控制。另一个原因是资助来源，项目资助往往是短期的，而科学与工程的结合实施通常时间较长，且结果的不确定性更为突出。在文化因素方面，工业界对计算材料学的接受也比较迟缓。相对于其他工程领域，诸如气象、水利中的流体力学，机械制造、建筑中的有限元分析，计算材料学介入工程领域还处在开始阶段。一方面计算材料学工具能够集成到制造领域比较少，另一方面计算材料学工具达不到产品设计部门通常要求的可靠性水平。这种文化障碍在比较传统的机械制造业更为突出。

在此稍为展开说明一下技术上的障碍。

一、计算材料科学工具

美国能源部和美国科学基金会于21世纪初分析了计算材料学的机遇与面临的挑战[36]，相关研究认为，计算能力已有可能从基本原理预言一定范围的组织特征与性能的关系，但这些计算工具虽然涵盖从原子水平到连续介质，从热力学到基于科学的性能模型，但无论在空间、时间尺度上尚不能连贯，形成性能预测较大的不确定性。与此相较，有限元分析和有限养分方法都很坚实地植入标准的程序包，成为对现代科学家和工程师训练的一部分。反观材料界，尺度太宽泛、建模的机制繁复、所用方法五花八门，这不容易在工程上应用。

1. *方法*

计算材料学的计算方法丰富多彩，大致分类有10种。例如，基于密度泛函理论和量子化学计算的电子结构计算探讨键合、化学、半导体能带结构等效应。一般包括数十成百个原子，时间尺度在纳秒量级。分子动力学基于二体势模拟原子和分子的排列、运动轨迹，可包括上百万个原子，时间尺度也是纳秒级。如果将分子系统或原子团簇作为一个单元，也可以在更大尺度上运算。位错动力学研究范性形变时位错的运动与组态，位错总量不超过百万，该方法计算得到的应变速率及位错组态与实验结果有较好对应。热力学计算从第一原理到相图预测，成为合金热力学和相图研究的重要分支。显微组织演化方法基于自由能、弹性参数和动力学数据库来预测显微组织的稳定性及演变。有的研究组已经有计划意向将合金热力学的计算结果自动输入到显微组织计算之中。微观力学和介观性能方法包括有限元和固体力学计算来研究显微组织对机械性能的影响。介观结构模型包括凝固、固态相变的计算研究，如相场计算。

诚然每一种方法对于各自领域的问题的解决都很有帮助，但将彼此（不一定全部）连接起来，或者说在时空的不同尺度顺利地衔接起来，是计算材料学各种方法进一步发展的方向。

2. 计算能力

计算材料学之所以成为可能，是基于计算机存储和处理能力的快速增长。现在一台台式机的处理器能力相当于10年前的一台服务器，数吉比特的存储器算是标准配置，信息存储一个太比特渐入常规，这些配置都是在可接受的价格下提供的。

计算能力的进一步发展包括：大规模平行化计算需要数以千计的处理器，因此希望处理器价格进一步下降；输入输出和文件系统需要进一步提升，如用分子动力学模拟毫米尺度的裂纹萌生及发展，要包括数以亿计的原子，需要更高的计算能力；更强大的作图硬件，例如，在2008年最好的处理速度是50吉浮点，基于图形硬件的计算在并行天体物理领域已广泛使用，新材料及与生物学交叉领域也需这种计算工具；智能数据处理日益迫切，在大规模的流体力学计算中，成万个处理器已很常见，及时处理海量数据不仅运行时所需，也对事后分析很必要。计算材料学很快也会走到这一步；出错的检测与快速复原，对个人电脑而言，“死机”不是绝无仅有的，对科学计算而言，更要想办法避免。

3. 不确定性定量化

材料工程师希望知道计算材料学所提供的预言模型与模拟结果的质量，遗憾的是，这方面还很少有定量的表述。材料与性能关系由组分、结构、不同尺度的晶粒、相，以及它们的分布等复杂因素所左右，更不必说制备过程或加工过程产生的缺陷。此外，建模与模拟作为计算方法也有其自身的误差，因此需要在各阶段将这些不确定性定量化。然而，无论是计算科学还是工程学，这种对不确定性的定量化仍不成熟。

4. 可视化

通过视觉接受并分析信息的能力是优于人们其他感官的能力，所以将计算材料学的结果可视化是当今和未来的任务。金属铸造过程和塑料注射成型，有限元的单元数目超千万，因此需要很强的图像形成能力。图像的输出不限于三维，还要有放大、缩小、动画、截面数值分析等功能，这都需要大力发展对大规模数据可视化及相应图像处理能力。

二、计算材料学的实验验证

计算材料学的结果是“虚拟现实”，它必须经过实验验证才能用于工程。即便从科学性来说，某种新的预测给人们带来惊喜，但实验的检查才能最终确立预言的地位。因为第七章还会对此论述，这里只列出提纲。

(1) 传统的实验验证。

(2) 新的实验技术。例如，三维成像、实时测量与监控等。

(3) 高通量技术。例如，组合材料科学。

三、数据库

美国对计算材料学选用了“材料基因组工程”这种新的提法，且不论“材料基因组”如何同生物基因组相类比，但新药物设计中借助计算机辅助设计，与材料计算设计更为类似，因此了解药物的计算机辅助设计也许会更有启发。下面根据北京大学徐晓杰教授的著作《计算机辅助药物分子设计》作一介绍。

计算机辅助药物设计（computer aided drug design，CADD）是以计算机化学为基础，通过计算机的模拟、计算和预算药物与受体生物大分子之间的关系，设计和优化先导化合物的方法。受体是指生物体的细胞膜上或细胞内的一种具有特异性功能的生物大分子，计算机辅助药物设计的一般原理是，首先通过 X 单晶衍射技等技术获得受体大分子结合部位的结构，并且采用分子模拟软件分析结合部位的结构性质，如静电场、疏水场、氢键作用位点分布等信息，然后再运用数据库搜寻或者全新药物分子设计技术，识别得到分子形状和理化性质与受体作用位点相匹配的分子，合成并测试这些分子的生物活性，经过几轮循环，即可以发现新的先导化合物。

计算机辅助药物设计学是一门年轻的学科。1974 年 Gund 等首次进行了基于药效团的虚拟筛选，1988 年 Tripos 公司首次推出了三维定量构效关系（CoMFA）模拟软件程序，标志着药物设计技术开始进入应用阶段。但分子设计的思想可以追溯到 20 世纪初甚至更早。

计算机辅助药物设计的出现大大加快了研制新药的速度，节省了新药开发工作的人力、物力和财力，它从理论的角度出发，可一定程度地避免以前研究过程中盲目性，能进行直观的设计，指导人们有目的地开发新药。目前药品专利的保护期限为 20 年，如果药物上市前研究与开发（R&D）花费的时间为 10 年，那么药品的有效市场销售时间就仅有 10 年。如果 R&D 时间能缩短 2～3 年，那么不但能节约 R&D 的经费，而且能为市场赢得宝贵的时间，这将产生巨大的经济效益和社会效益。因此，CADD 方法已被国外许多制药公司用于新药的研究与开发，并且近年来已取得了极大的成功。以美国 Structure Bioinformatics Inc.（SBI）提供的数据为例，平均每个新靶点需筛选 10 万个化合物，其命中率在 0.1%～0.01%，而以计算机辅助进行新药设计，其命中率可提高到 5%～20%，可以减少 99.9%的费用。所以，CADD 方法与应用的研究不但具有深远的科学意义，而且具有巨大的应用价值。中国科学院上海研究团队以核受体 PPARγ 为靶点，进行了糖尿病先导化合物的研究工作，从 240 万个小分子化合物中进行虚拟筛选，筛选出 150 个化合物并进行了体外验证试验，其成功率也达到国际上文献报道的先进水平。

计算机技术的发展日新月异，这将大大加快药物设计的速度。计算机技术的发展为一些计算方法的应用提供了一些新的契机，例如，大分子的量子力学计算、大分子溶液体系的长时间模拟，以及大型数据库的搜索等。诚然，计算机辅助药物设计作为一种借助计算机进行合理药物设计的方法，不可避免地存在着合理药物设计所具有的缺陷，目前的药物设计方法，主要是一种基于药物和靶标生物大分子结构的设计方法（structure based drug design）。这种方法仅仅考虑了化合物与靶标生物大分子之间的相互结合，而未考虑两者之间的其他作用方式。计算机只是一种辅助性工具，它为科学家设计药物提供直观性的模型，设计时仍需要科学家的经验判断和指导；再者，计算机辅助药物设计方法本身还有很多缺陷，仍处于不断发展和完善的过程，需要有机化学家的设计、合成和药理学家的筛选来验证，成功率还不高。目前，完全依靠计算机全自动设计新的药物分子是不现实的。

第九节 超构材料

材料绝大多数是来自自然界的矿物、动植物等。材料多数的组织结构、成分、性能是均匀的。即便是多相材料，单一相的定义也是“组织结构与性质均匀的区域”。多相的性能即使有别于单相，但亦不外乎是各相性能的加和，偶有突出者，亦不过是稍高一些而已。而超构材料是由一些结构单元组成，这些单元的结构与性能是“普通的”，但组合在一起便产生与自然界物质不一样的性质。超构材料的英文名称“metamaterial”目前还没有准确的定义，词根“meta”意思是“超越”。超构材料（以下统称超材料）是指这样一类人工结构的材料，它们具有天然材料没有的特性：负介电常数、负磁导率、负折射系数等。由此产生出一些令人惊讶的现象：负折射、次波长成像、光逆行等。根据相关理论已设计并制造出新颖的器件，如超透镜、隐身衣等。经过近半个世纪的研究，超材料的材料已由金属拓展到非金属；周期结构的尺度由微米向毫米，甚至纳米尺度延伸；呈现的特性也不限于光、磁、电效应，包含了更丰富的内容，而且应用前景也日益见好。在第八章将有详细的介绍。

超材料是由物理学界从研究负折射现象开始的，为此需要介绍一些物理背景。

1. 负折射

当电磁波与物质相互作用时，构成物质的原子内的电子受到摄动，电子的运动反过来影响电磁波，从而体现物质响应的特性。介电常数 ε 描述电子对电场的反应，磁导率 μ 代表电子对磁场的反应，这两个参数都是正的。物质对电磁波行进的影响还有一个指标——折射率 n，$n=(\varepsilon\mu)^{1/2}$。平方根前面取正号，折射率为正，这是自然材料的情况；如果介电常数和磁导率都是负的，平方根前就要取负号，这就是负折射率。但这样意味着电子的响应与电场和磁场的作用力方向相反，这是怎么一回事呢？J. B. Pendry 这样解释[37]：“想象一个秋千：给它施加一个缓慢而又稳定的推力，秋千就会顺从地朝着推力方向移动——不过它并不会摆得很高。一旦秋千运动起来，它会趋向以一定的频率来回摆动，这个频率在科学上被称为共振频率。周期性地推动秋千，并且与它的摆动保持同步，秋千就会越荡越高。现在尝试用更快的频率来推动秋千，推力就会与秋千的运动脱离同步，失去协调——在某个位置，也许你的手臂正要伸出，秋千就已经反冲回来。假如你以前已经推了好一阵子，那么秋千也许就具备了将你撞倒的足够动量，现在就是它反过来推你了。根据同样的方式，在拥有负折射率的物质之中，作为秋千的电子也会与施加的‘推力’脱离同步，逆着它的方向而动。”那么在实验室中，具有负折射率的材料是如何构建的呢？一个开口金属谐振环与一根与环面平行，位于环的直径方位的金属棒组成单元，金属棒通过电流引起环形磁场，这个穿过环面的磁场在谐振环引起环形电流，这个电路的结构和大小决定电子在这个回路的共振频率。为加强效应，将组成这类单元作周期性阵列，对之所加变化频率低于共振频率的场，就会得到正响应，但变化频率高于共振频率，金属棒就会出现负介电常数响应，谐振环也可以在同样频段出现负磁导率。第一个负折射超材料的实验是用几厘米的微波波长施于基础元件为毫米尺寸的阵列中实现的。

2. 光逆向传播

光在真空中传播速度达到 3×10^8 米/秒，用符号 c 表示。光在物质中的传播速度，要除以折射率，即 $v=c/n$。负折射率意味着光的逆向传播。要理解这件事，需要对波的两种速度有所了解。波的群速度是指波振幅外形（称“波的调制”或“波包”）在空间中所传递的速度；波的相速度是指波的相位在空间中传递的速度。两者不必相同。波包可以由不同频率的波组成，其中一种频率的波有自己的相速度。即使是单一频率波构成的波包，也会出现波包向前（群速度向前），而相速度向后的情况。群速度是能量或信息顺着波动传播的速度。当一束光射入负折射率的物质中，如果人们能看到光波中的单个频率的相位移动速度，就能看到它沿光束逆向而动，最终消失在物质的入射表面。而光束所携带的能量仍是向前传播，从物质的出射表面射出。实际上，考察光波中的单一频率波的相速度并不容易，物理学家为此设计了精细的实验，得到不太一致的结果。显然光的相速度逆向传播不难理解，然而，相速度不能携带信息是否能加以利用，却是没有解决的难题。

3. 超透镜

光的折射性质应用在玻璃透镜上可以得到使光线会聚或发散的效果，制成的透镜起放大作用。负折射现象直观看也使入射束会聚，可是无法构造玻璃负折射材料。但是，一片薄银片却可以构造负折射材料，光线经过它时，在出射面的近场区会聚成像，而且包含物体的许多细节，甚至超越该光波的衍射极限，这样的负折射平面被称为超透镜。Pendry 研究组指出[38]：超透镜的分辨率受到负折射率物质的品质的限制。最佳成像条件不仅要求 $n=-1$，还要求 $\varepsilon=-1$ 和 $\mu=-1$ 同时满足。但是，目前在可见光波段满足 $\mu=-1$ 的超材料找不到；另一个困难来自超材料的元件尺寸。例如，金属棒和谐振环要缩小到纳米尺度，使之比可见波波长数百纳米小很多。张翔等用大约 40 纳米厚、直径小于光线波长 365 纳米的银膜，实现了超透镜的原理演示[39]。

与实现全反射的思路相反，用超材料也可以实现全吸收。普通黑色油漆可吸收约 85%的光照，美国普渡大学（Purdue University）的埃乌杰尼·纳里马诺夫（Evgenii Narimanov）和几个同事研究发现，他们可以做得更好，在氧化铝膜上培育银纳米线，制成一种平整的吸光板，可吸收80%的照射光。在进一步把这种板表面弄粗糙之后，任何光线只要受到反射就会被吸收，进入具有高峰和低谷的表面。实际上，光子是被“吸”进材料中。这种超结构材料，能吸收高达99%的照射光线。显然，这种材料比黑色更“暗”，有可能提高太阳能电池的效率。

4. 隐身衣

将一支铅笔插入水杯中，笔似乎折了似的，从侧面看，笔往上翘；从顶上看，水中的笔似乎抬上来一点。光线折射的构图告诉我们，液体的折射率越大，笔在水中的像被抬得越高。假想一个小孩潜入折射率为负的“水”面之下，我们从上面看，小孩就像在水面之上似的。这说明，光线在负折射率物质的传播路径有着特殊之处。最初是全反射，这不是指掠角型的全反射，而是正常入射的全反射；再进一步是沿负折射率平板的表面绕射；最后进到隐身包壳的研究。

用适当的电磁材料制成一个包壳，入射到壳上的光线不会被散射，而是沿着壳体绕过去，仍沿入射前的方向传播，不产生包壳的阴影。由于光线没有穿透壳的空腔，这样藏在空腔里的物体就不会与外界有电磁交互作用，也就不被射到包壳上的任何方向的光线所“察觉”。2006年Pendry发表了符合麦克斯韦方程的隐身包壳理论[40]。同年，杜克大学（Duke University）研究组制造出一个可在微波频段接近隐形的二维隐形“衣”。这些理论与实验研究大大开拓了科学家的思路，三维的、在可见光频段的隐身衣的出现，似乎不再是幻想。

第十节　材料结构表征[41]

“制备-成分与结构-性质-使役性能”是材料科学与工程的四要素。人们通过改变材料的制备与加工参数来调节材料的结构，从而达到优化材料性能的目的。因此，材料的结构在材料研制中是联系制备工艺和性能的纽带，调控材料结构是材料科学的核心问题，而材料结构与性能的表征则成为材料科学发展与进步的重要保证。

一般来说，材料的结构包括化学成分、晶体结构、显微结构，以及电子结构。化学成分和晶体结构描述材料中原子的种类及其排列情况，代表基本的材料结构信息。实际材料中很少有完美的单晶，总是存在各种缺陷，例如，位错、晶界、相界、表面等。完整部分和缺陷部分的尺寸、分布、原子构型，以及它们之间的相互作用构成显微结构研究的重要内容。电子结构描述材料中电子的行为，在功能材料中有重要地位，如电荷密度分布、态密度和能带结构。磁性材料、半导体材料、铁电材料等对电子结构的研究十分关注。在传统的物理冶金学研究中，电子结构也受到关注（典型的例子是关于合金相结构的 Hume-Rothery 电子浓度规则[42]）。即便对于结构材料而言，由于电子结构是理解材料中原子之间的键合强度、晶体结构稳定性与相变、缺陷的能量与交互作用、晶界与相界面偏析等重要概念的必不可少的信息，随着研究的深入，电子结构的研究也得到越来越多的重视。

材料的结构表征手段丰富多样，以各种粒子束（如光子、X 射线、电子、离子、中子等）激发材料，通过分析从材料中发出的各种信号来探究材料的结构是重要手段之一。按照被分析信号所代表的材料结构信息的不同侧面，这些方法大致可以分为三类：

1. *衍射方法*

研究材料在倒空间的结构信息，主要用来分析材料中原子的排列和结构对称性，包括晶态、非晶态结构。研究方法有 X 射线衍射、电子衍射和中子衍射等。结合衍射强度的实验，在分析精度很高的情况下，衍射也被用来分析晶体中电子的分布，例如，电荷密度图揭示了一定的电子结构和化学键信息。

2. *成像方法*

例如，光学显微镜、扫描电镜、透射电镜、场离子显微镜，以及扫描探针显微镜家族等。各种形式的显微图像代表材料在实空间的信息，主要用来分析材料在宏观、微观不同层次的组织与缺陷结构，扫描探针显微镜家族还可提供与材料表面的磁、电、力、极化等性质相关的组织状态。

3. *谱学方法*

主要通过分析入射粒子与材料的非弹性散射过程研究材料的化学成分、电子结构，以及原子构型。例如，X 射线能谱、电子能量损失谱、X 射线与紫外光电子谱、俄歇电子谱、X 射线吸收谱、拉曼光谱、核磁共振谱等。

随着材料科学的发展和研究的深入，人们在越来越精细的尺度调控材料的结构与性能，尤其是金属薄膜和金属纳米颗粒等低维材料的发展对结构表征的空间分辨率提出了很高的要求。事实上，来自于材料研究的这种需求一直是表征方法与设备发展的重要推动力。近年来，材料的结构表征领域取得了广泛的进展，主要趋势表现为以下几个方面：

第一，像差校正电镜的出现显著提高了材料结构表征的空间分辨率。得益于电子与物质的强烈交互作用，透射电子显微镜在各种结构表征手段中具有最高的空间分辨率（通常在 2 埃左右)，而且集成了衍射、成像、谱学等多种分析方法于一身，是表征材料精细结构的重要工具。在 20 世纪 90 年代，人们在透射电镜中成功实现了球差校正[43]，突破了电子光学设备分辨率的主要障碍，迅速将分辨率提高里程碑似的 1 埃以内，最高已达 0.5 埃[44]。同样重要的是，球差校正基本消除了相位衬度的离域效应，以及提高了显微图像的信噪比，分别为研究缺陷的原子构型和轻原子的位置提供了有利的条件[45]。国际上各大材料研究中心纷纷装备了像差校正电镜。我国也于 2008 年在清华大学北京电子显微镜中心安装了我国第一台像差校正电镜，信息分辨率 0.8 埃，并陆续为高校和科研院所提供了有效的服务。

第二，材料结构表征的另一趋势是大科学装置的广泛应用。近 20 年来，发达国家和地区先后建设了第三代同步辐射光源，并越来越多地应用到材料研究中来。同步辐射 X 射线相对常规 X 射线光源来说具有亮度高，发散度小，单色性好等优点[46]。基于同步辐射的各种技术，如微区衍射、X 射线吸收谱和光电子谱与光电子显微镜等，发展迅速而且日趋成熟，其应用领域很快从物理基础研究向材料科学应用研究扩散。特别是能量大于 65 千电子伏的高能 X 射线可以穿透几毫米的大多数金属材料，实现材料或工程部件真实使用环境下（兼具各种温度、应力、气氛、磁场）晶体结构与多尺度微观结构单元的时空分辨原位演化观察。我国也于 2008 年在上海建成全国首个第三代同步辐射光源，该光源不同专门用途线束工作站的完善，对我国的材料研究提供了一个很好的平台。另外，我国基于反应堆的中子源于 2010 年投入使用，而高效的散裂中子源也在建设之中，在软物质、轻原子构型、磁结构、织构、金属工程构件的应力分布测量等领域有广泛的应用。

第三，在“制备-结构-性能”关系的研究中，除了静态的结构表征，材料在外部环境和动态加载（如温度、气氛、应力、磁场等）条件下的结构演变给我们提供了直接而丰富的信息。因此，原位动态结构表征随着材料研究的深入而迅速发展，在很多不同的实验平台上都实现了动态加载和实时结构表征的结合。典型的有原位透射电镜、原位扫描电镜，以及原位 X 射线衍射等等。这些原位实验为人们理解材料的合成、相变、力学行为等提供了重要的信息。作为动态结构表征的极限，飞秒级的超快电子显微学技术为人们深入认识材料相变机理提供了宝贵的数据[47]。例如，马氏体相变被认为与晶格振动的软模相关，而晶格振动的周期就在飞秒量级。要从实验上观察到相变路径，尤其是过渡态的原子组态，就只有当时间分辨率达到飞秒尺度才有可能。

第四，实验方法和计算分析的高度集成。信息技术的发展对材料的结构表征的推动作用是全方位的。在表征仪器高度复杂和精密的今天，仪器控制的计算机化不仅提高了仪器操作的效率和可重复性，也使得人们可以更加灵活地设计和实现复杂的实验。同时，得益于数据采集的计算机化，定量数据分析也变得更加容易实现。高分辨电子显微学中的系列欠焦出射波重构方法和三维电子层析法的逐渐普及，就是这方面的典型实例。从更加广泛的意义上讲，以结构表征的实验数据为基础，结合计算模拟，从而在更加精细的尺度上精确地分析和理解材料的结构及局域物理性能，也是材料结构表征的趋势之一。

目前金属材料的结构表征领域的主要科学问题包括：

（1）金属中位错、层错、界面，以及细小析出相的精确原子构型。像差校正电子显微学具有亚埃尺度的超高分辨率，消除了离域效应，提高了图像衬度，为我们在皮米量级进行高精度的定量结构分析提供了前所未有的机遇。尤其在具有复杂晶体结构的金属材料、含轻元素的金属化合物（如碳氮化物、硼化物）、金属中的纳米析出相等方面的有望取得重要成果。结合高空间分辨和元素分辨的衬度像和电子能量损失谱，将有助于分析合金元素在缺陷中的占位以及与缺陷的交互作用。

（2）金属低维材料的结构表征。金属薄膜、合金纳米颗粒、纳米晶金属等低维材料的结构与对应的块体材料相比经常表现出特殊的行为。例如，金属超薄膜与多层膜中的亚稳结构和应变弛豫，合金纳米颗粒的有序无序转变与表面重构，纳米晶金属中的位错，以及孪晶和层错等，都是重要的结构表征问题，也与这些材料的力学、物理、化学性能直接相关。

（3）金属材料的相变与形变机理的直接观察。通过原位动态结构表征，尤其是在原子尺度研究金属材料在动态加载下的结构演变，将对理解材料的显微结构的形成，缺陷之间的交互作用，材料的力学行为与强化机制提供直接的信息。金属纳米颗粒在化学气氛下的结构演变对催化剂的开发将有重要指导意义。

(4) 工程合金的精细结构表征。对在国民经济和国防中实际应用的工程合金(如高温合金和钢铁)进行细致的结构表征，有利于优化材料的性能，提高材料在服役条件下的可靠性，是结构表征研究的重要课题。相对于基础研究所用到的模型材料，工程材料的结构往往更加复杂，而且经常跨越从毫米、微米、纳米，以至原子结构的多个尺度。深入的结构表征不仅是对现有方法的应用，还需要针对不同材料体系对现有方法加以发展，例如，克服钢铁材料的磁性对高分辨电子显微学表征的不利影响。

(5) 复杂显微结构的三维表征。在常规的显微结构表征方法中，所观察到的要么是基于表面成像的截面结构，要么是基于透射模式的投影结构。对于比较复杂空间结构，如位错网络、析出相的分布、多孔金属，从这些二维信息通常难以得出真实的三维结构信息。应用各种形式的层析法，如X射线层析和电子层析，以及聚焦粒子束连续切片方法，将在这方面做出重要的贡献。

第十一节　建设调控材料制备与性能的研究中心

材料研究正处在新时代的边缘——从观测到控制与预测，需要新的研究能力来实现。先进的合成制备技术(包括在极端环境下完成)，以及对材料组织的调控与表征，就要从静态、二维发展到原位、动态和三维的测量手段，并与可预测的建模和模拟相结合

一、依托大科学装置的材料组织表征和性能测试

对材料组织结构的研究，一方面希望在更高分辨水平上观测，另一方面要求能动态分析，以便对材料的研制加以调控。光学显微术只能分辨到微米以上尺度，电子束和扫描探针有纳米到埃尺度的分辨能力，但透射电镜的样品要求几纳米厚，扫描探针只能探测表面，对厚度在毫米、微米的试样无能为力。X射线波长比可见光短得多，理论上可达到纳米的分辨率，而且软X射线(波长范围大约为1～10纳米)对研究生物和生物材料有特别的好处。在所谓的“水窗口”波段(2.3～4.4纳米)，水对X射线的吸收比蛋白质、核酸等有机物对X射线的吸收要低一个量级，这时生物组织的衬度较好。但对于密度较高、体积稍大、材料所含元素的原子序较高的样品，需要高能量的X射线才能穿透。在各种成像模式中，需要成像时间短、信噪比高，因此要求高亮度，同步辐射光源正好符合这些要求。同步辐射是带电粒子在电磁

场中作圆周运动时沿切线方向发出的电磁辐射。对于电子而言，它的静止能量很小，经过电场加速后，很容易超过这一能量，从而表现出显著的相对论性效应，产生高亮度的X射线。同步辐射光谱是广阔平滑的连续谱，它的亮度高、准直性好。X射线在各种材料的折射率均接近于1，不能用光学玻璃聚焦成像。X射线也不像电子束，不能用电磁场使之弯折聚焦，而是采用波带片起物镜作用。波带片是同心圆形的光栅，由明暗相间的、半径对应着X射线波长的半波带构成。X射线透过明圆环后，每相邻明环的光程差是一个波长，多个明环的射线衍射叠加将会加强，在某处干涉成像，波带片到成像平面距离是焦距，从而引申出放大倍率的概念，波带片物镜的分辨率取决于波带片最外环的宽度。借助微电子光刻技术的发展，已有可能制作最外环宽度为数十纳米的波带片。也就是说，X射线成像的分辨水平也达到十几纳米的程度。用X射线扫描样品一个层面后纪录数据，将样品倾转一定角度再接受扫描，如此倾转一定空间，在计算机将所有数据重构出这个角度范围的样品三维组织结构，这是三维层析成像技术。“纳米分辨CT时代”的到来，为材料内部组织的研究带来机遇。例如，针对材料失效时的裂纹萌生与扩展，可为避免或减轻灾害提供解决的参考意见；微电子器件的集成尺度正好在纳米尺度，X射线的透射达毫米、分辨率达10纳米，对芯片的缺陷分析大有可为。目前，我国建设了北京同步辐射装置、合肥同步辐射装置、上海第三代同步辐射装置，均可为材料学研究提供高水平的研究平台。

二、包含大科学装置的材料系统研究中心

美国能源部洛斯阿拉莫斯国家实验室于2011年提出建设一个旨在极端条件下创新材料的实验中心，名为“在极端条件下物质与辐照相互作用”(matter-radiation interactions in extremes，MaRIE)，并从科学需求、能力需求和装置需求三方面来提出问题。

在科学需求方面：控制材料的制备（合成与加工工艺）一直是个难题，希望在多探针、动态监控的帮助下更好达到目的。对在极端条件工作的材料，还希望了解材料动力学极限下的性能。

在能力需求方面：目前分析设备多是静态、条件简化的、二维的居多，需要发展原位、实时、三维的分析能力。

在装置需求方面：要建设多探针诊断大厅，制备裂变、聚变材料的装置，建设能将材料制备、检测、建模紧密集成的装置。

多探针诊断大厅包括：①第四代光源，可产生硬X射线和自由电子激

光；②质子束和电子束的带电粒子束流；③灵活的模拟环境，如高压、高负荷、高温等；④探针之间的耦合，以期在原位探取并反馈控制。这个诊断大厅除对一般材料可作检测外，还能研究一些特殊物质，如温密物质。温密物质是指处于冷材料与热稠密等离子体之间的物质状态。由于这种状态强耦合、低简并的特点，现有的物态方程的理论体系还无法对它作出准确的描述。大致来说，温密物质具有类似固体的密度及费米温度的量级（金属费米温度为万摄氏度）。举一个例子，2011 年美国阿贡国家实验室先进光子源（APS）以高亮度、短脉冲激光打入蓝宝石氧化铝中，在其中产生体心立方金属铝，估计这个条件是 100 亿帕压强和 10 万摄氏度高温。多探针诊断大厅的具体装置与技术包括：高能相干 X 射线成像（波带片）、动态电子显微镜、表面诊断、质子成像、高能 X 射线瞬态衍射、时间分辨 X 射线衍射成像、高强度超快激光、离子束分析辐照等。

裂变、聚变材料研究装置包括：800 兆电子伏质子加速器，自由电子激光系统，2 兆瓦多功能中子科学中心（热室、长期辐照）。可以研究微结构演化、力性、腐蚀、核燃料微结构变化等。

材料制备、检测、建模装置包括：控制复杂材料和化学过程（多铁、光子材料、超材料、超导材料）；能源转化与储存-光伏，超级电容器；极端条件下材料性能，如压力、温度、电场、磁场等。其能力包括单晶生长，压力、磁场作用下材料生长，亚稳材料薄膜，纳米结构，小尺寸铸造装置，无损 3D 成像等。当然，这里面还包括计算材料学的内容，因为另有第七章专门论述，这里就不重复了。

这个计划的特点是，不以大科学装置为主，而是以研制材料为中心，各种装置（包括大科学装置）都是为材料研制服务的（当然它还可以做别的研究）。据说，这样做的目的，就是要跨越连接材料微观性质与宏观性能间的介观鸿沟，实现对材料结构与性能的设计与预测。

三、建设材料制备与性能调控中心

有大科学装置提供的高品质光源当然很好，但那样的装置在发达国家也不过几套，材料科学家要想去使用机会是很难得的，而且要研制的新材料五花八门，即使一个同步辐射光源可以引出数十条线，也不能全部提供给材料领域使用。材料研制要跨出从实验摸索到可调制、有一定预测能力的一步，必须建设多种有特定目标、能将性能检测和组织表征集成到材料制备与加工流程上的材料系统研究中心。这些中心聚焦在特定目标的材料，在制备、加工、热处理、使役环境考验等环节，能在类似上述“多探针诊断大厅”那样的空间中得到表征、监测、调控，从而在材料制备的不同环节都能较好了解材料的质量并可能加以调整。与上述“多探针诊断大厅”有所不同，由于所选择研究材料的环境的限制，“多探针”不一定能包括大科学装置所提供的强力探针，但可根据需要使所设立的探针更为多样。这些中心还强调在样品制备、加工、检测阶段传输都受到保护，使之不受环境污染。

参考文献

[1] The Technology Strategy Board of UK. Advanced Materials-Key Technology Area 2008～2011，2007.

[2] 汪凌勇，张树庸，叶小梁，等．2011 年世界科技发展综述∥中国科学院．2012 科学发展报告．北京：科学出版社，2012：73-76.

[3] 国家自然科学基金委员会，中国科学院．未来 10 年中国学科发展战略·材料科学．北京：科学出版社，2012.

[4] 中国科学院先进材料领域战略研究组．中国至 2050 年先进材料科技发展路线图．北京：科学出版社，2009.

[5] 吉姆·巴戈特．完美的对称．李涛，曹志良译．上海：上海科技教育出版社，1999.

[6] Iijima S. Helical microtubules of graphite carbon. Nature，1991，354：56-58.

[7] Monthioux M，Kuznetsov V L. Who should be given the credit for the discovery of carbon nanotubes? Carbon ，2006，44：1621.

[8] Oberlin A，Endo M，Koyama T. Filamentous growth of carbon through benzene decomposition. J Cryst Growth，1976，32：335-349.

[9] Radushkevich L V，Lukyanovich V M. O strukture ugleroda，obrazujucegosja pri termiceskom razlozenii okisi ugleroda na zeleznom kontakte. Zurn Fisic Chim，1952，26：88-95.

[10] Hillert M，Lange N. The structure of graphite filaments. Z Kristallogr，1958，111：24-34.

[11] Beveridge W I B. 科学研究的艺术．陈捷译．北京：科学出版社，1979：115.

[12] Bochner S. Properties of Fourier series of almost periodic functions. Pro London Math Soc，1927，26 (2)：433-452.

[13] Shechtman D，Blech I，Gratiars D，et al. Metallic phase with long-ranged orientational order and no translational symmetry. Phys Rev Lett，1984，53：1951-1954.

[14] International Union for Crystallography. Report of the executive committee for 1991. Acta Crystallogr，1992，A48：922-946.

[15] Zhu S N，Zhu Y Y，Ming N B. Quasi-phase-match third harmonic generation in a quasi-periodic optical superlattice. Science，1997，278：843.

[16] Gao Z D，Zhu S N，Tu S Y，et al. Monolithic red-green-blue laser light source based on cascaded wavelength conversion in periodically poled stoichiometric lithium tantalate. Appl Phys Lett，2006，89：181101.

[17] Bauer D，Diamond D，Li J，et al. U. S. department of energy critical materials strategy. Information Bridge：DOE Scientific and Technical Information，2010，12.

[18] Mei Z G，Yang J，Zhang W，et al. Filling fraction limits for rare-earth atoms in $CoSb_3$：an ab initio approach. Phys Rev B，2008，77：045202.

[19] Wang S Y，Xie W J，Li H，et al. Effects of cooling rate on thermoelectric properties of *n*-type $Bi_2(Se_{0.4}Te_{0.6})_3$ compounds. Journal of Electronic Materials，2011，40：1150-1157.

[20] Yan S C，Li Z S，Zou Z G. Photodegradation of Rhodamine B and Methyl Orange over Boron-Doped g-C3N4 under Visible Light Irradiation. Langmuir，2010，26（6）：3894-3901.

[21] 陈南平，庄育智．金属材料科学．北京：科学出版社，1995.

[22] 梅良模．金属材料学科在我国现代化建设和经济发展中的战略地位．//国家自然科学基金委员会工程与材料科学部．内部资料，2011.

[23] 张永权．钢铁材料．//国家自然科学基金委员会工程与材料科学部．内部资料，2011.

[24] 刘庆．轻金属材料．//国家自然科学基金委员会工程与材料科学部．内部资料，2011.

[25] Luo Z P. Long periodic structure in Mg alloys with rare earth elements. J Mat Sci Lett，1993，12：1490.

[26] Luo Z P. Quasicrystal phase in Mg alloys with rare earth elements. J Alloys Comp，1994，209：275.

[27] Committee on Research Opportunities in Corrosion Science and Engineering. Research Opportunities in Corrosion Science and Engineering. Washington D C：The National Academies Press，2011，192.

[28] 褚武扬．材料的使役性能．//国家自然科学基金委员会工程与材料科学部．内部资料．2011.

[29] Lu K，Lu L，Suresh S. Strengthening materials by engineering coherent internal boundaries at the nanoscale. Science，2009：324，349.

[30] Lu K. The future of metals. Science，2010：328，319.

[31] Fine M E，Marcus H L. Materials science and engineering，an educational discipline，annu. Rev Mater Sci，1994，24：1-17.

[32] Beeler Jr J R. The role of computer experiments in materials research. Advances in Materials Research，1970，4：295.

[33] Reebe D. The simulation of materials，microstructures and properties. //Computational Materials Science. Weinheim：Wiley-VCH，1998.

[34] Liu A Y，Cohen M L. Structural-properties and electronic-structure of low-compressibility materials-β-Si_3N_4 and hypotheticalβ-C_3N_4. Phys Rev B，1989，41：10727.

[35] Committee on Integrated Computational Materials Engineering. National research council：integrated computational materials engineering：a transformational discipline for improved competitiveness and national security. http：//www. nap. edu/catalog/12199. html [2008-02-01].

[36] Department of Energy. Opportunities for discovery：theory and computation in basic energy sciences（2005）. http：//www. sc. doe. gov/bes/reports/files/OD _ rpt. pdf [2013-02-01].

[37] Pendry J B，Schurig D，Smith D R. Controlling electromagnetic fields. Science，2006，312：1780.

[38] Schurig D，Mock J J，Justice B J，et al. Metamaterial electromagnetic cloak at microwave frequencies. Science，2006，314：977.

[39] Fang N，Xi D J，Xu J Y，et al. Ultrasonic metamaterials with negative modulus. Nature Materials，2006，5：452.

[40] Smith D R，Pendry J B. Homogenization of metamaterials by field averaging. JOSA B，2006，23：391.

[41] 朱静，于荣．金属材料的结构表征．//国家自然科学基金委员会工程与材料学部．内部资料，2011.

[42] Hume R W，Raynor G V. The Structure of Metals and Alloys. 4th edition. Michigan：Institute of Metals，1962.

[43] Haider M，Uhlemann S，Schwan E，et al. Electron microscopy image enhanced. Nature，1998，392：768-769.

[44] Kisielowski C，Freitag B，Bischoff M，et al. Detection of single atoms and buried defects in three dimensions by aberration-corrected electron microscope with 0. 5-angstrom information limit. Microscopy & Microanalysis，2008，14：469.

[45] Urban K W. Studying atomic structures by aberration-corrected transmission electron microscopy. Science，2009，321：506.

[46] Petroff Y. The future of synchrotron radiation. Journal of Electron Spectroscopy and Related Phenomena，2007，10：156-158.

[47] King W E，Campbell G H，Frank A，et al. Ultrafast electron microscopy in materials science，biology，and chemistry. J Appl Phys，2005，97：111101.

第二章

石墨烯的历史、现状与未来

石墨烯（graphene）是由单层碳原子紧密堆积成二维蜂窝状晶格结构的一种碳质新材料[1]，是构建其他维数碳质材料（如零维富勒烯、一维碳纳米管、三维石墨）的基本单元。这种严格的二维原子晶体材料具有极好的结晶性及电学质量，无论在基础理论研究还是在应用方面都展现出无穷的魅力[1~3]，是目前材料科学、凝聚态物理、化学等领域最为活跃的研究前沿。

第一节　石墨烯的研究历史、发现与意义

石墨烯的研究可追溯到 20 世纪 40 年代。1947 年，P. R. Wallace 首次计算了石墨烯的电子结构，发现其具有奇特的线性色散关系[4]。1956 年，J. W. McClure 导出了石墨烯的波函数方程[5]。1984 年，Semenoff、DiVincenzo、Mele 等讨论了其与狄拉克方程的相似性[6,7]，自此石墨烯便作为理论模型被广泛用于 2＋1 维量子电动力学现象的研究。虽然德国化学家 H. P. Boehm 于 1962 年将氧化石墨剥离、还原后，在透射电子显微镜下观察到原子厚度的石墨碎片。然而，长期以来人们一直认为类似石墨烯这样严格的二维原子晶体由于热涨落导致的原子位移而难以独立稳定存在[1]，因而阻碍了对石墨烯的分离、确认、表征，以及验证其独特的二维特性。直到 2004 年，英国曼彻斯特大学的 A. K. Geim 和 K. S. Novoselov 等利用胶带剥离高定向石墨的方法获得了独立存在的高质量二维石墨烯晶体，并相继发现了一系列新奇的物理现象[1,2]，从而引发了全世界范围内对石墨烯的广泛、深入的研究。

石墨烯的发现开辟了二维原子晶体体系研究的新方向。除石墨烯外，石墨烷、石墨炔、氟化石墨烯、BN、MoS_2、WS_2、$NeSe_2$ 及 $Bi_2Sr_2CaCu_2O_x$ 等二维原子晶体材料相继被制备出来[10~13]，使人类对客观物质世界的认识从三维、零维、一维进一步扩展到了二维，为基础科学研究和和实际应用探索注入了新的生机和活力。正是由于在"二维材料石墨烯方面的开创性实验研究"，在距离石墨烯的发现仅 6 年之后，其发现者 A. K. Geim 和 K. S. Novoselov 教授便获得了 2010 年的诺贝尔物理学奖，进一步激发了石墨烯的研究热潮。根据 Web of Science 的检索，截至 2011 年底发表的石墨烯论文共计约 15 000 篇，仅 2011 年一年发表的论文就有 5700 余篇，其中发表在《科学》和《自然》杂志上的论文就多达 120 余篇。目前，各国政府也都高度重视石墨烯材料的研究，纷纷投入巨资抢占这一战略高地。例如，2011 年英国政府投资5000万英镑进行石墨烯研究，希望将诺贝尔奖得主的实验室成果转化为实际应用；欧盟计划启动石墨烯旗舰计划，10 年投资 10 亿欧元，以期通过利用石墨烯及相关二维材料的独特性能，推动信息、通信等领域的技术革命。

第二节　石墨烯的研究现状、趋势与应用前景

自石墨烯发现之初，高质量石墨烯的制备便一直是石墨烯研究领域的热点和难点。在 2004 年之前，正是高质量石墨烯制备方法的缺乏限制了石墨烯的实验研究。胶带剥离法的发明使人类首次可以制备出高质量石墨烯，为研究其物性和探索其应用奠定了基础。除胶带剥离法以外，目前已陆续发展出多种制备石墨烯的方法，主要包括：碳化硅和金属单晶外延生长法[14~16]、化学剥离法[17~20]、化学气相沉积（CVD）法[21~26]及有机合成法[27~29]等，石墨烯的可控性、质量和产量都有了很大程度的改善和提高。例如，利用碳化硅基体图形化可以宏量制备出石墨烯带，进而在 0.24 厘米^2 的碳化硅基体上制造出 10 000 个石墨烯晶体管[16]；目前采用化学剥离法已经可以实现石墨烯的吨级制备[30]；韩国的研究人员采用可工业化的 CVD 方法，制备出 30 英寸的石墨烯薄膜[23]；德国、瑞士、法国的科学家利用有机合成法制备出具有原子级精度边界的石墨烯带[29]；最近，中国科学院金属研究所利用 CVD 方法制备出具有三维全连通网络结构的高导电、柔性的石墨烯泡沫体材料，以及尺寸可达毫米量级的单晶石墨烯[24,25]。石墨烯制备技术的发展，极大地促进了

对其基本物理化学性质的研究和实际应用的探索。

在独立存在的高质量石墨烯被制备出来之后，石墨烯的研究大多集中于对其奇特电学性质的理解和阐释[1,2]。传统的半导体材料中的电子可以看成是遵循牛顿运动定律的粒子，其能量依赖于动量的平方，因此电子的量子力学行为可以用薛定谔方程来描述[31,32]。然而，石墨烯中电子的行为与传统的半导体材料中的电子不同，其具有零有效质量，表现出类似于光子的行为，以 1/300 光速的恒定速度运动，需要用无质量费米子的狄拉克方程来描述。正是由于这种独特的电子结构和载流子特性，石墨烯呈现出多种新奇的物理现象，如零载流子浓度极限下的最小量子导电率[31]、半整数量子霍尔效应[31]、室温量子霍尔效应[33]、分数量子霍尔效应[34]等。石墨烯独特的载流子特性也为粒子物理中的相对论量子电动力学效应的验证提供了便捷的手段，如瑞典物理学家 O. 克莱因提出的克莱因隧穿等[35]。此外，石墨烯的室温载流子迁移率高达100000厘米^2/伏·秒[36]，比半导体硅高出近两个数量级，并且具有室温亚微米尺度的弹道输运特性。2008 年开始，石墨烯的光学、力学、热学性质等也相继被实验所揭示。石墨烯几近透明，在很宽的波段内单层石墨烯的光吸收只有 2.3%[37,38]。石墨烯的强度高达 130 吉帕，是目前已知强度最高的材料（约是钢的 100 倍），并且具有很好的柔韧性和拉伸性，最大可承受约 20%的形变[39]。此外，石墨烯还具有高达 5000 瓦/米·开的热导率（约是铜的 10 倍）[40]、优异的化学稳定性和高达 2600 米^2/克的超高比表面积。

石墨烯众多优异的物理化学性质赋予了其广阔而富有前景的应用空间。石墨烯独特的二维结构使其可与现有的半导体工艺相兼容，且具有超高载流子迁移率和亚微米尺度的弹道输运特性，因此射频晶体管等纳电子器件被认为是石墨烯最有前景的应用之一[41~45]。目前，利用石墨烯已制备出截止频率高达 300 吉赫兹的晶体管[44]，并研制出了晶圆尺寸的石墨烯集成电路[45]。综合利用石墨烯的高载流子迁移率、高导电性和宽波段高透光性等可实现其在超快光探测、超快激光、太赫兹器件、光伏器件、光发射器件，以及显示器件等方面的应用，是石墨烯另一重要的应用方向[41,46]。例如，基于石墨烯的光探测器的探测范围可以覆盖深紫外到太赫兹波段，光响应频率可达 1.5 太赫兹，性能远优于目前常用的 InGaAs 探测器[47]；石墨烯可作为透明导电材料用于柔性显示器件[48]。此外，石墨烯在高灵敏度的气体传感器、生物传感器、电化学传感器中也具有重要的潜在应用[49~51]。作为复合材料，少量石墨烯的添加便能极大改善材料的弹性模量、拉伸强度、导电性、导热性和热稳定性等[17,52,53]。石墨烯在新能源领域也具有重要的应用前景，如利用石墨烯的高导电特性可以显著提高锂离子电池和超级电容器的倍率性能[54]；石墨烯可作为透明导电窗口、光活性材料、电荷传输通道及催化剂等在太阳能电池中发挥重要作用[46]；氧化石墨烯可以直接作为催化材料[55]，或者作为催化剂载体制备均匀分散的催化剂颗粒用于燃料电池和化工过程[56]。此外，石墨烯还可用于大功率器件的热管理[57]、高频纳机电系统[58]、透射电镜观察样品的支撑材料[59]等。

除本征性质的研究和利用，通过各种物理化学手段来改变石墨烯的性质、拓展其应用也是目前石墨烯领域的一个重要研究方向。例如，通过切割石墨烯的方法可以制备出石墨烯纳米带并打开带隙，从而解决石墨烯在逻辑器件应用中的漏电流现象[60,61]。把石墨烯看成大分子，通过化学反应可以用来制备多种石墨烯衍生物。氧化石墨烯是最常见的一种石墨烯衍生物，在水中和有机溶剂中有很好的溶解性，易于组装成多种宏观结构，其还原产物在储能、复合材料、催化等领域均表现出优异的性能。最近研究人员还发现，氧化石墨烯薄膜对多种液体、蒸汽和气体具有完全不透过性，但对水有很好的渗透性[62]。此外，通过在石墨烯的每个碳原子上增加一个氢原子，可制备出具有绝缘特性的石墨烷[12]；通过将石墨烯与氟原子反应，可制备出稳定、耐高温的氟化石墨烯[13]。利用基体与石墨烯的相互作用也可以对其性能进行调控，如通过将石墨烯悬浮或放置在 BN 基体上，可显著提高其迁移率[63,64]。悬浮石墨烯可产生时间分辨的超快光电流和太赫兹的电磁波[65]。在 BN 基体上，石墨烯的粗糙度、化学反应活性及掺杂水平都显著降低[64]，低磁场条件下在狄拉克点附近可观察到巨大的非局域反应，以及自旋和谷量子霍尔铁磁性[66,67]。应力、掺杂、缺陷、晶界、外场等也被用来调控石墨烯的性质。最近的研究表明，应力可以使石墨烯产生高达 300 特的赝磁场[68]；掺杂石墨烯被预测具有手性超导特性[69]；点缺陷可使石墨烯呈现出半自旋的顺磁性[70]，并且可作为皮赫兹范围的原子天线产生亚纳米尺度的表面等离子体共振[71]。

除单层石墨烯外，近年来对双层和三层石墨烯的研究成为石墨烯领域新的前沿。与单层石墨烯不同，双层石墨烯的载流子为有质量的狄拉克费米子，可以用含有薛定谔方程和狄拉克方程共同特征的哈密顿量来描述，且其能带较为平坦，电子间的相互作用强，为研究新的二维电子物理提供了平台。研究人员在双层石墨烯中已观察到电子拓扑转变、破损态、高磁阻、二维拓扑绝缘态等一系列新的物理现象[72~75]。此外，双层石墨烯的层间堆垛对其性能影响巨大[76]，通过改变两层石墨烯中碳原子的相对位置可以对其性能进行调控，在AB堆垛的双层石墨烯中通过施加垂直电场可以产生可调的带隙，最高可达250毫电子伏[77]。双层石墨烯还可以作为热电子测辐射热仪，其噪声等效功率较商用的硅基测辐射热仪和越界超导传感器低几倍，而本征速度要高几个数量级[78]。三层石墨烯的电子结构含有类似于单层石墨烯的无质量的狄拉克带和类似于双层石墨烯的有质量的狄拉克带，因此呈现出丰富的物理现象[79~84]。如在ABC堆垛的三层石墨烯中观察到了整数量子霍尔效应、l=3的手性准粒子的量子霍尔效应及Lifshitz转变[80~82]；在悬浮的三层石墨烯中观察到了磁导的振荡和分数量子霍尔态[83]。此外，ABA堆垛的三层石墨烯在施加电场的情况下不会引入带隙[82,84]，但ABC堆垛的三层石墨烯可以通过施加电场产生带隙。最近，在手性堆垛的少层石墨烯中还观察到了自发的量子霍尔态[85]。

由于不同的成分和结构，非碳二维原子晶体材料有望展现出与石墨烯完全不同的物理、化学性质，将石墨烯与这些二维原子晶体进行堆叠为开发新的二维材料，以及发现新的物理现象提供了广阔的空间。例如，在石墨烯/BN异质结中发现了可调的金属-绝缘体转变[86]。理论研究表明，通过在双层石墨烯/BN异质结构上施加电场，可以实现带隙从0到0.2电子伏的连续可调，并且层间堆叠的无序性对带隙影响很小[87]。在石墨烯/绝缘体异质结构中，由于载流子在多层石墨烯中的分布使得表面等离子光子的共振频率和强度显著增强[88]。利用规则排列的石墨烯/绝缘体异质堆叠结构，可以制成消光比达9.5分贝的太赫兹线性偏振器，以及衰减率为8.2分贝的可调远红外陷波滤波器。研究还发现，包含5层石墨烯的异质堆叠结构可以屏蔽97.5%的1.2太赫兹以下的电磁波辐射。此外，利用BN或MoS_2作为垂直传输的势垒，可解决石墨烯缺乏带隙和在关闭状态下漏电流的问题，由此制成的隧穿场效应晶体管在室温下的开关比可以分别达到50和10 000，并且这种器件具有高频操作和大规模集成的潜力[89]。然而，该领域的研究才刚刚起步，无论异质结构材料的制备、物理、物性的理论和实验研究，以及应用等方面都亟待突破。

综上所述，石墨烯的发展日新月异，新成果、新发现层出不穷。虽然石墨烯研究已获得了诺贝尔物理学奖，但仍有很多宝藏尚待挖掘，没有人能够预测明天在石墨烯研究方面又会发现什么新的物理现象、新的性能和新的应用。就连诺贝尔物理学奖得主康斯坦丁·诺沃肖诺夫也指出，“要准确地说石墨烯会有什么应用还为时尚早。石墨烯的性能研究和大量制备方面的进步如此之快，现在无论说什么都有可能是错误的”。从目前的发展来看，石墨烯有望在复合材料、能量存储和转换、柔性电子等方面最先获得应用，在高速电子器件、光电子器件、自旋量子器件等信息通信领域的实现可能需要较长的时间，而对石墨烯材料及其新奇物理、物性等基本科学问题的探索将是石墨烯领域永恒的主题。然而，毋庸置疑，石墨烯这种综合了多种优异性能的新材料有可能会带来新技术革命，使信息通信更加快速，使能源存储和转换更加高效，使人类生活更加便利。据 Lux Research 2009 年的预测，2015 年石墨烯相关产品的市场将达到 530 亿美元，并广泛应用于航空航天、汽车、能源、电子、医疗、军事和电信等领域。也许有一天，石墨烯会像塑料一样改变人类的生活。

第三节　我国的石墨烯研究概况与建议

英国、美国、德国、韩国、新加坡等在石墨烯研究方面处于世界领先地位。相比于这些石墨烯研究强国，我国在石墨烯研究领域起步较晚，早期主要集中于石墨烯物性的理论研究，自 2006 年后实验研究发展迅速。目前，我国从事石墨烯研究的机构近 100 个，其中，中国科学院、北京大学、中国科学技术大学、清华大学、南开大学等在国内起步较早，是国内从事石墨烯研究的主要单位。中国科学院、科技部、国家自然科学基金委员会等自 2009 年起相继资助了多个石墨烯研究项目，近年来许多企业也纷纷投入经费与科研机构合作开展石墨烯的大量制备和应用开发研究，极大促进了我国的石墨烯发展。根据 Web of Science 的检索结果，目前我国学者以石墨烯为主题发表的学术论文已经超过 3300 篇，约占世界论文总数的 22%，较 2010 年提高了 7%，仅次于美国，已成为石墨烯研究的大国。从研究方向来看，我国的石墨烯研究主要集中于制备及储能、光伏、传感等应用，已逐步形成一定的特色和优势，近年来也做出了有特色的原创性和引领性工作，如利用 CVD 方法制备出三维网络状石墨烯，实现了毫米级高质量单晶石墨烯的制备与无损转移，制备出 100% 表面覆盖且均一的单层石墨烯等。但总体来说，在石墨烯的物理、物性的实验研究及器件研究方面处于落后局面，具有较大影响的原创性成果少，整体研究水平较低，平均每篇论文引用率为 13.4 次，低于世界篇均论文引用率 21.5 次，远低于英国（71.2 次）、美国（34 次）等石墨烯研究强国。

根据石墨烯领域的发展和我国石墨烯研究状况，建议在今后的研究部署中一方面要进一步加强已有优势方向的发展，集中力量进行攻关，力争石墨烯的大量制备和在新能源、复合材料等领域的应用早日实现产业化；一方面要更加重视原始创新，更加重视基础和前沿，挖掘石墨烯及其他二维原子晶体材料物理、化学、物性等更深层次的科学内涵，通过交叉合作提高石墨烯电子及光电子器件研究水平，并尽早开展石墨烯器件的系统集成研究，推动柔性电子、超快光通信、电动汽车等战略新兴产业的发展，提高我国在石墨烯领域的整体研究水平和国际地位，更好地为国家经济建设和社会发展服务。

参考文献

[1] Geim A K，Novoselov K S. The rise of graphene. Nat Mater，2007，6：183-191.

[2] Geim A K. Graphene：Status and prospects. Science，2009，324：1530-1534.

[3] 任文才，成会明. 石墨烯：完美的二维晶体—2010 年诺贝尔物理学奖评述. 科学发展报告 . 北京：科学出版社 . 2011，72-77.

[4] Wallace P R. The band theory of graphite. Phys Rev，1947，71：476-476.

[5] Mcclure J W. Diamagnetism of graphite. Phys Rev，1956，104：666-671.

[6] Semenoff G W. Condensed-matter simulation of a 3-dimensional anomaly. Phys Rev Lett，1984，53：2449-2452.

[7] Divincenzo D P，Mele E J. Self-consistent effective-mass theory for intralayer screening in graphite-intercalation compounds. Phys Rev B，1984，29：1685-1694.

[8] Boehm H P，Clauss A，Hofmann U，et al. Dünnste Kohlenstoff-Folien. Zeitschrift Fur Naturforschung B，1962，17：150-153.

[9] Novoselov K S，Geim A K，Morozov S V，et al. Electric field effect in atomically thin carbon films. Science，2004，306. ：666-669.

[10] Novoselov K S，Jiang D，Fchedin F，et al. Two-dimensional atomic crystals. Proc Natl Acad Sci USA，2005，102：10451-10453.

[11] Coleman J N，Lotya M，O'Neill A，et al. Two-dimensional nanosheets produced by liquid exfoliation of layered materials. Science，2011，331：568-571.

[12] Elias D C，Nair R R，Mohiuddin T M G，et al. Control of graphene's properties by reversible hydrogenation：evidence for graphane. Science，2009，323：610-613.

[13] Nair R R，Ren W C，Jalil R，et al. Fluorographene：a two-dimensional counterpart of teflon. Small，2010，6：2877-2884.

[14] Berger C，Song Z M，Li T B，et al. Ultrathin epitaxial graphite：2d electron gas properties and a route toward graphene-based nanoelectronics. J Phys Chem B，2004，108：19912-19916.

[15] Emtsev K V, Bostwick A, Horn K, et al. Towards wafer-size graphene layers by atmospheric pressure graphitization of silicon carbide. Nat Mater, 2009, 8.: 203-207.
[16] Sprinkle M, Ruan M, Hu Y, et al. Scalable templated growth of graphene nanoribbons on SiC. Nat Nanotechnol, 2010, 5.: 727-731.
[17] Stankovich S, Dikin D A, Dommett G H B, et al. Graphene-based composite materials. Nature, 2006, 442.: 282-286.
[18] Stankovich S, Dikin D A, Piner R D, et al. Synthesis of graphene-based nanosheets via chemical reduction of exfoliated graphite oxide. Carbon, 2007, 45: 1558-1565.
[19] Park S, Ruoff R S. Chemical methods for the production of graphenes. Nat Nanotechnol, 2009, 4.: 217-224.
[20] Dreyer D R, Park S, Bielawski C W, et al. The chemistry of graphene oxide. Chem Soc Rev, 2010, 39: 228-240.
[21] Kim K S, Zhao Y, Jang H, et al. Large-scale pattern growth of graphene films for stretchable transparent electrodes. Nature, 2009, 457: 706-710.
[22] Li X S, Cai W W, An J H, et al. Large-area synthesis of high-quality and uniform graphene films on copper foils. Science, 2009, 324: 1312-1314.
[23] Bae S, Kim H, Lee Y, et al. Roll-to-roll production of 30-inch graphene films for transparent electrodes. Nat Nanotechnol, 2010, 5: 574-578.
[24] Chen Z P, Ren W C, Gao L B, et al. Three-dimensional flexible and conductive interconnected graphene networks grown by chemical vapor deposition. Nat Mater, 2011, 10: 424-428.
[25] Gao L, Ren W, Xu H, et al. Repeated growth and bubbling transfer of graphene with millimetre-size single-crystal grains using platinum. Nat Commun, 2012, 3: 699.
[26] 任文才，高力波，马来鹏，等. 石墨烯的化学气相沉积法制备. 新型炭材料，2011，26：71-80.
[27] Zhi L J, Mullen K. A bottom-up approach from molecular nanographenes to unconventional carbon materials. J Mater Chem, 2008, 18.: 1472-1484.
[28] Yang X Y, Dou X, Rouhanipour A, et al. Two-dimensional graphene nanoribbons. J Am Chem Soc, 2008, 130: 4216-4217.
[29] Cai J M, Ruffieux P, Jaafar R, et al. Atomically precise bottom-up fabrication of graphene nanoribbons. Nature, 2010, 466.: 470-473.
[30] Segal M. Selling graphene by the ton. Nat Nanotechnol, 4, 2009.: 611-613.
[31] Novoselov K S, Geim A K, Morozov S V, et al. Two-dimensional gas of massless Dirac fermions in graphene. Nature, 2005, 438: 197-200.
[32] Zhang Y B, Tan Y W, Stormer H L, et al. Experimental observation of the quantum Hall effect and Berry's phase in graphene. Nature, 2005, 438: 201-204.

[33] Novoselov K S, Jiang Z, Zhang Y, et al. Room-temperature quantum hall effect in graphene. Science, 2007, 315: 1379-1379.

[34] Ghahari F, Zhao Y, Cadden-Zimansky P, et al. Measurement of the Nu = 1/3 fractional quantum hall energy gap in suspended graphene. Phys Rev Lett, 2011, 106: 046801.

[35] Katsnelson M I, Novoselov K S, Geim A K. Chiral tunnelling and the klein paradox in graphene. Nat Phys, 2006, 2: 620-625.

[36] Morozov S V, Novoselov K S, Katsnelson M I, et al. Giant intrinsic carrier mobilities in graphene and its bilayer. Phys Rev Lett, 2008, 100: 016602.

[37] Nair R R, Blake P, Grigorenko A N, et al. Fine structure constant defines visual transparency of graphene. Science, 2008, 320: 1308-1308.

[38] Wang F, Zhang Y B, Tian C S, et al. Gate-variable optical transitions in graphene. Science, 2008, 320: 206-209.

[39] Lee C, Wei X D, Kysar J W, et al. Measurement of the elastic properties and intrinsic strength of monolayer graphene. Science, 2008, 321: 385-388.

[40] Balandin A A, Ghosh S, Bao W Z, et al. Superior thermal conductivity of single-layer graphene. Nano Lett, 2008, 8: 902-907.

[41] Avouris P. Graphene: electronic and photonic properties and devices. Nano Lett, 2010, 10: 4285-4294.

[42] Bourzac K. Back to analogue. Nature, 2012, 483: 34-36.

[43] Lin Y M, Dimitrakopoulos C, Jenkins K A, et al. 100-GHz transistors from wafer-scale epitaxial graphene. Science, 2010, 327: 662-662.

[44] Liao L, Lin Y C, Bao M Q, et al. High-speed graphene transistors with a self-aligned nanowire gate. Nature, 2010, 467: 305-308.

[45] Lin Y M, Valdes G A, Han S J, et al. Wafer-scale graphene integrated circuit. Science, 2011, 332: 1294-1297.

[46] Bonaccorso F, Sun Z, Hasan T, et al. Graphene photonics and optoelectronics. Nat Photonics, 2010, 4: 611-622.

[47] Xia F, Mueller T, Lin Y M, et al. Ultrafast graphene photodetector. Nat Nanotechnol, 2009, 4: 839-843.

[48] Han T H, Lee Y, Choi M R, et al. Extremely efficient flexible organic light-emitting diodes with modified graphene anode. Nat Photonics, 2012, 6: 105-110.

[49] Schedin F, Geim A K, Morozov S V, et al. Detection of individual gas molecules adsorbed on graphene. Nat Mater, 2007, 6: 652-655.

[50] Zhou M, Zhai Y M, Dong S J. Electrochemical sensing and biosensing platform based on chemically reduced graphene oxide. Anal Chem, 2009, 81: 5603-5613.

[51] Cohen K T, Qing Q, Li Q, et al. Graphene and nanowire transistors for cellular

interfaces and electrical recording. Nano Lett, 2010, 10: 1098-1102.

[52] Zhu Y W, Murali S, Cai W W, et al. Graphene and graphene oxide: synthesis, properties, and applications. Adv Mater, 2010, 22.: 5226-5226.

[53] Ramanathan T, Abdala A A, Stankovich S, et al. Functionalized graphene sheets for polymer nanocomposites. Nat Nanotechnol, 2008, 3: 327-331.

[54] Wu Z S, Zhou G M, Yin L C, et al. Graphene/metal oxide composite electrode materials for energy storage. Nano Energy, 2012, 1: 107-131.

[55] Scheuermann G M, Rumi L, Steurer P, et al. Palladium nanoparticles on graphite oxide and its functionalized graphene derivatives as highly active catalysts for the suzuki-miyaura coupling reaction. J Am Chem Soc, 2009, 131: 8262-8270.

[56] Dreyer D R, Jia H P, Bielawski C W. Graphene oxide: a convenient carbocatalyst for facilitating oxidation and hydration reactions. Angew Chem, 2010, 49: 6813-6816.

[57] Yan Z, Liu G, Khan J M, et al. Graphene quilts for thermal management of high-power GaN transistors. Nat Commun, 2012, 3: 827.

[58] Bunch J S, Van der Zande A M, Verbridge S S, et al. Electromechanical resonators from graphene sheets. Science, 2007, 315: 490-493.

[59] Meyer J C, Girit C O, Crommie M F, et al. Imaging and dynamics of light atoms and molecules on graphene. Nature, 2008, 454: 319-322.

[60] Han M Y, Oezyilmaz B, Zhang Y, et al. Energy band-gap engineering of graphene nanoribbons. Phys Rev Lett, 2007, 98: 206805.

[61] Li X, Wang X, Zhang L, et al. Chemically derived, ultrasmooth graphene nanoribbon semiconductors. Science, 2008, 319: 1229-1232.

[62] Nair R R, Wu H A, Jayaram P N, et al. Unimpeded permeation of water through helium-leak-tight graphene-based membranes. Science, 2012, 335: 442-444.

[63] Bolotin K I, Sikes K J, Jiang Z, et al. Ultrahigh electron mobility in suspended graphene. Solid State Commun, 2008, 146: 351-355.

[64] Dean C R, Young A F, Meric I, et al. Boron nitride substrates for high-quality graphene electronics. Nat Nanotechnol, 2010, 5: 722-726.

[65] Prechtel L, Song L, Schuh D, et al. Time-resolved ultrafast photocurrents and terahertz generation in freely suspended graphene. Nat Commun, 2012, 3: 646.

[66] Abanin D A, Morozov S V, Ponomarenko L A, et al. Giant nonlocality near the dirac point in graphene. Science, 2011, 332: 328-330.

[67] Young A F, Dean C R, Wang L, et al. Spin and valley quantum hall ferromagnetism in graphene. Nat Phys, 2012, 8: 550-556.

[68] Levy N, Burke S A, Meaker K, et al. Strain-induced pseudo-magnetic fields greater than 300 tesla in graphene nanobubbles. Science, 2010, 329: 544-547.

[69] Nandkishore R, Levitov L S, Chubukov A V. Chiral superconductivity from repulsive

interactions in doped graphene. Nat Phys，2012，8：158-163.
[70] Nair R R. Sepioni M，Tsai I L，et al. Spin-half paramagnetism in graphene induced by point defects. Nat Phys，2012，8：199-202.
[71] Zhou W，Lee J，Nanda J，et al. Atomically localized plasmon enhancement in monolayer graphene. Nat Nanotechnol，2012，7：161-165.
[72] Mayorov A S，Elias D C，Mucha-Kruczynski M，et al. Interaction-driven spectrum reconstruction in bilayer graphene. Science，2011，333：860-863.
[73] Qiao Z，Tse W K，Jiang H，et al. Two-dimensional topological insulator state and topological phase transition in bilayer graphene. Phys Rev Lett，2011，107：256801.
[74] Feldman B E，Martin J，Yacoby A. Broken-symmetry states and divergent resistance in suspended bilayer graphene. Nat Phys，2009，5：889-893.
[75] Weitz R T，Allen M T，Feldman B E，et al. Broken-symmetry states in doubly gated suspended bilayer graphene. Science，2010，330：812-816.
[76] Ohta T，Bostwick A，Seyller T，et al. Controlling the electronic structure of bilayer graphene. Science，2006，313：951-954.
[77] Zhang Y B，Tang T T，Girit C，et al. Direct observation of a widely tunable bandgap in bilayer graphene. Nature，2009，459：820-823.
[78] Yan J，Kim M H，Elle J A，et al. Dual-gated bilayer graphene hot-electron bolometer. Nat Nanotechnol，2012，7：472-478.
[79] Taychatanapat T，Watanabe K，Taniguchi T，et al. Quantum hall effect and landau-level crossing of dirac fermions in trilayer graphene. Nat Phys，2011，7：621-625.
[80] Kumar A，Escoffier W，Poumirol J M，et al. Integer quantum hall effect in trilayer graphene. Phys Rev Lett，2011，107：126806.
[81] Zhang LY，Zhang Y，Camacho J，et al. The experimental observation of quantum Hall effect of l＝3 chiral quasiparticles in trilayer graphene. Nat Phys，2011，7：953-957.
[82] Bao W，Jing L，Velasco J，et al. Stacking-dependent band gap and quantum transport in trilayer graphene. Nat Phys，2011，7：948-952.
[83] Bao W，Zhao Z，Zhang H，et al. Magnetoconductance oscillations and evidence for fractional quantum hall states in suspended bilayer and trilayer graphene. Phys Rev Lett，2010，105.：246601.
[84] Lui C H，Li Z Q，Mak K F，et al. Observation of an electrically tunable band gap in trilayer graphene. Nat Phys，2011，7.：944-947.
[85] Zhang F，Jung J，Fiete G A，et al. Spontaneous quantum hall states in chirally stacked few-layer graphene systems. Phys Rev Lett，2011，106：156801.
[86] Ponomarenko L A，Geim A K，Zhukov A A，et al. Tunable metal-insulator transition in double-layer graphene heterostructures. Nat Phys，2011，7：958-961.

[87] Ramasubramaniam A, Naveh D, Towe E. Tunable band gaps in bilayer graphene-BN heterostructures. Nano Lett, 2011, 11: 1070-1075.
[88] Yan H G, Li X S, Chandra B, et al. Tunable infrared plasmonic devices using graphene/insulator stacks. Nat Nanotechnol, 2012, 7: 330-334.
[89] Britnell L, Gorbachev R V, Jalil R, et al. Field-effect tunneling transistor based on vertical graphene heterostructures. Science, 2012, 335: 947-950.

第三章 准晶的发现与研究*

2011 年 10 月 5 日，以色列工学院材料科学家达尼埃尔·谢赫特曼因发现准晶而独享 2011 年诺贝尔化学奖。公告称，他“顽强地与已建立的科学抗争”，“从根本上改变了化学家原先对固态物质结构的看法”。

第一节 对传统晶体学的挑战

晶体学起始于观察可见的晶体外形，这些外形遵循一定的规则。从看来无限多的形状中可以总结出有限几种形式的组合。这就是从对称的角度看，晶体外形有若干种旋转轴存在。至于晶体内部的原子排列，直至 20 世纪 80 年代，人们把固态物质分为两大类，一类是非晶体，原子混乱排列，也可能有短程序；一类是晶体，原子作规则排列。德国科学家布拉维（A. Bravais）在 1850 年总结出晶体的平移周期性，即晶体中原子的三维周期排列方式可以概括为 14 种空间点阵。这样的平移周期性只允许晶体结构有一、二、三、四、六次旋转轴存在。这种限制就像生活中不能用正五边形拼铺满地面一样，晶体中原子排列是不允许出现五次或六次以上的旋转对称性的。1912 年利用 X 射线衍射研究晶体内部结构，不仅证实了晶体内部的平移周期性，而且也给出了确定描述周期性的单胞内原子排列的方法。因此，晶体的平移长程序，或称平移对称，或称平移周期性，成为晶体学的定律，不仅成为晶体的定义，

---

* 本章部分内容取自叶恒强发表于《科学》，2012 年，第 64 卷第 1 期，第 57～60 页的文章；《2012 科学发展报告》，北京：科学出版社，第 91～96 页。

而且还体现着自然规律的某种魅力。当平移周期性遇到障碍时，可以引入晶体缺陷（点缺陷-空位、间隙原子；线缺陷-位错；面缺陷-层错等），或通过增加复合晶体这样一些概念使之适用，如晶粒构成多晶体。最特别的两个（或多个）晶体以镜面反映的取向关系共同生长，称之为孪晶（或多重孪晶）。面心立方结构的晶体的孪晶面是[111]面，两个孪晶体取向差相当于绕特定的[110]方向旋转了70°32′。这与360°的五分之一72°十分相近。围绕同一个[110]方向接续产生五重孪晶，留下7°20′的缝隙。在团簇、颗粒观察到由5个四面体块按孪晶取向长成的十面体，或块体中局部区域有五重孪晶。在大多数情况下，由于结构弛豫，缝隙会接合，从而产生附加的五次对称性，但每个孪晶体内部仍保留平移周期性。图3-1是合金中五重孪晶的高分辨像，接续产生的孪晶留下的缝隙被均匀弛豫掉。

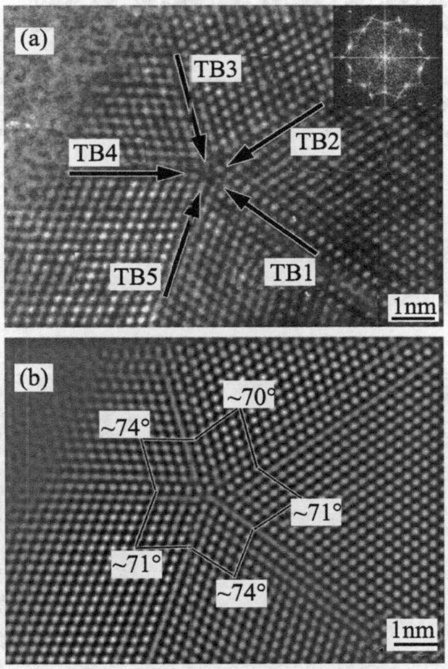

图3-1　面心立方合金中五重孪晶的高分辨像（a）和经图像处理后的图片（b）（林青云拍摄）

对晶体平移周期性的第一个冲击来自调制结构。在调制结构中，有一个具有稳定周期的基本结构，而由于畸变、成分、有序、磁性或电性极化造成的调制则出现另一种周期。这种调制周期与基本结构周期如果有公倍数，那可以用长周期结构描述整个晶体；如果两个周期是非公度的，因之整个晶体也可能不是周期性的。图3-2是$MnSi_2$合金调制结构的例子[1]。Mn原子构成四方格子，比较稳定，在c方向的周期在[110]取向的高分辨像中用短线标出

(图 3-2 (c));成对的 Si 原子则处于 Mn 原子格子的间隙中;由于 Si 原子按化学比总是短缺,Si 原子对在 c 方向要松弛排列;但由于 Mn 原子格子的间隙沿 c 方向分布是不均匀的,Si 原子对在沿 c 方向移动时要绕着 c 轴转动以找到合适的 Mn 格子的间隙位置(图 3-2 (a)),因此 Si 原子在 c 方向的周期随 Si 原子短缺的程度而变,在图 3-2 (c) 中用长线段表示。$Mn_{27}Si_{47}$的 [110] 衍射图放在图 3-2 (b),$Mn_{27}Si_{47}$的 [110] 取向高分辨暗场像(图 3-2 (c))显示出 Mn 原子的二维格子,Si 原子的投影则达不到原子分辨,呈亮暗带分布以显示其周期性。由于调制一般是小的偏离,另外,一个无理数总可以用充分大的有理数加以描述,所以晶体平移周期性并未因此被怀疑。

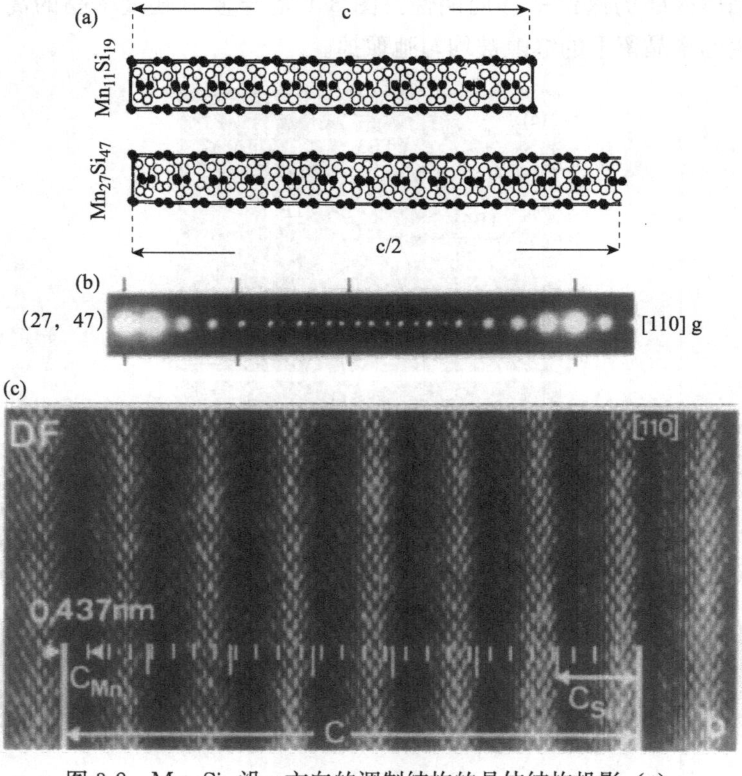

图 3-2 $Mn_{27}Si_{47}$沿 c 方向的调制结构的晶体结构投影 (a)、[110] 衍射图 (b) 和 [110] 高分辨暗场像 (c)

对平移周期性的第二个冲击来自坎套在晶体结构中的五次对称单元。从拓扑学的观点看,13 个原子的最低能量排列是由 12 个原子位于二十面体角上,围绕一个中心原子而构成。这样由 20 个正三角面围成的凸正多面体中,有 6 个五重旋转反轴通过两两相对的、取向相反的五重顶,10 个旋转反轴通过两两相反的正三角面中心，15 个二重旋转轴通过相对的一对棱边的中点（图 3-3）。伯格曼（G. Bergman）和鲍林（L. Pauling）等在 1952 年确定 Mg_{32}（Al，Zn）$_{49}$晶体结构时，发现这个体心立方点阵的每个阵点是由同心的，具有二十面体对称的多壳层结构组成（图 3-4）[2]。20 世纪 60 年代，休梅克（C. B. Shoemaker）等在鲍林的实验室里测定了高合金钢发现的多种金属间化合物，归类为四面体密堆结构，发现有大量原子处于二十面体中。虽然由于平移周期性的约束，不会仅存在二十面体结构单元，它们之间还需要其他配位多面体连接起来，而且二十面体多少也有些畸变。1984 年，中国科学院金属研究所研究组在观察四面体密堆相的复杂畴区时发现有五次对称衍射图的现象[3]。经过高分辨原子像的验证和对衍射图的计算模拟分析，认为五次对称衍射是来自组成畴区的每个单元——二十面体簇（沿五次轴坎套排列）——是取向长程有序，但在平移对称方面只存在于几个单胞（约几个纳米大小）范围的特征（图 3-5）。这是一种取向有序与兼有很大程度松弛的平移有序状态。

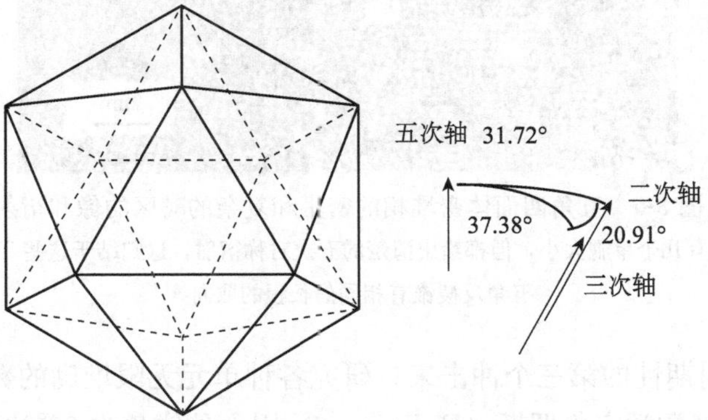

图 3-3　二十面体

6 个五重旋转反轴通过两两相对的、取向相反的五重顶，10 个旋转反轴通过两两相反的正三角面中心，15 个二重旋转轴通过相对的一对棱边的中点。轴之间的角度已标注

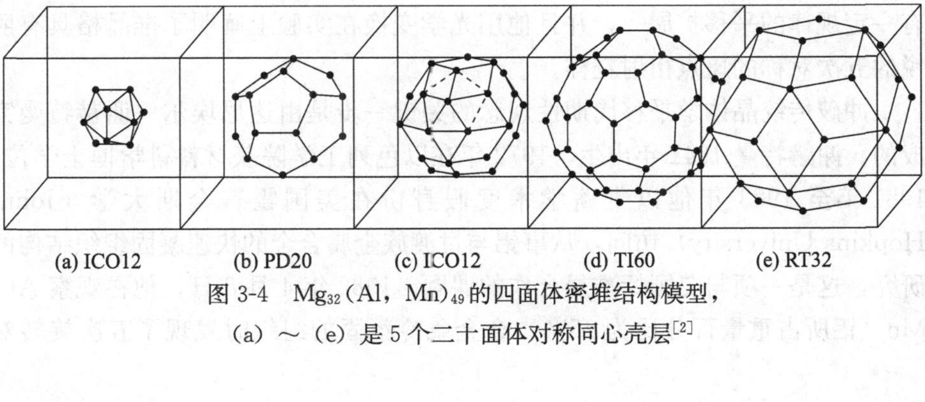

图 3-4　Mg_{32}（Al，Mn）$_{49}$的四面体密堆结构模型，

（a）～（e）是 5 个二十面体对称同心壳层[2]

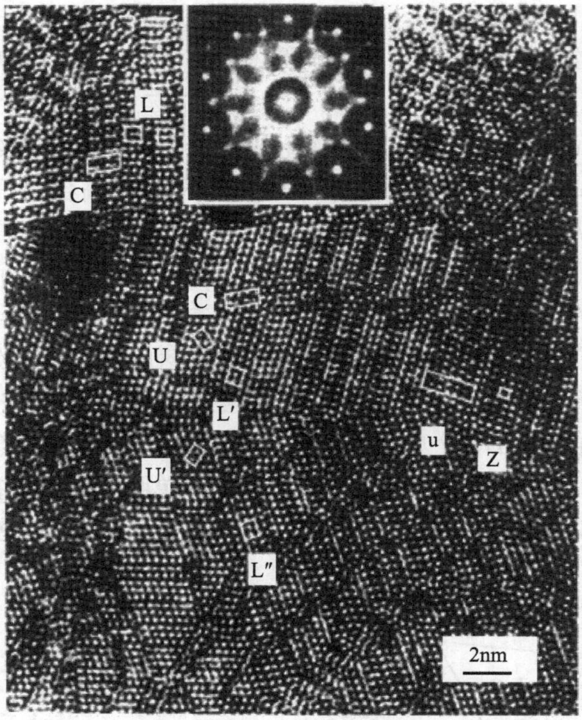

图 3-5　五角四面体密堆相的密集和复杂的畴区的像和衍射

畴区只有几个单胞大小，但都给出清楚的五次对称衍射，这归结于这些 TCP 相的五角反棱锥有相同的长程的取向[3]

对平移周期性的第三个冲击来自研究各种单元无限堆砌的数学晶体学家。1974 年，英国数学家彭罗斯（R. Penrose）用一种锐角为 36°的菱形和另一种锐角为 72°的菱形，按一定法则可拼接出五次对称图案而填满平面（见图 3-6）[4]。1982 年，英国晶体学家麦凯（A. L. Mackay）将两种菱面体非周期堆砌于三维空间，造出准晶格（quasilattice）这个词来描述这种有两种长度、有一定规律的平移扩展[5]，并且他用光学变换在实验上阐明了准晶格具有明锐的五次对称的斑点衍射花样。

冲破传统晶体学平移周期性观念的关键一步是由达尼埃尔·谢赫特曼完成的。谢赫特曼 1941 年出生，1972 年在以色列工学院获材料科学博士学位。1981 年至 1983 年他以带薪学术度假身份在美国霍普金斯大学（Johns Hopkins University）访问，从事铝与过渡族金属合金的快速凝固组织结构的研究，这是一项与美国标准局合作的课题。1982 年 4 月 8 日，他在观察 Al-Mn（铝所占重量百分比为 15%）合金急冷凝固的组织时发现了五次旋转对

图 3-6　彭罗斯拼图
用一种锐角为 36°的菱形（深绿）和另一种锐角为 72°的菱形（浅蓝）按一定法则可拼接出五次对称图案而填满平面[4]

称的明锐斑点的电子衍射图，令他惊讶不已。他请教了许多同事，大都告诉他这可能是多重孪晶的衍射图。谢赫特曼没有止步于此，他用倾转台确定了这种晶体的五次、三次、二次旋转对称衍射图分布对应于二十面体的对应对称轴的空间分布（图 3-7）。他以两个棱边相接的二十面体为结构单元，构建出一个完全由二十面体对形成的集合体。虽然二十面体不能填满空间，甚或二十面体结构单元并置仍体现部分平移周期性，但这样的集合体总体仍然可以给出二十面体对称的衍射图。当他在 1984 年夏天将论文投给《应用物理杂志》（*J. of Applied Physics*）时，编辑将其退稿，称该文不适合该刊读者，建议改投冶金类期刊。1984 年 10 月 2 日，他将论文投给《冶金学学报》（*Metallurgical Transactions A*），由于审稿等一系程序，该文于 1985 年 6 月才见刊。稿件投出之后，他又与同在美国标准局访问的法国晶体学家格雷茨亚斯（D. Gratias）和资深科学家凯恩（J. W. Cahn）讨论，摒弃了二十面体结构单元并置模型，从衍射图中斑点的非周期分布，断言晶体结构内部原子也是非周期分布的。以“一种具有取向长程有序，但没有平移对称的金属相”为题，写成快报投送《物理评论快报》（*Physics Review Letters*）。该刊物慧眼识英豪，10 月 9 日收到，11 月 12 日便发表[6]。五重旋转对称在晶体学一直被认为是“非晶体学的”，或“禁止的”旋转对称。谢赫特曼的文章如一石激起千层浪，立即在晶体学界及与之密切相关的凝聚态物理、固体化学、材料科学、矿物学等领域产生轩然大波。六周之后，《物理评论快报》刊出了美国宾夕法尼亚大学物理系的列文（D. Levine）和斯梯哈德（P. J. Steinhardt）的题为“准晶（quasicrystals）：一类新的有序结构”的文章[7]。他们将彭罗斯拼图及麦凯菱面体三维堆砌中的顶点的坐标写出来，转后作傅里叶变换，得到相应的五次、三次旋转对称衍射图，指出了谢赫特曼的实验结果就是二十面体准晶。准晶是有着准周期（quasi-periodic）的结构，是晶体的自然延伸，“准晶”一词从此正式亮相。

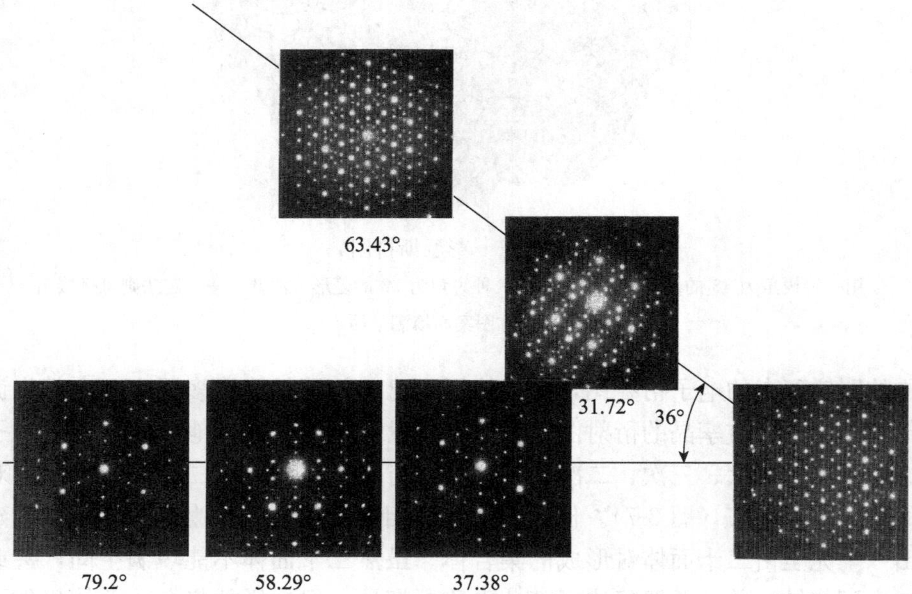

图 3-7　Al-Mn 准晶电子衍射图

按不同转轴倾转得到的五次，三次，二次旋转轴衍射图之间的夹角符合二十面体对称轴的空间分布[6]

第二节　准晶研究的发展

准晶的发现在科学界引起很大震动。大体呈现三种态度，一种是热烈响应，马上投身于更深入的研究；一种是持观望态度，甚至按英语的相近发音，戏称其为“crazy crystal”；还有一种持捍卫晶体平移周期性的态度，反对“准晶”这个概念，其中就有著名化学家鲍林（L. Pauling）。鲍林曾因阐述化学键的本质于 1954 年获诺贝尔化学奖，在阐述生物 DNA 螺旋结构时与沃森（J. D. Watson）等有过热烈的论争，他在 1962 年因反对核试验亦获诺贝尔和平奖。他认为可以用多重孪晶来解释准晶的衍射现象。他在《科学新闻》上发表文章的标题是 *The nonsense about quasicrystals*[8]，其反对的激烈程度，可见一斑。中国科学院金属研究所郭可信研究组从镍钛合金二十面体准晶和急冷锆镍合金孪晶中，都得到清晰的五次对称衍射花样。但从高分辨原子像却能清楚区分准晶中原子是准周期排布，而锆镍十重孪晶在每个孪晶变体有严格平移周期性的特征[9]。图 3-8 是第一张公开发表的准晶高分辨电子显微像，图 3-9 是锆镍十重孪晶的高分辨电子显微像。由此可见，高分辨电子显微像可以直观地判断五次对称衍射是来自准晶或是孪晶。这一论断最终被国内外同行所公认。

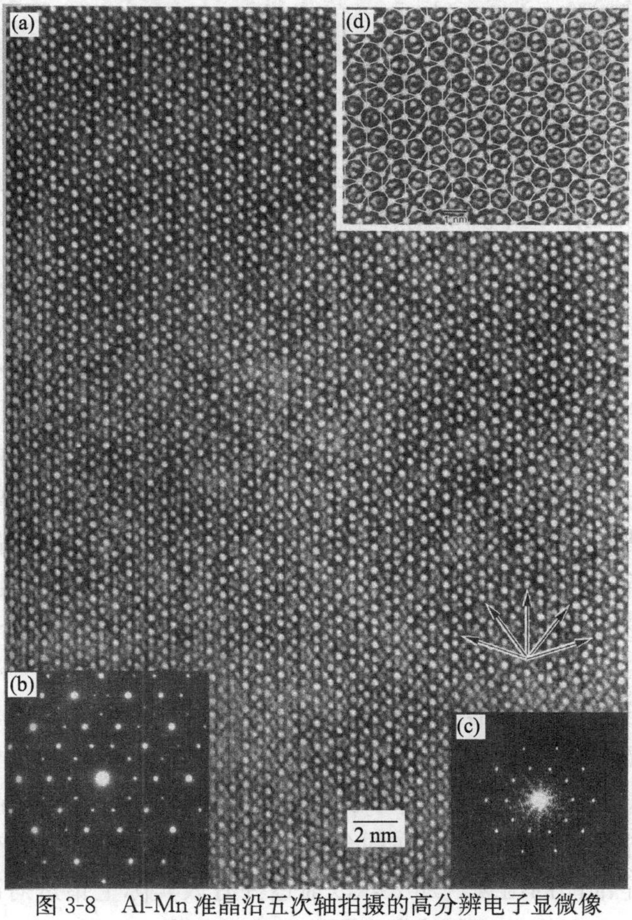

图 3-8　Al-Mn 准晶沿五次轴拍摄的高分辨电子显微像
（日本东北大学 K. Hiraga 教授拍摄）
（b）是电子衍射图；（c）是显微像的傅里叶变换图，
两者都显现明锐的五次对称斑点；（d）描画出拼图

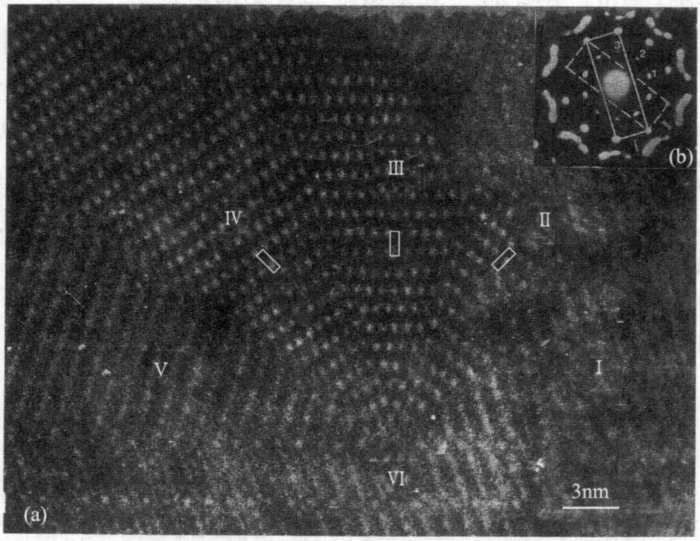

图 3-9　底心正交晶体 NiZr 的十重旋转孪晶的高分辨电子显微像（蒋维吉拍摄）
每个孪晶内部的点列是平移周期性的，孪晶间的底心矩形的像点阵列每旋转 36°就重复。
（b）是电子衍射图，显示明锐的五次对称斑点[9]

中国著名晶体学家、准晶研究的学术带头人郭可信教授在 2004 年曾经指出："二十面体准晶在 20 世纪 80 年代中期被发现有其历史的必然性。首先，二十面体密堆概念在 20 世纪 50 年代已经成熟，并广泛应用于非晶、原子簇及合金相的结构研究。……其次，用于研究亚微米晶体结构的纳米电子衍射和高分辨电子显微像技术在 20 世纪 70 年代兴起，80 年代已经普及推广。最后也是最重要的，就是航空及航天技术的发展需要强度更高的铝、镁合金和镍基高温合金，这种需要促使科学家们采用非传统的冶金技术生产新合金品种。理论、实验技术、生产需要的三者结晶就产生了对二十面体准晶的研究。"[10]

最先发现的 Al-Mn 准晶是急冷凝固形成的，只有微米大小，现在已有数十种稳定准晶可以培育出毫米以上尺寸的块体，这使得准晶体的神秘面纱逐步被揭开而归入到系统研究的体系。前面提到的斯梯哈德在准晶发现 10 余年后，忽发奇想，他认为准晶存在的合金体系很普通，急冷可以产生准晶，缓冷也会有稳定准晶的出现，那么，以前也许有人实际上错过对准晶的认定。过去结构测定主要依靠 X 射线粉末照相，准晶的谱线未被认识。如今用已知的准晶相的 X 射线衍射谱中的五次对称的特征谱线去对比，说不定可以找到点什么。所以他组织学生在已有晶体 X 射线卡片中寻找，终于找到意大利佛罗伦萨自然博物馆的铝锌铜矿和赤铜矿混合矿中有成分为 $Al_{63}Cu_{24}Fe_{13}$ 的一块 100 微米大小的晶粒，电子衍射证明它是二十面体准晶[11]。该矿发现于俄罗斯，据说已有 2 亿年的历史。原来自然界就存在着准晶。

准晶研究的发展可按下述五方面加以说明。

一、寻找存在准晶的体系

在合金中发现准晶的工作开展得最快，中国科学家随即在 TiVNi 合金中观察到二十面体准晶。[11]除 Al-TM（过渡族金属）合金外，在 Ti、Zr、Hf；Ga、In；Mg、Zn、Cd；Ni、Fe、Pd、Ag 基合金也都观察到二十面体准晶。目前已有近百种成分合金发现有二十面体准晶，其中近 50 种是热力学稳定的。第一个被发现的稳定的二十面体准晶相是 T2-Al_6Li_3Cu 相，其后在 Cd 的二元合金中发现一批稳定二十面体准晶相。既然有些二十面体准晶相是热力学稳定的，有人认为这类化合物成分应在一定的价电子浓度范围内。由于早期发现的准晶相中有过渡金属，而过渡金属的原子价尚无统一认识，因此电子浓度说进展不大。后来发现一系列不含过渡金属的二十面体准晶，组成元素都有固定的原子价，电子浓度理论在众多实验事实的基础上又活跃起来。2004 年 3 月 11 日出版的《自然》杂志报道了树枝状有机超分子自组装生成的十二重旋转对称液晶准晶。它不但把准晶出现的范围从合金扩大到有机超分子，还从固态扩展到液晶，可以说是对准晶发现 20 周年最好生日礼物。

二、扩展准晶存在的类型

除二十面体准晶这样的三维准晶外，还发现了大量二维准晶。这指的是三维物理空间的材料，其中的原子有二维是准周期分布的，另外一维是周期分布的。这些二维准晶沿其周期性方向分别具有十次、八次、十二次、五次、六次旋转轴。其中八次准晶是中国科学家首次发现的[12]。二维准晶以十次准晶居多，计有近 70 种成分合金，其热力学稳定有近 30 种。一维准晶是周期平面在其法线方向的准周期堆垛。值得指出的是在立方结构合金中还发现空位有序长周期结构，在方向上一个周期内的（111）面分别是 3、5、8、13、21 层。如此这个数列无限延伸下去，这种相就成为一种具有三重旋转对称的一维准晶。

需要特别说明的是，随着理论工作的深入和实验的广泛开展，人们逐渐认识到，准晶的特征是准周期性，而非所谓的“非晶体学”旋转对称。立方准晶、六角准晶、一维准晶的发现，有力地说明了这一点。

三、结构描述

为了说明准周期性的概念，我们介绍一下菲波那斯（Frbonacci）序列。13 世纪意大利的菲波那斯在考察兔子繁殖时，提出这样的序列：一公一母一对大兔子（L）每月产下一对一公一母的小兔子（S），于是有 L→LS。下一个月，大兔子又产下一对小兔子（S），而原来的一对小兔子长大成为大兔子（L），于是有 LSL。这样下去得到

L

LS

LSL

LSLLS

LSLLSLSL

LSLLSLSLLSLLS

LSLLSLSLLSLLSLSLLSLSL

这个种群中兔子的总数构成这样的序列：1，1，2，3，5，8，13，21，34，…，图 3-10 是其示意图。这个序列的特点是其中一个数是前面两个数之和，而且这种排列永远找不到重复周期。对于晶体学来说，L 表示长线段，S 表示短线段，准周期就是这两个线段（周期）的排列永远找不到重复单元。

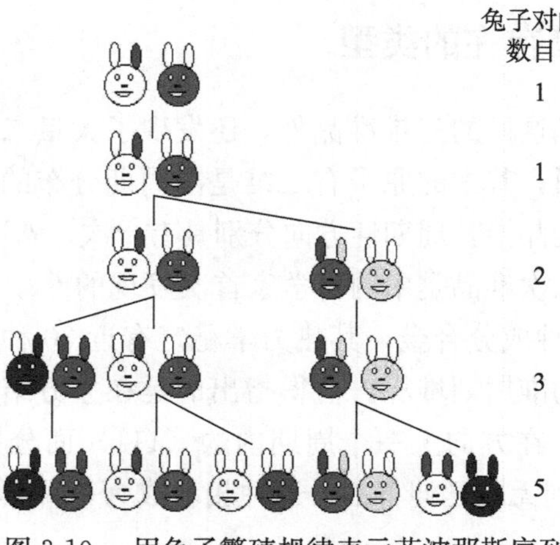

图 3-10　用兔子繁殖规律表示菲波那斯序列，进而说明准周期性的概念

人们细心观察图 3-7 的衍射图和图 3-8 的高分辨电子显微像，在任取一

个方向上衍射点或像点的排列都不存在单一周期，而是两种周期的准周期排列。长短周期的比值与 $5^{1/2}$ 有关。在八重准晶中，长短周期比为 $2^{1/2}$；十二重对称中，长短周期比为 $3^{1/2}$。人们注意到，非晶体学对称只不过是一些与无理数 $2^{1/2}$，$3^{1/2}$，$5^{1/2}$ 等无理数有关的准周期性所显示的旋转对称。在五重对称准晶的一个方向上，一维准周期晶格有两个单元长度，记为 1 和 τ [$(1+5^{1/2})/2$]；格点的位也有个坐标，n_1 和 $n_2\tau_2$，n_1 和 n_2 是整数。因此，以用一个上升到二维空间的周期晶格来描述它。二维准周期晶格有 4 个单元长度，可以上升到四维空间成为一个周期晶格。同理，具有二十面体对称的三维准周期晶格有 6 个单元长度，可以上升到六维空间成为一个周期晶格。图 3-11 是二维空间的一个正方晶格，晶格常数为 a。如果取一维平行子空间或实空间中的直线 $X_{//}^{\mathrm{I}}$ 的斜率是有理数，如 $\tan\alpha=1/2$，则它将通过正方格子中的 (2，1)、(4，2)、(6，3)、… 格点，生成一个一维周期点列。如果直线的斜率是无理数，如 $\tan\alpha=1/\tau$，其他格点投影到这条直线上将连续地布满这根直线。这失去晶体学意义，因为两个原子不应无限靠近。因此，在图 3-11 中取一个二维正方单胞，沿此斜率直线移动，在二维晶格中选出一宽为 $t=a(\sin\alpha+\cos\alpha)$ 的条带（如实线所示）。将这个条带中的格点垂直投影到直线 $X_{//}^{\mathrm{I}}$ 上，给出一维准周期点列 LSLSLLSLLS … 在无穷长的点列中 L 的个数与 S 的个数比也是 τ。这种条带投影是一种简易地产生具有长程位置序的一维准晶格绘图法，说明在高维空间的周期晶格中埋藏了低维子空间中的准周期晶格。反之，准周期晶格的一些晶体学问题也可以提升到高维空间作为周期晶格处理后，再经过投影回到低维的子空间里。高维空间的处理方法在解释准周期晶格的衍射图时也起作用。仍以一维准周期格子的二维正方晶格为例，正方晶格的倒易点阵也是一个正方格，从二维倒易点阵到一维点阵的处理不是取一个投影条带，而是把每一个倒易阵点在垂直于 $X_{//}^{\mathrm{I}*}$ 的倒易方向拉长成为线段。$X_{//}^{\mathrm{I}*}$ 切这些线段，形成有两种间隔 $\tau 1\tau 1\tau\tau 1\tau\tau 1$ … 的一维倒易点阵。显然，一维准周期结构的衍射斑点沿同一个倒易方向的分布也是准周期的。换言之，从二维周期晶格到一维准晶格是“投影”；从二维倒易点阵到一维准点阵是“切割”。应当指出，高维周期空间的投影或切割可以得出低维准晶格及其衍射图，似乎很方便。但实际操作要考虑若干因素，如投影窗口的大小、形状；倒易点拉长为线段的程度，都在一定程度上影响投影或切割的结果。

对于二维、三维空间，数学描述更为抽象，这里就不介绍了。

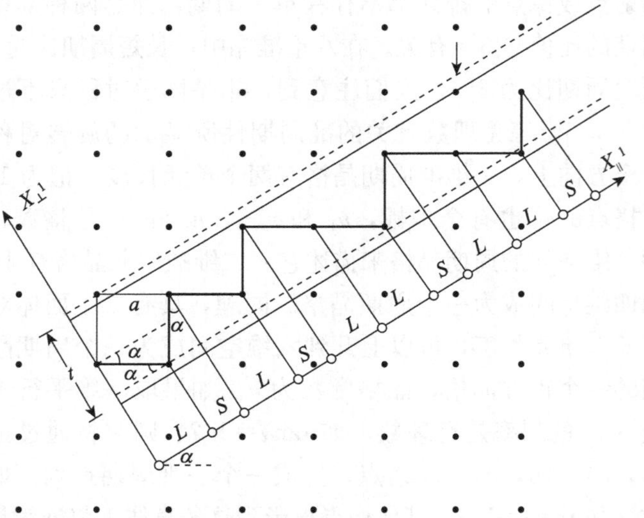

图 3-11　从二维正方晶格中选一斜率为无理数（$\tan\alpha=1/\tau$）的条带（实践），其中的格点投影到斜率也是 $1/\tau$ 的 $X_{//}{}^{1}$ 上，给出一维准周期点列 LSLSLLSLLS ... [10]

四、缺陷和相变

一个实际的准晶体如同晶体一样，在存在诸如位错、层错、孪晶、反相畴、晶界等精细结构和结构缺陷。对准晶缺陷应力场的理论分析，以对准晶位错的电子显微学表征技术，也已进行了系统的研究。位错是准晶中一类重要而特殊的结构缺陷，它的存在将影响准晶的生长、相变及力学性能等。并且，位错的滑移还是准晶单晶高温塑性形变的主要模式。准晶中位错的实验研究仍以透射电镜的衍射衬度显微术为主，但工作量较大。

亚稳的准晶相会在提高温度时转变为晶体相，而在低温下热力学稳定的准晶相又会向成分相近的晶体相跃迁，这种与准晶有类似化学配比和相关结构的晶体被为准晶的晶体近似相。这些近似相通常晶胞比较大，而且有较多的晶体缺陷。这方面的研究也十分活跃。准晶近似相可以由高维周期晶格的特定投影条带斜率的无理数-有理数替换中得到，即用有理数来逼近准晶特征长度的无理数，从而将准晶与其近似相通过同一高维空间联系起来。这一特点使人们有可能利用准晶近似相来构筑准晶的结构模型。因为从传统的由衍射图的几何及强度反演晶体单胞的几何及原子位置这种理论看来，准晶没有单胞，或者勉强取很大的胞来近似准晶结构，这个“单胞”内原子的排列方式也不易确定。正如两类菱形的拼图可以构成五重对称，然而拼图的方式可以千变万化。近似相的晶体结构是可以精确选定的，与之相关的准晶相的结构可借助进行描述。另外，近似相与准晶共生，它们的存在无疑会影响准晶的制备及性能。这对新准晶材料的研制有意义。

五、性能与应用

准晶的特异结构是否带来优异的性能，是人们的期待。最初开始研究准晶的力学性能表明，准晶具有高脆性和高硬度、低弹模量、低表面能、低摩擦、高化学惰性、低导电导热等特殊性质，但由于形成于包晶反应，铸锭往往疏松，因而以块体形态几乎不能使用，可以使用的材料形态主要限定于析出相、粉末和薄膜，如高强不锈钢和镁合金中的析出强化相、不粘锅涂层、发动机绝热涂层、过渡族金属催化剂载体等。最近，我国科学家推出了准晶粉末作为发动机机油添加剂的重大应用，充分利用了准晶的低摩擦、高化学惰性、高硬度、低弹模量等特性，因为容易制粉，甚至脆性在这里也成为一个优点。近年来非晶合金的发展重新唤起人们对准晶的兴趣，这是因为许多具有高非晶形成能力的合金系也是准晶形成体系，而且非晶态的初级晶化相经常是亚稳态准晶体，准晶体与非晶形成之间的关系成为研究热点之一，也是未来需要关注的主要方向。准晶的研究也触发了人们对复杂合金的全面关注，欧共体曾经设立了一个重大项目，联合欧洲数十家实验室研究各种复杂合金相的共性结构和性能。最近我国在国家自然科学基金委员会的支持下也开始了这方面的研究，以深化对于多组元复杂合金的总体认识，推动从准晶、非晶合金、金属间化合物到高温合金、高强不锈钢等多种复杂合金的发展，重新认识传统工程合金的设计和服役机制，这是我们最需要关注的发展趋势。加入稀土元素的镁合金析出的准晶相有效地强化了合金，改善加工性能，是十分有前景的应用。用准周期的概念引入半导体超晶格技术，可以得到光倍频的效果。在二维上构造准周期结构，是一种新型的光子晶体，产生诸如负折射率等特异光学性能。

第三节　研究展望

在准晶发现之初，一些科学期刊用“晶体定律瓦解了吗?”为题做了报导。时至今日，我们可以看到，准晶的发现，打破了人们把“周期性”与“长程平移序”等同起来的观念。建立了“准周期的平移序”。这种准周期的长程平移序，既可以包容五次、八次、十次、十二次旋转对称，更可以存有六角，立方这类传统旋转对称。1992 年国际晶体学联合会建议将晶体定义为“晶体是能够给出明锐衍射的固体，非周期晶体是没有周期平移的晶体”（any substance is a crystal if it has a diffraction pattern with Bragg spots ）。因此，准晶的出现不但没有使晶体学定律瓦解，反而丰富了晶体学的内容，扩大了它的范畴。

未来的准晶研究需要重点关注如下问题：

1. 准晶的应用

准晶仍然是寻找其应用的突破口，并以此牵引相关基础研究的进展，需要关注的主要方向是粉末形态的应用，如固体润滑剂、催化剂载体等。表面技术的进步也有可能带来涂层应用。

2. 复杂合金相的结构和性能研究

包括准晶在内的复杂合金相有可能是为了新材料的重要来源，这个研究也将重新认识现在已经在使用中的多种工程合金的设计和服役机制，重点是耐蚀和耐高温多元合金，从而形成对多元合金相总体性认识的新学科。

3. 准晶与非晶合金关联

在非晶合金中形成的准晶体需要单独抽出来加以研究；更为重要的，要研究准晶的形成与非晶形成能力的关联，推动非晶合金的发展。

4. 准晶概念的推广与应用

准晶概念已经不属于准晶材料本身，能够拓展到许多领域，包括各种微观和宏观结构的设计和数学描述，需要持续推进准周期概念在光学物理、拼图数学乃至更为宏观的材料结构设计中的应用。

参考文献

[1] Ye H Q，Amelinkx S. High-resolution electron-microscopic study of manganese silicides $MnSi_{2-x}$. J Solid State Chem，1986，(61)：8-39.

[2] Bergman G，Waugh J L T，Pauling L. Crystal structure of the intermetallic compound Mg_{32} (Al，Zn$)_{49}$ and related phases. Nature，1952，(169)：1057-1058.

[3] Ye H Q, Wang D N, Kuo K H. Fivefold symmetry in real and reciprocal spaces. Ultramicroscopy, 1985, (16): 273-277.
[4] Penrose R. The role of aesthetics in pure and applied mathematical research. Bull Inst Math Appl, 1974, (10): 266-271.
[5] Mackay A L. Crystallography and the penrose pattern. Physica, 1982, (114A): 609-613.
[6] Shechtman D, Blech I, Gratiars D, et al. Metallic phase with long orientational order and no translational symmetry. Physical Review Letters, 1984, (53): 1951-1954.
[7] Levine D, Steinhardt P J. Quasicrystals: a new class of ordered structures. Physical Review Letters, 1984, (53): 2477-2480.
[8] Pauling L. The nonsense about quasicrystals. Science News, 1986, (129): 1.
[9] Jiang W J, Hei Z K, Guo Y X, et al. Tenfold twins ina rapidly quenched NiZr alloy. Phil Mag, 1985, (A52): L53-L57.
[10] 郭可信．准晶研究．杭州：浙江科技出版社，2004。
[11] Zhang Z, Ye H Q, Kuo K H. A New Icosahedral Phase with m35 symmetry. Phil Mag Letters, 1985, (52): L49-L52.
[12] Wang N, Chen H, Kuo K H. Two-dimensional quasicrystal with eightfold rotational symmetry. Physical Review Letters, 1987, (59): 1010-1013.

第四章 光电功能材料

具有实现电-光、光-电、电-电和光-光转换控制功能的材料称为光电功能材料，它是信息技术、新能源（太阳能光伏电池和热核聚变光源等）技术、航空航天和国防建设等的基础材料。本章主要介绍：硅和硅基半导体材料，以 GaAs、InP 和 GaSb 基Ⅲ-Ⅴ族化合物半导体材料，宽带隙半导体材料，光电传感（探测）材料，微纳结构光电功能材料，太阳能光伏材料和光电功能晶体材料。

第一节　硅和硅基半导体材料[1]

今天几乎 90%以上的电子器件和电路都以半导体硅（Si）材料作基础，2010 年世界集成电路的产值约为 2983 亿美元，并由它带动了超过万亿美元的电子产品；随着极大规模集成电路的发展，对硅材料的要求越来越高。从提高硅集成电路（ICs）成品率和降低成本来看，增大直拉硅单晶的直径，解决硅片直径增大导致的缺陷密度增加和电学均匀性变差等问题，仍是今后硅单晶材料发展的大趋势。目前，硅 ICs 工艺由 8 英寸向 12 英寸的过渡已经完成，集成电路线宽已进入 22 纳米技术节点；预测到 2015 年前后，硅 ICs 工艺将由 12 英寸逐步向 18 英寸硅片过渡，尽管业界存在争议，但 18 英寸直径的直拉硅单晶晶体生长、加工和外延技术已经成熟，国际上重要的硅单晶公司都具有批量生产的能力。从进一步缩小器件的特征尺寸，提高硅 ICs 的速度和集成度看，研制用于深亚微米乃至纳米工艺所需的大直径硅外延片、绝缘体上半导体材料（SOI）和 Ge/Ⅲ-Ⅴ族、石墨烯，以及 GeSi/Si 应变硅沟道材料等，提高硅片纳米形貌和金属杂质控制水平等将成为硅基材料发展的另一个主要方向。根据2011年半导体国际技术路线图（International Technology Roadmap for Semiconductors，ITRS）的最新预测，动态随机存储器（DRAM）的最小加工线宽在2024年有可能达到8纳米或更小，届时，摩尔定律将失效，进入后摩尔时代。

后摩尔时代微电子技术以超越摩尔定律技术、后CMOS技术和异质集成技术为主要特征。基于SiP/SoP（System-in-Package/System-on-Package）的异质系统集成技术（hetero-integration），如全硅光电器件集成和Ⅲ-Ⅴ光电子器件与硅微电子器件相结合的硅基混合集成技术等，是超越摩尔定律的重要实现手段，也是未来集成电路的新的增长点；以新型开关器件和存储器件为主体的后CMOS技术的研究具有重要意义。半导体纳米线围栅器件、石墨烯/碳纳米管器件及基于新工作机制的隧穿晶体管等陡直开关器件的可能应用受到关注；而基于非电荷载体（包括自旋、磁畴、磁量子通量、分子组态和其他量子态等）的后CMOS器件尚处基础研究阶段，从材料到器件还有许多问题需要解决。相变存储器和阻变存储器是很有潜力的两种未来存储器技术。但无论从材料、结构和集成方式选择，还是如何降低相变存储器的电流，提高其工作稳定性、可靠性，以及影响阻变存储器件阻变行为的物理机制要都有很多问题等待突破。

摩尔定律在未来的10余年内仍然有效，之后硅基微电子技术将进入后摩尔时代，这是一个相当长的过渡时期。但硅基微电子技术将最终难以满足人类不断增长的对更大信息量的需求。为此，科学家们正在积极探索基于全新原理的纳米电子、量子计算和光计算技术等。当然，这些技术应当满足具有集成度高、信息处理速度快、耗能小和成本低等求。

我国硅微电子产业近年来有了快速发展。在“十五”期间，我国极大规模集成电路关键制造装备（8英寸注入机和刻蚀机等）取得突破，光刻机也有长足进步；目前，以中芯国际有限责任公司等为代表的8英寸、12英寸晶园代工大型企业，已将我国极大规模集成电路的制造能力提高到65～45纳米水平，大大缩短了与国际水平的差距，预计到2020年左右，可实现与国际同步发展。但也应当看到，我国的电子级多晶硅材料仍然依赖进口，8英寸和12英寸硅单晶片和外延片虽已具有小批量生产能力，但尚未应用于集成电路制造，与国外先进水平仍有较大差距。在我国有关后摩尔时代的硅基微电子技术的预研，基本上是在科研院所和高校范围内进行，缺乏先进的研发平台，投入也不足，加之与有一定实力的公司合作不够紧密，故难在后摩尔时代的硅基微电子技术的激烈竞争中处于有利地位。

第二节 GaAs、InP和GaSb基Ⅲ-Ⅴ族化合物半导体材料和器件[2]

一、GaAs、InP和GaSb等单晶材料

以GaAs、InP和GaSb等为代表的化合物半导体材料，为直接带隙材料；具有电子饱和漂移速度高、耐高温、抗辐照等特点，在超高速、超高频、低功耗、低噪声器件和电路，特别在光电子器件与集成方面占有独特的优势。GaAs体单晶材料的规模化生产主要采用液封直拉法（LEC）和垂直梯度凝固（VGF）/垂直布里奇曼（VB）工艺技术生长。合理设计PBN坩埚形状，控制GaAs单晶的固液界面形状、温度梯度和生长速率，是提高GaAs单晶的质量和成品率的关键。目前，市场销售以低位错密度的VGF/VB方法生长的2英寸、3英寸、4英寸和6英寸的导电GaAs衬底材料为主。近年来，为满足高速移动通信等的需求，6英寸和8英寸大直径的GaAs单晶导电衬底和半绝缘砷化镓（SI-GaAs）发展很快，6英寸35厘米长和8英寸的SI-GaAs已研制成功。

InP具有比GaAs更优越的高频性能，10年前美国AXT和日本昭和电工采用VGF工艺就已经生长出了高质量的6英寸InP单晶，但因市场需求主要是以2和4英寸衬底为主，6英寸InP单晶至今尚未进行量化生产。

GaSb和InAs单晶材料因在红外光电器件，特别在太空基成像系统中有着非常重要的应用而受到重视。低位错密度（大约50厘米$^{-2}$）的GaSb单晶材料主要采用LEC或VGF工艺生长，通过掺硒或碲获得所需要的光学和电学性能。InAs单晶材料的生长方法通常为LEC和VB工艺，但位错密度较高（$0.5\sim1\times10^5$厘米$^{-2}$）。n型和p型InAs材料可分别通过掺硫和掺锌获得。其他Ⅲ-Ⅴ族化合物半导体材料如GaP、InSb和InN等，可参阅《半导体材料研究进展》一书[2]。

主要的Ⅲ-Ⅴ化合物单晶材料的发展趋势简述如下：GaAs单晶材料虽然已经具备了8英寸单晶的生长技术，但由于晶片强度较低，容易破损，再加上后续工艺主要是基于在4～6英寸衬底，8英寸GaAs衬底的商业化还有很长的路要走。对于主流的4～6英寸的GaAs单晶衬底，出于成本的考虑，成品晶片厚度将逐步减薄。GaAs导电衬底将逐步从4英寸向6英寸过渡，SI-GaAs衬底主要以6英寸为主。随着对GaAs基器件性能的要求越来越高，对

VGF/VB 工艺生长的超低位错密度的单晶衬底需求量将逐步增加。最近，为了进一步降低单晶材料的位错密度和改善单晶材料的光电性能，杂质硬化效应也被引入 GaAs 单晶的生长，直接采用 GaAs 材料作为籽晶进行$In_x Ga_{1-x}As$单晶材料的生长，$In_xGa_{1-x}As$ 单晶材料的电子迁移率更高，通过这种方法有望生长出光电性能在一定程度上可调的单晶衬底材料。目前，InP 单晶材料的主流产品以 2～3 英寸为主，并将逐步向 4 英寸过渡；6 英寸 InP 单晶虽已研制成功，但尚无商业化的需求。提高单晶的成品率和生长速率，进一步改进单晶质量（如在拉晶时引入磁场等）同时降低其成本，是各单晶生产厂家努力的方向。

二、低维半导体结构材料和器件

低维半导体结构材料通常是指除三维体材料外的超晶格、量子阱材料，量子线和量子点材料。在超晶格、量子阱材料中，载流子仅在与生长平面垂直的方向上的运动受到约束，而在其他两个生长平面内的方向的运动则是自由的。所谓约束是指材料在这个方向上的特征尺寸与电子的平均自由程相比拟或更小时，电子沿这个空间方向不能自由运动，即电子的能量不再是连续的，而是量子化的。量子线材料，是指载流子仅在一个方向可以自由运动，而在另外两个方向的运动受到约束；量子点材料中的载流子是在三个方向上运动都要受到约束的材料体系。低维半导体材料具有体材料所没有的许多优异性能，成为新型量子器件研制的基础。

1. 超晶格、量子阱材料与器件

目前，GaAs 和 InP 基晶格匹配和应变补偿材料体系已发展得相当成熟，成功地用来制造超高速、超高频微电子器件和单片集成电路，并广泛地应用于移动通信、空间通信和国防。1.3 微米和 1.5 微米的 InP 基量子阱激光器作为光纤通信的光源已实现规模生产；发射波长 800 纳米左右的 GaAs 基 GaAlAs 和 GaAsInP 大功率量子阱激光器单管和线阵、面阵与叠阵的连续输出功率分别可高达 10 多瓦和近千瓦、万瓦与万瓦以上，以及准连续达兆瓦 808 纳米泵源已研制成功，在加工、显示、医疗、能源和国防等方面显示了重要应用前景。另外，表面光发射器件等已达到或接近达到实用化水平。

光网中的有源光电子器件主要用于光信号的产生、放大和接收，完成信号的光/电、电/光转换和放大等功能。分布反馈（DFB）激光器与高速调制器是密集波分复用（DWDM）光网络中最重要的器件，目前已广泛应用于

2.5～40 吉比特/秒的高速传输系统中，速率为 100 吉比特/秒的光发射和接收模块在实验室业已研制成功。InP 基光电集成芯片技术是目前光电子材料与器件发展的主要方向之一，单片集成芯片是利用选区外延和离子混杂等技术，把具有不同带隙波长、折射率、厚度、宽度的有源、无源单元制作在一起，实现有源/有源、有源/无源间的光传输，电、光隔离和各项功能的输入和输出，增加信道集成和更大的数据容量。InP 基单片集成材料的器件数量仅有两位数的量级，但其集成的功效却很大。对电吸收调制激光器（EML）而言，尽管只有激光器和调制器两个器件，不仅能实现快速调制信号光源的作用，还具有产生超短脉冲、实现锁模、产生拍频、探测信号、微波发射等新功能，其功效已远远超出了原来两个分立器件的作用。Ⅲ-Ⅴ族半导体材料芯片与硅基微电子芯片的混合集成，是半导体光电子信息技术发展的另一个重要方向，可通过在硅基材料上生长Ⅲ-Ⅴ族半导体材料，直接制作光电子器件和微电子电路（需克服材料失配和工艺不兼容难题），或者将光器件直接键合到硅基材料上来实现。大规模光电子器件单片集成是未来网络通信和超级计算机实现小体积、低成本、宽带宽、低功耗、超快和大容量的必经之路。

2. 量子级联激光材料和量子级联探测材料与器件

中远红外、太赫兹量子级联激光材料和量子级联探测材料是以半导体低维结构材料为基础、在纳米尺度内基于量子工程设计的、具有级联特征的、光电性能可调控的人工材料。这类材料的典型特征是利用量子效应调节低维结构材料的子带位置和间距，从而实现激光辐射和辐射探测波长的大范围剪裁。这种激光材料具有小型、大功率、高速响应、可集成等特点，而探测材料具有低功耗、低噪声、高灵敏的特性。量子级联激光器（QCL）是单极性（即电子或空穴）器件，不受带隙类型限制，具有较大的设计灵活性。中远红外 QCL 材料主要采用 InP、GaAs 和 GaSb 基三种材料体系，目前量子级联材料的波长范围已扩展到 2.65～300 微米，覆盖中红外、远红外、太赫兹范围；多模 QCL 的室温连续输出功率高达 7 瓦，美国西北大学和 Pranalytica 公司实现了室温连续输出功率超过 1 瓦的中红外激光材料，基于它的手持式军用红外照明灯、可识别 1.5 千米以内的地面目标和 10 千米以内高空的战机；瑞士科学家采用级联激光材料实现了 6 千米的室外直线自由空间光学通信；美国麻省理工学院研制出工作温度达到接近 190 开的太赫兹级联激光功能材料。国际上一方面追求中红外激光材料的室温连续工作的功率，期望从设计思想上寻求突破、提高功率转化效率、满足大功率、长期服役的稳定性需求；一方面加强太赫兹波段关键科学问题研究，期望实现太赫兹级联激光功能材料的近室温工作。中国科学院半导体研究所在该领域一直处于国际先进水平，研制出从 4.6 微米到 8.9 微米一系列中红外大功率激光材料和 QCL，室温脉冲功率超过 5 瓦、室温连续工作的输出功率超过 260 毫瓦、连续工作温度超过 100℃，并用于多种气体的检测，灵敏度高达 1.40×10^{-7}。在太赫兹波段，研制出频率 2.95 太赫兹、3 太赫兹、3.09 太赫兹、3.15 太赫兹的单腔面输出功率大于 123 毫瓦（10 开）的太赫兹激光材料和太赫兹 QCL，工作温度超过 90 开，为目前国际最好结果之一；最近又研制出国际上第一个量子点级联激光材料。中红外 QCL 材料的未来目标是提高单模分布反馈 QCL 在连续工作下的工作温度和降低大功率多模 QCL 的驱动电流，以满足医学、环境污染监控和反恐等方面的需求。

量子阱级联探测器的概念是中国科学院上海技术物理研究所的研究人员在 2000 年提出的，并获得了中国发明专利（ZL001 25725.0）。量子级联探测器（QCD）材料是远红外、太赫兹波段理想的低功耗、低噪声、高灵敏的新型光伏型探测材料，它从基本原理上保证了暗电流及其暗电流噪声远小于传统的红外探测材料，受到国际同行重视，瑞士、德国、美国和法国先后开展了这方面的研究。中国科学院半导体研究所与国际同步开展了此领域的研究，并于 2009 年研制出室温工作的峰值探测波长 4.5 微米应变补偿 InGaAs/InAlAs 级联探测器材料，随后又研制成功峰值波长分别为 4.0 微米、4.1 微米、7.67 微米、8.82 微米和 10.7 微米的级联探测器材料和器件，其中 8.82 微米的 QCD 在 78 开的探测率达到 2.2×10^{11} 厘米·赫兹$^{1/2}$/瓦。

量子级联激光材料和探测器材料都是基于量子效应的材料体系，在有源区利用三维受限的量子点结构替代现有的一维受限的量子阱结构，从而进一步降低阈值电流密度，提高激光特征温度 T_0 和电光转换效率是目前极具挑战性的研究方向。通过器件微结构设计和热沉选择，在解决散热问题的基础上，研制室温、大功率、长寿命、连续波工作的实用化器件是人们追求的目标；QCL 和 QCD 的另一个研究方向是发射和吸收波长分别向短波（$\leqslant$3.5 微米）和太赫兹（$\geqslant$33 微米）波段发展。在材料体系方面，除 GaAs、InP 基之外，GaSb、GaN 和 GeSi 基材料体系受到关注，其中，GaSb 基带间级联 QCL 和 QCD 材料进展令人瞩目。

3. 自组织量子点（线）材料与器件

简单地说，量子点、量子线器件是以量子点/线为有源区的器件。如量子点激光器，它有着比量子阱激光器（QWLD）更加优异的性能，已显示出在大功率、高速光源、红外探测器、单光子光源和单光子探测器、单电子晶体管及存储器等方面的重要的应用前景，而受到重视。目前，已研究的材料体系主要有 In（Ga，Al）As/GaAs、In（Ga，Al）As/InP、InGaN/Ga（Al）N、Ge/Si、InAs/Si、CdSe/ZnSe 等，主要采用 SK（应变自组织）生长模式制备，其中以 GaAs 和 InP 基应变自组织量子点、量子线材料研究最深入，也最成熟；以自组织量子点为有源区的激光器、超辐射发光管、光放大器等已有商品出售。

目前，单层量子点激光器的阈值电流密度小至 16 安/厘米^2，多层量子点激光器的层阈值电流密度低至每层 5.7 安/厘米^2，已远低于 QWLD；采用在 p 型掺杂量子点有源区，激光器的特征温度达到 650 开。采用隧穿注入，边发射量子点激光器的直接调制带宽可达 25 吉赫兹。超短脉冲锁模量子点激光器的脉宽已小至 400 飞秒以下，重复频率可接近 240 吉赫兹。1.3 微米波段量子点激光器的输出功率超过 5 瓦，采用复合应变弛豫量子点有源区，已将 1.3 微米大功率量子点激光器的阈值电流密度降低到 87 安/厘米^2 或更低。Innolume GmbH 公司出售的 1.06 微米大功率量子点激光器单管输出功率高达 10.2 瓦（注入电流为 12 安时）。中国科学院半导体研究所研制的 InAs/InGaAs/InAlAs 复合量子点有源区的量子点激光器，室温双面连续输出功率超过 4.4 瓦，阈值电流密度仅为 135 安/厘米^2，1.2 瓦器件室温连续工作寿命外推可高达 7000 小时以上。InP 基 InAs 量子点和量子线的发光波长可扩展到光纤通信的另一个窗口 1.55 微米，甚至更长，显示了作为光纤通信光源的重要应用前景。

1999 年，中国科学院半导体研究所在国际上首先提出了采用自组装量子点为有源区研制超辐射发光管的设想，并于 2002 年在国际上首次研制出了量子点超辐射发光管原型器件。随后韩国、瑞士、英国、美国和俄罗斯等相继开展了宽光谱量子点材料及量子点超辐射发光管的研究工作。目前量子点超辐射发光管的研究工作主要集中在 1.0～1.1 微米和 1.2～1.3 微米两个波段，器件的输出功率从几百微瓦至 200 毫瓦、光谱宽度从 20 纳米至 140 纳米，与量子阱超辐射发光管相比，量子点超辐射管已显示出了极大的优势。利用自组织量子点宽增益谱的优势，中国科学院半导体研究所继 2009 年初研制出我国首个可调谐外腔量子点激光器后，最近又取得重要进展，器件室温连续工作，在 458 安/厘米^2 注入电流密度下调谐带宽达 110 纳米。在上述调谐带宽下，该激光器的工作电流密度为国际报道的同类激光器的最低值。此外，基于量子点的红外探测器、光调制器和光放大器等近年来也取得了重要进展，此方面内容可参阅《半导体材料研究进展》一书有关章节。

应用 SK 生长技术，虽然可获得密度可控、无缺陷的量子点、量子线及其超晶格结构，但其大小尺寸，特别是尺寸的均匀性难以控制，导致量子器件的性能远达不到理论预测的水平。进一步提高量子点、量子线的均匀性，是该研究领域的一个极富挑战性的奋斗目标。

第三节　宽带隙半导体材料[3]

宽带隙半导体材料是指禁带宽度大于 2.7 电子伏的半导体材料，如Ⅲ族氮化物、碳化硅（SiC）、氧化锌（ZnO）和金刚石等，特别是 GaN、SiC 和金刚石薄膜等，因具有高热导率、高电子饱和漂移速度和大临界击穿电压等特点，成为研制高频大功率、耐高温、抗辐照半导体微电子器件和电路的理想材料，在通信、汽车、航空、航天、石油开采，以及国防等方面有着广泛的应用前景。另外，Ⅲ族氮化物、ZnO 基材料等也是优良的光电子材料，在半导体白光照明、短波长发光器件和紫外探测器等应用方面显示了广泛的应用前景。

一、GaN 基半导体材料

Ⅲ族氮化物中的 GaN 基材料（包括 GaN、AlN 和 $Al_xGa_{1-x}N$）是典型的宽禁带半导体材料，其禁带宽度由 GaN 的 3.4 电子伏到 AlN 的 6.2 电子伏之间可调。GaN 基材料是理想的光电子和微电子器件的基础材料。GaN 薄膜材料的研究起始于 20 世纪 60 年代，1969 年，Maruska 等采用氢化物气相淀积技术（HVPE）在蓝宝石衬底上制备出了 GaN 薄膜；1972 年，Pankove 等用掺 Zn 的 GaN 做成 MIS 结构的发光二极管器件（LED），首次实现了蓝光发射。随着 GaN 基异质外延技术的进步，特别是 90 年代初 GaN 的 p 型掺杂技术获得突破性进展，1994 年 Nakamura 报道了首只高亮度 GaN 基蓝光 LED，在国际上掀起了Ⅲ族氮化物器件研发高潮，多种Ⅲ族氮化物器件，如发光二极管、半导体激光器、紫外探测器等光电子器件和微波、毫米波高电子迁移率晶体管（HEMT）器件等相继问世，基于 GaN 基材料的半导体白光照明高技术产业发展迅速。然而由于缺乏大尺寸的同质衬底材料，基于它们的微结构材料不得不在与其晶格和热失配很大的异质衬底材料（蓝宝石、

SiC或硅等）上生长，大失配导致的高缺陷密度（10^9～10^{10}/厘米^2）严重地制约了GaN基材料质量和器件的光电性能提高（如大功率发光器件和高频大功率微电子器件性能的退化），阻碍了该材料体系的进一步发展和应用。

采用蓝宝石衬底上的GaN横向外延技术和在晶格失配较小的6H-SiC衬底上的异质外延技术等，GaN基外延层的缺陷密度虽有所降低，但仍难满足光电器件，特别是高功率发光器件和高频大功率微波器件与电路对材料质量愈来愈高的要求。为此，开展GaN、AlN体单晶制备技术研究，满足GaN同质外延对衬底的需求，就成为发展GaN基宽禁带半导体亟待解决的一个难题。目前，GaN体单晶衬底的制备技术主要有氢化物气相外延（HVPE）技术（采用HVPE技术先在蓝宝石衬底上生长GaN薄膜，然后将其剥离作为衬底再生长GaN厚膜的技术）和氮高压熔融生长技术（“氨热法”）。利用上述两种技术得到的最好结果分别为2英寸、缺陷密度最低5×10^5厘米$^{-2}$的GaN单晶厚膜和尺寸为17毫米×17毫米、缺陷密度最低为10^3厘米$^{-2}$的GaN体单晶；但生长条件苛刻，制备技术复杂，价格极其昂贵，很难推广应用。

氮化铝（AlN）单晶衬底研究进展比较顺利，2006年Crystal IS公司从钨坩埚成功拉制出直径2英寸、位错密度小于10^4/厘米^{2}的AlN单晶材料，晶体为“本征”高阻，难以用于器件研制。此外，日本NTT研究人员，在SiC衬底上研制成功的AlN基发光波长210纳米的PIN LEDs，打破了半导体二极管发光波长最短的纪录！

GaN、AlN及其三元合金存在的另一个难题是p型杂质的有效掺杂，经过多年的实验探索研究，目前GaN及其合金的p型杂质的掺杂浓度仍徘徊在10^{17}/厘米^{3}左右，AlN尚为“本征”高阻材料，难以满足高性能器件研制的需求。已有的研究表明可能与受主激活能太高、杂质自补偿和压电极化行为相关。

GaN基材料的发展趋势：①大尺寸、低缺陷密度的GaN和AlN单晶衬底材料制备，变大失配异质外延为同质外延，彻底解决大失配异质外延在外延层中引入的高密度缺陷难题。GaN体单晶通常要在数千度高温、数万大气压的高压斧制备，研究进展缓慢；最近日本科学家采用“氨热法”在制备大尺寸块体GaN单晶方面取得进展，但离实用尚远。②GaN基材料的p型杂质的有效掺杂和AlN的n型与p型掺杂有待突破。有报道指出非极性或半极性GaN基材料有利于p型杂质的有效掺杂，但理论依据尚不清楚。③在GaN、AlN基大尺寸块体单晶研发的同时，通过对大失配异质外延生长动力学的深入研究，发展柔性衬底制备技术，将大失配在异质结外延层中引入的高缺陷密度限制在柔性层或衬底中，从而提高外延层质量，改善器件性能，这既是半导体材料科学家目前面临的严峻挑战，也是取得原始创新成果的难得机遇。上述三个难题的突破，必将有力地推动 GaN 基宽禁带半导体科学和技术的快速发展和基于它的战略高技术产业的形成。

二、碳化硅材料

碳化硅（SiC）有超过 170 种多型结构，最普通的是立方 3C，六角 4H 和 6H 等。主要采用改进的 Lely 法，又称为籽晶升华法或物理气相传输法生长，以多型结构 6H 和 4H SiC 单晶衬底为主，分别用于制备光电器件和微电子器件。目前，美国、德国和日本等公司生产的 2～ 4 英寸 4H 和 6H-SiC 单晶衬底与外延片已有商品出售，6 英寸的 6H-SiC 单晶也已研制成功。影响器件性能的微管缺陷已降至小于 1/厘米^2，质量最好的 3 英寸 SiC 衬底在 50 毫米直径内微管密度为零。大功率、高压 SiC 电力电子器件和以它为衬底的 GaN 基绿、蓝光和紫光发光器件的研制取得了长足的进步。增大 SiC 单晶的直径，降低缺陷密度和成本是其进一步发展的大趋势。

目前，国内开展 SiC 单晶生长研究的单位有：山东大学、中国科学院物理研究所、中国科学院上海硅酸盐研究所和中国电子科技集团公司第 46 研究所等单位。山东大学等已研制成功尺寸为 2 英寸和 3 英寸的 SiC 单晶（晶型包括 6H 和 4H，n 型和半绝缘），晶体微管缺陷密度降低到小于 10/厘米^2，4 英寸和 6 英寸的单晶正处于研发中。SiC 单晶加工技术也取得进展，经化学机械抛光后衬底的表面粗糙度小于 0.5 纳米，清洗封装后可以开盒即用。另外，我国 3～4 英寸的 SiC 外延片的研发也取得重要进展，已有小批量供货能力。

三、氧化锌材料

Ⅱ-Ⅵ 族 ZnO 基材料（包括 ZnO、MgZnO 和 BeZnO 等）是另一类典型的宽禁带半导体材料。ZnO（禁带宽度为 3.37 电子伏）与其他半导体材料相比，它具有很高的激子结合能（60 毫电子伏），极好的抗辐照性能和低的外延生长温度，以及具备同质外延所需的 ZnO 单晶衬底等一些独特的优势，有望用于室温、高效激子发光器件、紫外（UV）发光二极管、UV 探测器和生物传感器，以及抗辐照太空探测器等新型光电器件的研制，受到国内外广泛的重视。

20 世纪 90 年代初，Ⅱ-Ⅵ族 ZnSe 基蓝绿光器件 77 开电注入脉冲激射的实现，曾掀起过对该材料体系研究的高潮；然而由于它固有的低缺陷形成能和非化学配比导致的高点缺陷密度等致命弱点使其在与Ⅲ族氮化物的竞争中失去了优势，目前研究进展缓慢。与此相反，随着ZnO材料生长技术的进步和材料的质量的不断提高及其引人注目的优异光电性能，ZnO近10余年来发展迅速，成为了Ⅱ-Ⅵ族宽禁带半导体的主要代表。1996年ZnO材料光泵紫光激射的实验结果激起了世界范围的ZnO基材料的研究热潮，随着ZnO单晶制备技术（如水热法、高压熔体法、气相输运法等）的迅速发展，特别是采用水热法，于2003年研制成功大尺寸（2～3英寸）的ZnO单晶导电衬底，进一步加快了ZnO基材料与器件的研究步伐；然而由于价格昂贵和难以得到，致使ZnO同质外延技术踏步不前。目前，虽然不少实验室声称已制备出n型和p型ZnO“单晶”薄膜，但基于大失配的异质外延技术获得的晶体质量难以保证，事实上，目前基于这种材料的器件性能与理论预测值相差甚远。发展ZnO同质外延技术，提高ZnO基单晶薄膜的质量，彻底解决ZnO基材料的稳定、高浓度p型掺杂是ZnO基材料和器件走向实用化前必须要解决的难题。

1. ZnO基材料的p型掺杂

早期ZnO的p型掺杂主要是通过Ⅰ族元素（Li、Na、K、Au、Ag、Cu等）替代Zn位和Ⅴ族元素（N、P、As、Sb等）替代O位形成受主来实现，然而实验结果表明，这种掺杂技术难以获得ZnO的有效p型掺杂，为了解决这一难题，材料科学家提出了诸如H钝化（N_O-H、Li_{Zn}-H、Na_{Zn}-H等）、施主-受主（Al-N等）和双受主共掺杂（Li-N等）等技术，目的都是为了提高N和Li等在ZnO中的固溶度、抑制掺入杂质的自补偿和降低受主的激活能。2005年Tsukazaki等利用MBE技术，采用高低温调制生长方法制备出空穴浓度10^{17}/厘米^{3}的p-ZnO：N薄膜，首次观察到了ZnO PiN二极管的室温电致发光；次年又报道了基于ZnO/BeZnO多量子阱结构紫外激光器原型器件，2008年Liu的课题组采用MBE技术，获得了空穴浓度1.7×10^{18}/厘米^3，迁移率20厘米^2/（伏·秒）的p-ZnO：Sb薄膜，并研制出了ZnMgO/ZnO多量子阱结构的激光器原型器件，这是迄今报道的最好结果。实验虽取得了进展，但有关p型ZnO空穴浓度报道的数据不仅相差悬殊，而且难以重复。

最近Na掺杂ZnO研究受到关注，由于Na-O键能大，与N受主相比激活能较低，有可能成为会ZnO的一个稳定的p型掺杂剂；另一方面考虑到BeO及其BeZnO合金的键能强，电声子偶合较弱等特点，或许是克服p-ZnO制备难题的一个选择。Yan等人的理论计算指出，ZnO中IB族元素（如Cu、

Ag 等）的 p 型掺杂时不发生自补偿效应，而且在富氧条件下生长，可以有效抑制本征施主缺陷如 Zn_i、V_O 等的形成，并认为 1B 族元素是比较理想的掺杂剂。此外，在提高 N 等 p 型掺杂剂在 ZnO 中的溶解度，降低受主激活能研究方面，人们还尝试了 N 与阴离子等电子杂质（如 ZnO：N-S、ZnO：N-Se）的共掺技术，虽然 p 型掺杂浓度有所提高，但合金散射导致空穴迁移率的降低使得此种技术受到质疑。

2. ZnO 基材料与器件发展的瓶颈

制约 ZnO 基材料体系发展的主要难题有两点：①获得稳定、高浓度 p 型 ZnO 的关键是如何提高 N、Li 等受主杂质在 ZnO 中的固溶度、抑制掺入杂质的自补偿和降低受主的激活能，10 余年来，人们虽尝试了多种掺杂技术，但进展缓慢。显然，这一难题的解决有赖于对 ZnO 的 p 型掺杂机理的深入理解和晶体生长、掺杂技术的不断创新。②采用目前常用的大失配异质外延技术难以获得高纯、高完整和高均匀的 ZnO 基单晶薄膜，这是制约 ZnO 基光电器件进一步发展的又一个瓶颈。ZnO 体单晶衬底虽已研制成功多年，但由于价格昂贵，加之晶体质量尚存问题的情况下，ZnO 的同质外延一直停止不前。提高 ZnO 单晶衬底的质量，发展 ZnO 基材料的同质外延技术，也许是 ZnO 基材料与器件走向实用化的一条捷径。

四、半导体金刚石

自从 19 世纪末石墨被发现，人们就开始探索使石墨在特定的环境下转变成金刚石的方法，直到 1955 年，美国通用电气公司利用高温高压设备制造出金刚石小晶体，拉开了工业化生产人造金刚石的序幕。随后，人们又利用瞬态高温高压技术，成功合成了纳米级金刚石。尽管目前高温高压技术可获得尺寸 10 毫米左右的单晶金刚石，但造价昂贵，且难以获得更大的尺寸。微波等离子体 CVD 技术是目前用于金刚石薄膜生长的主流技术，但这种技术仅局限于在单晶金刚石衬底上的同质外延生长，获得高晶体质量、大尺寸的金刚石外延薄膜不易，半导体单晶金刚石的研究进展一度受阻。21 世纪初期，微波等离子体 CVD 金刚石单晶薄膜生长速度（最高可达 167 微米/小时）的突破和在单晶金刚石衬底上重复纵向、横向生长方法的实验成功，为制备大面积单晶金刚石薄膜奠定了基础。2010 年初，日本科学家在日本应用物理学会上称，将同一金刚石衬底外延生长的金刚石层剥离下来，抛光后紧密地拼接起来作为新的衬底，可以获得 1 英寸大小的外延片。

利用微波等离子体技术，在金刚石同质外延生长过程中引入硼源，可获得高质量p型金刚石薄膜。硼受主能级位于价带顶以上0.37电子伏处，由于硼的能级较深，金刚石中的空穴浓度不仅与受主浓度有关，还与外界温度有关。目前，室温下空穴浓度为2×10^{14}/厘米^3（受主浓度为10^{17}/厘米^3）时，(100)面硼掺杂金刚石的空穴霍尔迁移率最好值高达1840厘米^2/伏·秒，杂质补偿率为0.4%。金刚石的n型掺杂是目前待攻破的难题。尽管替位氮在金刚石中为施主，但能级太深，室温下很难获得n型电导。自20世纪80年代微波等离子体CVD用于生长金刚石以来，人们便采用离子注入、原位掺杂等尝试在金刚石中引入替位杂质磷来获得n型导电，但均未获得成功；直到1997年，由于CVD外延工艺的改进，n型导电的金刚石薄膜才得以实现，随之首只金刚石p-n结深紫外光发射二极管也研制成功。然而，磷掺杂n型单晶金刚石外延薄膜质量很差，电子霍尔迁移率最高值仅为660厘米^2/伏·秒，远低于理论值。为此，人们一直在探索n型金刚石的其他掺杂剂，例如，有报道称碱金属锂和钠可以在金刚石中形成浅施主能级，硫在金刚石中可形成激活能为0.37电子伏的施主，但均未得到理论和实验的进一步证实。另外，近年来发现金刚石中的某些色心，可作为量子通信的单光子光源（室温、稳定工作）而受到重视，并成为该领域热点研究课题之一。

在半导体金刚石时代真正到来之前，必须要解决的难题有两点：① 较大面积金刚石单晶薄膜的生长虽已取得进展，但如何提高单晶薄膜的纯度、完整性和均匀性等尚无良策。另外，大尺寸块体金刚石单晶合成一直是人们奋斗的目标，目前仍无取得突破的迹象，但这种追求不会停止。②n型掺杂仍然是制约半导体金刚石发展的最重要因素，寻求新的浅能级施主或发展新概念器件是人们面临又一个严峻的挑战。

第四节　光电传感材料与器件[4]

光电传感（探测）材料包括近、中、远红外和太赫兹及紫外光电传感材料等。基于它的器件，特别是焦平面阵列，由于在航天航空遥感对地观测、精确制导、预警卫星、夜视，以及地面、水域、气象、工农业生产在位测量和环境安全实时监视等方面的重要应用背景而受到重视，是目前材料科学研究领域的前沿和热点。本节主要介绍以光电传感材料为基础的碲镉汞面阵、双色和多色焦平面探测器，非制冷红外焦平面技术，高性能InGaAs近红外红外探测器，半导体低维结构红外探测器，以及紫外焦平面探测器技术等的发展现状与趋势。

一、碲镉汞面阵和双色焦平面探测器

以碲镉汞（HgCdTe）为代表的窄禁带半导体材料是一种性能优越的红外敏感材料，其禁带宽度随组分变化，选择适当的组分可使其响应大气窗口的重要红外波段。该材料已成为制备高性能红外探测器的最常用材料。目前HgCdTe体材料晶体生长，薄膜材料的液相外延生长、分子束外延生长，以及金属有机化合物气相淀积生长都取得良好进展。为了满足大规模红外焦平面列阵研究的需要，人们已经能够生长大面积均匀和性能良好的薄膜材料。国际上当前的研究热点是：高性能碲镉汞 p-n 结的制备和特性控制，硅基碲镉汞薄膜材料制备技术，碲镉汞材料的各种非破坏表征方法，材料中杂质、缺陷的行为及其生长控制，以及碲镉汞系列低维结构的制备及其物理特性等。

在碲镉汞焦平面器件研制方面，美国领先。目前中短波器件达到了512×512 元和 2048×2048 元的规模。法国已制备出工作波段为 1～3 微米、3～5 微米、8～12 微米、像元间距为 30 微米的 320×256 元列阵，以及像元间距为 20 微米的 640×512 元列阵。同时，法国信息技术和电子技术实验室（LETI）已经能够研制响应在 3～5 微米和 8～10 微米波段的 HgCdTe 1500 元长线列焦平面，77 开下平均探测率 D^* 达 3×10^{11} 厘米·赫兹$^{1/2}$/瓦。高分辨率、多色和智能化的碲镉汞红外焦平面技术被称为第三代红外焦平面技术，它具有对多目标、伪目标、低辐射目标的早期发现和对复杂目标的识别能力。双色碲镉汞红外焦平面探测器在美国陆基导弹防御系统项目中已列入应用计划。例如在卫星上配有由 6000 个 PbS 探测元组成的焦平面阵列，能探测中心波长为 2.7 微米的红外辐射，阵列末端固定一组 HgCdTe 探测器，能探测到 4.3 微米波段的辐射。美国、法国是目前第三代碲镉汞红外焦平面器件研制实力最强的国家，美国的 RVS（Raytheon Vision Systems）、Rockwell/Boeing、DRS 和 Lockheed、法国的 LETI 等著名公司都能制备不同性能的双色或者多色碲镉汞红外焦平面，并已在红外系统中得到应用。此外，德国的 AIM 和英国的 BAE 也在加紧研发第三代碲镉汞红外焦平面探测技术。

国内在单元、多元和小规模焦平面在风云系列扫描辐射计和神舟飞船成像光谱仪中已经获得应用。目前，已研制出 2048×1 元和 6000 元线列红外焦平面组件，以及 256×256 元、320×240 元、512×512 元等大规模红外焦平面列阵器件。高性能的长波 HgCdTe 线列器件也在研究之中，以双色、多色为代表的第三代红外焦平面探测器的研究则刚刚起步。

二、非制冷红外焦平面技术

碲镉汞红外探测器一般都需要在低温（77 开、105 开）下工作，以减小器件噪声电流，得到高的探测率（D^*）；加之碲镉汞的组分均匀性难以控制、温度稳定性差、成品率低和难以得到大尺寸等，应用受到限制。当前有两方面的研究工作，一是提高碲镉汞探测器自身的工作温度；二是寻找可替代碲镉汞具有较高工作温度的窄禁带半导体材料。第一方面的研究工作主要围绕提高碲镉汞少数载流子寿命和降低探测器噪声。2004 年，Neil T. Gondom 等发明了一种通过使探测器在接近零偏压下工作，消除大部分低频噪声的新方法。使得 HgCdTe 列阵器件在 230 开温度下的噪声等效温差（NETD）达到 60 毫开。第二方面的研究工作主要集中在 HgZnTe、InSbAs 等窄禁带半导体材料，希望能够替代碲镉汞成为响应率高而且能够在较高温度下工作。高性能的 HgZnTe（HgCdZnTe）材料和器件在新一代空间遥感仪器甚长波红外探测方面有着重要且长期的应用需求。另外，作为重要红外材料的Ⅲ-Ⅴ族锑化物（InGaAsSb、InGaSb、InAsS 等）覆盖了 3～5 微米和 8～12 微米两个大气窗口。Ⅲ-Ⅴ族锑化物具有机械强度高，材料性能稳定，工艺相对成熟，室温性能好等特点。近年来，研究发现 InAsSb 三元合金在常规的Ⅲ-Ⅴ族化合物中具有最小的禁带宽度（0.1 电子伏），其室温截止波长能达到 12 微米，甚至 14 微米，并有 InAsSb 室温器件研制的报道，引起了人们的极大兴趣。

另外，铁电薄膜材料是近年来人们非常重视的材料。它除了可以用来研制非挥发存储器，以及压电驱动器等多种应用之外，它还可用来研制室温工作的焦平面列阵红外传感探测器，目前，人们重视的是 PZT、BST 等铁电薄膜，一般采用溶胶-凝胶法、溅射法、激光等离子体沉积、金属有机化合物气相沉积等方法来制备。铁电薄膜材料的物理研究，特别是与红外探测器相关的物理特性，如自发极化的微观机制等研究近年来受到国际学术界和工业界的关注。

三、高性能 InGaAs 近红外探测器

InGaAs 红外焦平面在 0.5～2.5 微米有效工作波长范围内具有高的量子效率和灵敏度，可以把 60%的近红外辐射光子转换成光电子。InGaAs 可采

用 MBE 和 MOCVD 方法进行外延生长，比较容易获得大面积、高质量的外延片材。因此，基于 InGaAs 的红外焦平面，特别是非制冷焦平面技术，与碲镉汞相比，有着较大的优势。美国新泽西州传感器公司在 InGaAs 探测器研究方面处于领先地位，已研制成功 640×480 元焦平面，该公司的线列和二维 InGaAs 红外焦平面近红外微型相机已进入产业化。法国基于 InGaAs/InP 系列制备了 1～3 微米长线列探测器，用 300 元的子模块拼接成实用的 3000 元和试验 6000 元长线列，并用于 SPOT-4 卫星上的高分辨率可见红外系统；还制备了 1728 元长线列用于植被探测系统。国内也有一些研究机构从事 InGaAs 探测器的研究工作，但产品主要应用于光纤通信，InGaAs 红外焦平面的研制尚处于起步阶段。

四、半导体低维结构红外探测器

基于量子阱材料能带结构的可裁剪性，早在 20 世纪 90 年代就有量子阱结构的双色、多色探测器的报道。为了克服量子阱红外探测器对正入射光不响应的缺点，量子点红外探测器（QDIP）受到重视。下面对量子阱和量子点红外探测器简单予以介绍。

1. GaAs/AlGaAs 量子阱红外探测器（QWIP）

由于 QWIP 自身具有的特点，特别适合于多波段焦平面，如窄带响应和波长可裁剪性，允许多个量子阱结构的沿垂直方向堆垛，每个量子阱结构吸收特定的波段同时允许其他光子透过，通过改变量子阱的阱宽、势垒组分和阱中掺杂浓度实现峰值探测波长和截至波长的连续裁剪。GaAs/AlGaAs 材料体系的探测波长可覆盖 6～20 微米。由于探测波段的可裁剪性，以及材料、器件工艺的相对成熟，早在 1999 年美国国家航空航天局下属的喷气推进实验室最先报道了 640×486 元量子阱 8～9 微米、14～15 微米双色焦平面器件，背景限温度分别为 70 开、40 开，在 40 开工作温度下器件噪声等效温差分别为 36 毫开和 44 毫开，并用该器件获得物体的热像图。2001 年美国 Lockheed-Martin 公司研制成功 256×256 元，峰值波长为 8.3 微米和 11.2 微米双色焦平面器件。2002 年美国喷气推进实验室又制备了 640×512 元的长波长截止窄波段量子阱红外光电探测器焦平面列阵，以及在 4～16 微米谱区有四个波段的 GaAs/AlGaAs 量子阱红外光电探测器焦平面列阵，分别响应 4～5 微米、8.5～10 微米，10～12 微米，13～15.5 微米四个波段。在 40 开温度处，探测器的噪声等效温差分别为 21.4 毫开、45.2 毫开、13.5 毫开、

44.6 毫开。2003 年美国陆军作战实验室研制了峰值波长分别为 9.3 微米和 10.5 微米的 256×256 元规模量子阱焦平面，像元周期为 40 微米，用于地雷探测。2004 年德国 AIM 公司和 Fraunhofer 研究所联合研制小组报道了 384×288 元 8～12 微米和 3～5 微米两个大气窗口，在 40 微米周期像元、f/2 孔径下，噪声等效温差为 17 毫开（3～5 微米）和 43 毫开（8～12 微米）。美国 QWIP Technologies 公司和 QMagiQ 公司研制的 1024×1024 元的长波红外量子阱焦平面器件是目前报道的最好水平。另外，在量子阱焦平面成像器件的应用研究中，加拿大国家研究院研制出 QWIP-LED 上转换器件，将红外入射光转换为近红外光出射再由硅 CCD 器件探测而成像，这样避开了读出电路的对探测器芯片的影响，使探测器性能得到充分发挥，成像的规模和性能主要由硅 CCD 的特性决定，实现了另外一种红外成像的途径。

2. 量子点红外探测器（QDIP）

为了克服 GaAs/AlGaAs 量子阱红外探测器在响应正入射信号方面存在先天不足，以及在较高温度下的工作特性不理想的缺点，人们对 QDIP 寄予了厚望。理论上 QDIP 的性能优于 QWIP：①由于量子点中载流子在三个维度方向上都受到限制，正入射下的子带间吸收是允许的。这就免除了 QWIP 所必需的斜入射或光栅耦合的复杂工艺，降低了成本。②由于三维限制导致的分立能级，激发态上的电子不容易通过吸收 LO 声子回到基态，除非其能级间距正好等于 LO 声子能量（声子瓶颈效应）。这样光生载流子具有更长的寿命和退相干时间，使器件具有更高的信噪比。③由于电子波函数的三维受限，预期 QDIP 的暗电流会比 HgCdTe 和 QWIP 的都要小，有利于器件在更高的温度工作。因此 QDIP 的研究近年来相当活跃，高性能 QDIP 有望推动红外探测技术的长足进步。目前，QDIP 的主要研究方向是降低暗电流、提高工作温度和探测率，以及实现双色或多色响应等。2004 年美国密歇根大学的 X. H. Su 等使用在量子点一侧加入共振隧穿双势垒降低暗电流的方法，在偏压下光电流通过与双势垒中能级共振隧穿传输，而有较宽能量分布的暗电流由于势垒的阻挡而使其暗电流降低了近两个数量级。2005 年，经过改进，他们研制的共振隧穿 QDIP 显示双色响应（6 微米、17 微米），在 17 微米处可以达到室温响应，响应率为 0.16 安/瓦，且在 280 开下探测率为1.5×10^7 厘米·赫兹$^{1/2}$/瓦。为了使探测波长达到太赫兹的范围，2006 年他们进一步改进了结构设计，并且用 InAlAs 量子点代替了 InGaAs 量子点，使 QDIP 在 4.6 开下响应波长达到了 20～75 微米，在 150 开下也可以观察到太赫兹响应。2008 年，A. V. Barve 等在点-阱量子点红外探测器（DWELL QDIP）结构一侧加入了共振隧穿双势垒结构，与未加此结构的器件对比，发现暗电流降低了 2～4 个数量级，响应波长在 11 微米，77 开下探测率为 3.6×10^{9} 厘米·赫兹$^{1/2}$/瓦，探测率提高了 5 倍。实现多色响应的 QDIP 方法主要有：①点-阱量子点红外探测器，如 In（Ga）As QD/InGaAs/GaAs 结构，通过改变阱的成分或者厚度来调整响应波长，同时对响应率和探测率产生影响；②采用具有两种量子点结构的器件，其中包含了 5 周期 InAs（2.5ML）/GaAs 和 5 周期有 8 纳米 $In_{0.15}Ga_{0.85}As$ 盖层的 InAs（2 ML）/GaAs，与前面双层量子点结构 QDIP 不同，这种结构是通过正负电压的变换来选择响应波长，在正负偏压下分别实现了对中波和长波的红外光响应；③DWELL QDIP 随着外加电压的改变，Stark 位移导致跃迁能级间距的变化，从而实现不同电压下响应波长不同。

提高 QDIP 探测率最直接的一个方法就是增加量子点的周期数，但是由于应力的积累，随着周期数增加，量子点层容易出现缺陷而导致暗电流增加，探测率降低。一般生长的 QDIP 为 10～20 周期。S. Chakrabarti 等通过优化生长条件和结构设计，生长了 70 周期 InAs/GaAs QDIP，响应波长在 4.9 微米附近，探测率在 100 开下达到了 10^{11} 厘米·赫兹$^{1/2}$/瓦。若要生长多周期量子点结构却不积累过多的应力，可以在生长有源区过程中加入应力补偿层，如在 InAs QD/GaAs 周期结构中加入 InGaP 层，即引入张应变层来补偿每层积累的压应力，从而可以减少应力积累导致的缺陷，提高晶体质量，生长多周期的量子点，得到高探测率的 QDIP。2006 年，美国西北大学J. Szafraniec 等设计的 10 周期 InGaAs QDIP，用与 GaAs 衬底匹配的 InGaP 作为势垒层，并优化了量子点的生长和掺杂，使弛豫量子点密度很低，减少了缺陷从而抑制了缺陷对响应率、暗电流和噪声电流等性能的不利影响。器件响应波长为 4.7 微米，峰值响应率为 1.2 安/瓦，特征峰值探测率在 77 开，−0.9 伏时达到最大为 1.1×10^{12} 厘米·赫兹$^{1/2}$/瓦。之后，他们改进了盖层生长，用两步法分别生长低温和高温盖层，提高了晶体质量和器件性能，在 77 开下响应率达到了 3.4 安/瓦，峰值探测率达到了 3.35×10^{12} 厘米·赫兹$^{1/2}$/瓦。2007 年，R. S. Attaluri 等首次报道了共振腔增强 QDIP，此结构将探测器有源区放在 Fabry-Pérot 共振腔里面，以求增强 QDIP 峰值响应波长的光场，提高量子效率。2010 年，Tetsuya Asano 等设计的共振腔增强量子点红外探测器实现了对中波响应的增强，最大探测率相比未加此结构的 QDIP 增强了 12 倍。但生长此种结构的难度在于不仅要求量子点探测器有窄的光谱响应，而且量子点的光谱响应与共振腔响应之间需要良好的匹配。

中国科学院半导体研究所几年前就开展了量子点红外探测器的研究工作，探索了 InAs QD/InGaAs/GaAs DWELL 结构、InGaAs QD/GaAs 长波结构、InGaAs QD/InGaP 中波结构和 InAs QD/AlGaAs/GaAs 光伏型结构等多种量子点红外探测器材料，分析了结构参数对阱中长点结构红外探测器性能的影响，生长出以自组织量子点为有源区的红外探测器材料，并制备成器件。其中部分结构的器件在 77 开温度条件下测量到了红外光响应信号，峰值波长在 3.5～10.0 微米，经分析认为它们对应于量子点基态到量子阱内束缚态之间的跃迁；还发现器件在 0 偏压下也有一定程度的光响应信号。利用量子点的浸润层和形状不对称性造成的内建电场，并进一步引入非对称势垒和掺杂，设计并研制出光伏型量子点红外探测器结构并研制出相应材料和器件，实现了低温（78～110 开）条件下的光伏型红外探测，响应波段 3.0～6.0 微米。

五、基于 InAs/GaSb Ⅱ类超晶格的红外探测材料与器件

基于带间跃迁的锑基Ⅱ类超晶格，具有错开式能带结构，通过调节 InAs 和 GaSb 层的厚度，其工作波段可以覆盖 3～30 微米，物理本质上，Ⅱ类超晶格可吸收正入射光，通过调节应变能有效抑制俄歇复合，且电子有效质量大于 HgCdTe，因而制作的探测器具有量子效率高、暗电流小、工作温度高等潜在优势。此外，采用分子束外延（MBE）技术，通过在 InAs 和 GaSb 之间引入 InSb 界面层，实现了超晶格与 GaSb 衬底之间的应变补偿，从而获得了高质量的材料。目前，在 4 英寸 GaSb 衬底上的超晶格材料的外延生长技术已基本成熟，因此它被认为是新一代红外光子探测器极具竞争力的材料体系。

目前，国际上有许多机构致力于 MBE 生长 InAs/GaSb Ⅱ类超晶格的研究，并取得了丰硕的成果；其中，最具代表性的包括美国西北大学、美国喷气推进实验室和瑞森视觉系统公司，以及德国的 IAF 和 AIM 等，先后报道的单色、双色Ⅱ类超晶格红外焦平面（FPA）探测器已突破百万像素大关，探测率超过 10^{11} Jones 量级；美国的 IQE 公司开始用 MBE 技术，在 3 英寸和 4 英寸 GaSb 衬底上进行量产的尝试。另外，美国的新墨西哥大学、美国空军研究实验室，以及法国蒙彼利埃第二大学为代表的诸多研究组对材料和器件物理进行了细致地基础研究。近年来中国科学院微系统研究所、中国科学院上海技术物理研究所和中国科学院半导体研究所等也先后开展了Ⅱ类超晶格材料的 MBE 生长和器件研究，最好的器件探测率为 4.3×10^{9} Jones。

MOCVD生长研究虽然和MBE同时起步，但是材料质量较差，进展缓慢。2006年美国佐治亚理工大学和伊利诺伊大学联合报道了MOCVD生长Ⅱ类超晶格结果，2010年他们报道了探测率为10^9 Jones的探测器。近来中国科学院半导体研究所研究人员用MOCVD生长的短周期超晶格时发现，当引入MBE中常用的InSb界面层时，不但没有提高材料质量，反而引入很多缺陷；为此佐治亚理工大学的文章中提出可能是由于MOCVD生长温度高造成InSb界面不稳定，因为他们采用了InAsSb和InGaSb组合界面，结构复杂使得实际操作起来不易控制，而且对复合界面也没有明确的表征和分析。中国科学院半导体研究所研究人员则在生长二元界面时进行巧妙的交换反应，明显提高了材料的质量，用偏振拉曼光谱对新型界面进行了分析，对其生长动力学过程有一定的了解。他们认为只有对MOCVD生长的机理进行深入研究，才有可能获得高质量材料和器件。

六、GaN基紫外探测器材料与器件

紫外探测技术在军事和民用等方面有着广泛的应用。导弹预警、制导、紫外通信、生化分析、明火探测、生物医药的分析、臭氧监测、海上油监、太阳照度监测、公安侦察等。总之，紫外探测技术是继红外和激光探测技术之后的又一军民两用光电探测技术。从20世纪90年代以来，随着宽禁带GaN基半导体材料（包括GaN、AlGaN、InGaN）的迅速发展，特别是p型掺杂的突破，带动了相关器件的发展和应用。对于GaN基材料体系，通过Al组分的调整，其禁带宽度可从GaN的3.4电子伏连续变化到AlN的6.2电子伏。因此，利用这种材料研制的本征型紫外探测器的截止波长相应地可从365纳米连续变化到200纳米。对于日盲型紫外探测器，响应截止波长小于300纳米，$Al_xGa_{1-x}N$材料的组分x需要达到40%以上。大规模日盲型GaN基紫外面阵探测器是目前主要的发展方向，均利用与红外焦平面类似的工艺，采用背照射GaN基光电二极管阵列和硅读出电路，并通过铟柱互连方式得到混成的紫外焦平面器件。1999年美国Nitronex公司与北卡罗来纳大学、Honeywell技术中心及美国夜视实验室成功地实现了基于GaN/AlGaN的p-i-n型背照射32×32列阵焦平面探测器数字照相机。响应波段为320～365纳米，峰值响应率达到0.2安/瓦（358纳米），内部量子效率达到80%，峰值探测率达到6.1×10^{13}厘米·赫兹$^{1/2}$/瓦。2000年他们又成功展示了利用128×128紫外焦平面探测器制备的数字照相机，响应波长在320～365纳米。2005年美国西北大学也报道了日盲型320×256紫外焦平面探测器，给出了较清晰的图像。国内不少研究单位先后也开展了相应研究。2003 年中国科学院上海技术物理研究所研制成功 64×1 线列 GaN 基紫外探测器，2005 年获得了具有一定信号响应的 32×32 紫外焦平面探测器，2006 年研制成功 128×2 双色（日盲/可见盲）紫外线列探测器，2007 年利用双色探测器获得了较好的成像演示。

第五节　微纳结构光电功能材料[5]

微纳结构光电功能材料通过设计人工“原子”，构建有序人工微纳结构，实现对光子、电子、声子，以及多种准粒子的微观调控，产生新颖光、电物理效应，提供快速信息处理、高效能量转换等功能应用为主要特点，是当今国际学术界和工业界关注的研究热点之一。

20 世纪八九十年代发展的光子晶体是微纳结构光电功能材料的传统代表，推动了光子学的迅速发展。介电体光学超晶格材料，作为一种非线性光子晶体，已成为激光技术发展的一个热点方向。进入 21 世纪，人们又进一步在金属中引入微纳结构，通过对表面等离激元的有效调控，构建亚波长光电材料，使得纳光子学的研究与应用突飞猛进。表面等离激元的传输距离也通过金属介电复合结构等技术得到长足增加，朝着实用化迈出了重要一步。此外，人工微纳结构电磁介质中的量子光学效应也引起了人们的关注。人们期望可以由此实现基于现代半导体技术的固态量子计算和通信。

近年来，人工微纳结构光电功能材料的发展又有了许多新的趋势。变换光学、近场光学、量子光学等新理论、新手段在微纳结构的设计和光电性能的调控方面正发挥着越来越大的作用。一些新型的准粒子也开始扮演重要的角色。组成材料的“人工原子”也变得更加丰富，通过基质材料的选取与局域共振的激发提供了多种多样的光电性质。人们开始关注微纳结构对光子、电子等特征量子的微观近场特性和与时间相关的动力学过程。在功能实现上，不但新颖的单一光电功能不断被揭示，通过材料集成，综合利用各种线性、非线性、经典、非经典，以及若干耦合物理过程的多功能集成光电材料成为发展的热门方向。同时，市场的推动力越来越大，光互联、大规模光子集成、高效光伏器件、高灵敏生化检测等市场应用均成为推动微纳结构光电功能材料迅速发展的主要动因。

在国家持续支持下，人工微纳结构光电功能材料得到了长足的发展，若干重要方向走在了国际的前列。但是，原创性工作较少，应用牵引不强是当前我国研究人员的弱点。因此，突出重点，面向大容量、高速度的信息探测、存储、处理，以及高效、清洁的光电能量转化等国家战略需求，发展我国的人工带隙材料、光学超晶格、硅基光学、等离激元光子学、超构材料、生物光学检测材料等人工微纳结构光电功能材料和器件，为在未来的国际该领域的竞争中抢占核心技术的制高点打下科学与技术基础。

第六节 半导体太阳能光伏电池[6]

半导体太阳能光伏电池主要包括：元素半导体太阳电池（单晶硅太阳电池、多晶硅太阳电池、硅薄膜太阳电池）、化合物半导体太阳电池（Ⅲ-Ⅴ族化合物太阳电池）、铜铟镓硒（CIGS）薄膜太阳电池、碲化镉（CdTe）薄膜太阳电池）、染料敏化太阳电池（DSSC）、有机半导体太阳电池（OPV），以及基于新概念的下一代超高效太阳电池。

一、元素半导体太阳电池

近年来，单晶硅太阳电池性能取得了显著进步，实验室单晶硅电池的最高转换效率已达 25%（量产最高转换效率在 18%～19%），但是，这种太阳电池对硅材料的纯度要求较高（6N 或 6N 以上）。目前采用改良西门子法，虽可以获得纯度达到 9N 以上的多晶硅材料，但耗能较高，为避免反应产物如 $SiCl_4$ 等的污染，需要闭环回收再利用处理。高纯硅制备成本高，单晶硅片的成本占据了整个太阳电池成本的一半以上，成为制约晶硅太阳电池成本下降的关键因素。多晶硅太阳电池铸锭工艺简单、能耗少、价格便宜，尽管多晶硅质量不如单晶硅，但量产化转换效率仅比单晶硅太阳电池低 1%～2%。由于多晶硅降低了硅片材料成本，有更高的性价比，目前国际光伏市场上多晶硅太阳电池的占有份额已经超过了单晶硅太阳电池。

由于非晶硅薄膜材料的光吸收系数远大于晶体硅材料，电池的光吸收区厚度只要有几百纳米至微米量级即可（第一代单晶和多晶硅太阳能电池吸收层厚都在 100 微米以上），因在降低成本上有明显优势而受到重视。最早的硅薄膜太阳电池（第二代）是非晶硅太阳电池，存在的主要问题是效率偏低，并存在明显的光致衰退效应。为提高电池的效率和稳定性，叠层电池技术已成为硅薄膜太阳电池的技术热点。叠层技术将具有不同带隙吸收区的太阳电池自上而下按带隙由大到小的顺序串联起来，构成多结电池。理论上，叠层电池结构由于提高了开路电压和扩大了与太阳光谱间的匹配范围，从而可获得更高的转换效率；但也受到电流匹配和界面损耗的限制。目前，叠层硅薄膜太阳电池包括非晶硅/非晶硅叠层、非晶硅/微晶硅叠层以及非晶硅/非晶硅锗叠层。然而，叠层电池技术虽然提高了硅薄膜太阳电池的性能，但也增加了设备和工艺成本。2009 年，美国 United Solar 公司采用 a-Si/nc-Si/nc-Si 三叠层结构，在 0.27 厘米^2 面积上的转换效率达到 12.5%，创造了硅薄膜太阳电池的效率最高纪录。

由于硅是地壳中含量仅次于氧的丰富元素，无毒无污染，并且硅太阳电池技术最成熟，所以，目前在太阳电池中占主导地位的硅太阳电池在以后相当长的一段时期内仍将继续占主导地位。

二、化合物（第二代）太阳能光伏电池

化合物光伏电池主要包括：Ⅲ-Ⅴ族化合物太阳电池、铜铟镓硒（CIGS）太阳电池和碲化镉（CdTe）太阳电池等。GaInP/GaInAs/Ge 三结Ⅲ-Ⅴ族化合物太阳电池达到 32%，由美国光谱实验室公司（Spectrolab）于 2003 年在大约 4 厘米^2 的面积上创造的。而 2009 年日本夏普公司（Sharp）开发的 GaInP/GaAs/GaInAs 三叠层太阳电池在 0.88 厘米^2 的面积上获得了 35.8% 的转换效率；同年，美国 Spire 公司开发的 GaInP/GaInAs/Ge 三叠层电池在 0.3 厘米^2 的面积上在 364 倍聚光条件下创造了 41.6%的转换效率的世界纪录。尽管Ⅲ-Ⅴ族化合物光伏电池制造成本较高，作为大规模应用的新能源会受到性价比的限制，但因其高的转换效率、耐高温、抗辐照损伤等不可替代的优势，这使其在空天和军事应用领域备受重视。

CIGS 是直接带隙材料，光吸收系数大，而且 CIGS 的电活性对晶界不敏感，无需昂贵的外延设备，制造成本低。2010 年 10 月德国斯图加特的 ZSW 研究机构在 0.5 厘米^2 的面积上创造了 20.3%的世界纪录，这也是目前薄膜太阳电池中转换效率最高的。但是，CIGS 大面积薄膜沉积的均匀性较难控制，目前产业化效率只有 12%～13%的水平，加之电池结构中采用 CdS 层中的 Cd 元素毒性大，In、Ga 又均为稀有元素等，CIGS 虽不失为一种有发展潜力的薄膜电池，它的应用会受到一定限制。

CdTe 是Ⅱ-Ⅵ族化合物半导体材料，具有与太阳光谱最佳匹配的直接光学带隙和大的光吸收系数，能够在 2 微米的厚度内实现对能量大于带隙的光子的充分吸收。美国国家可再生能源实验室（NREL）在 2001 年创造了

CdTe 太阳电池（在 1 厘米^2 面积上）转换效率 16.7%的世界纪录。美国 First Solar 公司采用其独有技术制备的 CdTe 太阳电池，被认为是目前各类产业化电池中成本最低的一种。尽管 CdTe 化合物本身具有较好的稳定性，但 Cd 是剧毒元素，生产过程中需要严格控制，避免对环境的污染，并且 Te 是稀有元素。在 CdTe 太阳电池应用方面，也需要对可能产生的环境问题做深刻的防患考虑。

三、染料敏化太阳电池（DSSC）

DSSC 实质上是一种基于氧化还原反应的化学电池，它的主要优点是原材料丰富、成本较低、工艺技术相对简单，同时原材料无毒、生产工艺无污染等。自从 1991 年，瑞士的 M. Grätzel 教授领导的研究小组在 DSSC 上取得 7.9 %的效率以来，欧洲、美国、日本等发达国家和地区投入了大量资金进行研发。日本夏普公司 2005 年在 1 厘米^2 的面积上获得了 10.4%的转换效率。限制 DSSC 效率的主要因素在于，染料的光吸收具有选择性，并且单层染料只能吸收很少的太阳光，多层染料又会阻碍电子的传输；DSSC 目前在大面积均匀性和稳定性方面也还存在问题。提高稳定性需要将电解质从传统的液态转换成固态，高性能固态电解质还有待开发。

四、有机半导体太阳电池（OPV）

OPV 工作原理是给体有机半导体吸收光子后产生“激子”（电子-空穴对），激子扩散到给体/受体界面产生解离，电子注入受体的有机半导体中，分离后的空穴和电子分别传输到正负外电极上，形成光电流。制作 OPV 所采用的有机半导体薄膜材料成本低廉，制作工艺简单，在低光照下有较高效率，OPV 的能量偿还期短，CO_2 排放量很低；OPV 还具有很好的柔性，从而在单兵作战和其他便携式电源应用中有广阔的发展潜力。2010 年 11 月美国 Konarka 公司报导其在 1 厘米^2 面积上制备的有机太阳电池效率已经达到 8.3%。有机半导体材料无论激子的扩散长度还是载流子的迁移率都很小，这限制了器件效率的提高，另外有机材料在紫外光照射下解离会影响太阳电池的性能等，OPV 真正走上产业化之路，还面临很多问题。同时，有机/无机半导体复合太阳能光伏电池研究也受到重视。最近中国科学院半导体研究所材料科学重点实验室的研究人员利用基于 Ag 等离子激元共振吸收技术，将有机/无机半导体复合光伏电池的转换效率提高到 5.2%的世界纪录。

五、新概念（新三代）高效太阳电池

对单带隙太阳电池，限制电池效率的因素是：能量低于带隙的光子不能被有效吸收，能量远高于带隙的光子一般也只能激发出一个电子空穴对，多余的能量被转换为热能，即单结 Shockley-Queisser 的极限效率不超过 30%。提高电池效率就是要把不能被有效吸收的低能光子和能量远高于带隙的高能光子的能量充分利用起来。国际上很多研究机构都在致力于下一代超高效太阳电池的研究。这类超高效太阳电池基于纳米技术、量子技术、能带工程、掺杂工程等，与常规电池相比具有不同的太阳电池概念和结构，能够实现对太阳光谱的宽（全）光谱吸收，同时减小载流子的热弛豫损失。这方面的研究热点包括热载流子太阳电池、多激子太阳电池、中间带太阳电池、波长上下转换太阳电池，以及Ⅱ-Ⅵ族宽带隙异质半导体纳米结构太阳电池等。如具有四能级的中间带太阳能电池的理论转换效率可达 75%；又如热载流子太阳电池，其理论转换效率可以接近 86.8%的卡诺极限。到目前为止，这方面的研究尚处于探索阶段。基于新概念的太阳电池的实现，光伏发电成本将大大降低，光伏能源的大规模利用将很快到来。

六、我国的光伏产业发展概况

1958 年，我国就开始研制硅太阳电池。1965 年，半导体所研制出的单晶硅电池效率在 15%左右，与国际水平相差不大。1971 年，实践 1 号发射升空，在 8 年寿命考核中，太阳电池效率相对衰减不到 15%。随后，天津 18 所为东方红二号、三号、四号系列地球同步轨道卫星提供太阳电池。1980～1990 年，我国引进了国外太阳电池成套生产线和工艺技术，先后建立了宁波太阳能电源厂等多个太阳电池企业，太阳电池批量化生产初步形成。由于化石能源枯竭预测带来可能的能源危机，引发了国内外企业家的纷纷投身光伏产业高潮。1995 年以来，我国的光伏产业进入了快速发展期，从 2007 起，我国太阳电池产量一直位居世界第一，2010 年，中国内地与台湾量产太阳电池超过 12 吉瓦，占世界总产量的 59%，并且产品以晶硅太阳电池为主。我国传统晶硅太阳电池的量产水平与国际相当，但在新结构高效硅电池方面存在一定差距。各类薄膜太阳电池与国际水平相差较远，缺乏制备高性能太阳电池的关键技术和设备。并且，我国的绝大多数太阳电池产品出口国外，国内所能用掉的太阳电池不足产量的 5%。2009 年我国光伏发电的装机总量仅有约 160 兆瓦，只占全球装机总量的 2%，2010 年装机总量也只提升到了

500兆瓦左右。据PV Status Report 2010中给出的有关部门的预测，2020年，我国光伏发电的装机容量将达到20吉瓦，相当于三峡发电量的水平，而欧盟将达390吉瓦，美国将达到350吉瓦。我国虽是光伏产业的制造大国，但在光伏电池的装机方面，远落后于发达国家，实在令人不解。

综上所述，提高转换效率和降低成本是半导体太阳能电池发展的大趋势。至少在未来10年里，硅及硅薄膜仍是太阳能电池发展的重点，其发展方向是低成本、高效率和长寿命。第二代化合物薄膜太阳能光伏电池转换效率高、抗辐照、稳定性好，但成本高（稀有金属或有毒物质），主要应于空间环境，但不可能成为民用市场主流；第二代其他新型高效、低成本太阳能光伏电池，如染料敏化太阳电池、薄膜叠层电池等备受关注，要解决的主要问题是电池长期工作的稳定性；薄膜化、高转换效率、原材料丰富、无毒性和低成本是理想的（即第三代）太阳能光伏电池，这是人们追求的最高目标。

第七节　光电功能晶体材料研究进展

光电功能晶体的种类很多，往往可以根据其功能性质来划分，如激光晶体、非线性光学晶体、电光晶体、压电晶体和闪烁晶体等。光电功能晶体材料作为微电子、光电子、通信、航天等高科技领域和现代军事技术所的关键材料受到世界各国的重视，许多先进工业国家纷纷投巨资进行研究，抢占晶体技术中的制高点。我国光电功能晶体的研究和应用处于国际前沿，特别是无机非线性光学晶体的研究处于国际领先地位。本节只简要介绍激光晶体、非线性光学晶体，其他光电功能晶体材料可见相关文献。

一、激光晶体材料

激光晶体是全固态激光器的基础材料。到目前为止，已经研究和应用的激光晶体已有几十种，应用最广泛的是Nd:YAG，Nd:YVO_4和Ti:Al_2O_3三个激光晶体。Nd:YAG用于高中等功率激光器，Nd:YVO_4晶体用于低功率小型全固态激光器，而Ti:Al_2O_3用于可调谐及超快激光器。我国在Ce、Nd双掺及Cr^{4+}、Yb双掺YAG晶体和Nd:YVO_4晶体的研发以及小型全固态倍频激光器产业化及其应用都做出了重要贡献。中国科学院上海光学精密机械研究所发展的Ti:Al_2O_3的温梯法生长技术具有自主知识产权。

高平均功率密度固体激光器（包括热容激光器）所用激光晶体以石榴石

(Nd:YAG、Nd:GGG 或 Yb:YAG) 型晶体为主，辅以 Nd:YAG 透明陶瓷或 Yb 玻璃光纤。目前，大尺寸 Nd:YAG 晶体生长技术虽有重大进展，但如何消除 Nd:YAG 晶体中普遍存在的中心应力集中区，仍无良策。山东大学用自制提拉装置成功生长了 70 毫米，重达 8 千克的优质 Nd:GGG 晶体，LD 泵浦单片 Nd:GGG 可获千瓦级以上的激光输出。LD 泵浦的 Nd^{3+}:YVO_4 晶体还可以与 LBO、BBO、KTP 等非线性晶体配合使用，制成近红外、绿色、蓝色到紫外的全固态激光器，成为中小功率全固态激光器的首选激光晶体材料。

多年来，材料科学家一直试图采用透明陶瓷来代替晶体作为激光工作物质。1995 年，日本电气通信大学制备了可与单晶媲美的透明 Nd:YAG 陶瓷，2006 年美国劳伦斯-利弗莫尔国家实验室 LD 泵浦 Nd:YAG 透明陶瓷激光输出达到 67 千瓦。激光陶瓷相对制作周期短、成本低，可以获得大尺寸和各种形状的材料，成为当前激光材料研究一个热点。我国在透明陶瓷研究方面有很好的基础，近年来，国内不少单位已经制备出透明 Nd:YAG 陶瓷材料，实现了有效激光运转，最高激光功率已达到千瓦。

在高平均功率微片或盘片（或碟片）激光器研究方面。德国科学家采用 LD 泵浦 Yb:YAG 晶体盘片，获得近 10 千瓦的激光。美国科学家将多个盘片激光器组合，以产生百千瓦乃至更高的激光。国际上使用的盘片激光晶体仍然是石榴石类晶体，如 Nd:YAG、Nd:GGG、Yb:YAG 或激光玻璃。但这些材料的激活离子浓度低，LD 射出激光在材料中要经过多次反射后才能达到饱和吸收。因此，发展高钕浓度的激光晶体，特别是自激活激光晶体以简化激光器结构为主，是其主要的发展方向。

在超快增益和放大激光晶体中，以 LD 泵浦的 Yb:YAG 晶体飞秒激光输出已经达到了数千瓦的水平。但是，由于 Yb:YAG 晶体的发射带窄，并非是适合脉冲激光输出的理想材料。中国科学院上海光学精密机械研究所和上海硅酸盐研究所采用 974 纳米波长的 LD 泵浦，在掺镱的硅酸钆（Yb^{3+}:Gd_2SiO_5）晶体中实现了连续、调谐、调 Q 和锁模激光输出，并实现了低阈值（77 毫瓦）、宽调谐（97 纳米）的连续锁模 343 飞秒激光脉冲输出。与德国耶拿大学合作，研制的（Yb^{3+}，Na^+:CaF_2）晶体应用于 LD 泵浦啁啾脉冲放大器（CPA）超强超短激光系统，实现了脉宽为 192 飞秒、峰值功率为 1 太瓦的激光输出，这一工作被认为对激光聚变领域具有里程碑的意义。另外，在 Nd:CNGG 晶体中还实现了 1061 纳米和 1059 纳米的双波长激光输出。通过差频，在这两种激光之间可能实现太赫兹波长的激光输出。

二、非线性光学晶体材料

光波通过介质时极化率非线性响应产生了对于光波的反作用，产生了在和频、差频等处的谐波。这种与强光有关的、不同于线性光学现象的效应被称为非线性光学效应，具有非线性光学效应的晶体称为非线性光学晶体。应用最广泛的非线性光学晶体是激光频率转换晶体，按其频率转换类型称为倍频（包括高阶倍频、和频及差频）晶体、频率上转换和下转换晶体、光学参量振荡（放大）晶体；或按频率转换范围称为紫外（深紫外）、可见及红外非线性光学晶体，近年来，还发展了太赫兹非线性光学晶体。

美国在 20 世纪 70 年代后期，采用水热法生长了综合性能优异的磷酸钛氧钾（$KTiOPO_4$，KTP）晶体之后，我国首创了熔盐（高温溶液）法生长 KTP 晶体技术，获得了低成本、高质量的晶体，才使这一晶体得到了广泛应用。

20 世纪 80 年代“阴离子基团理论”问世，我国的非线性光学晶体的探索、生长和应用获得巨大成就。先后发现了偏硼酸钡（BBO）、三硼酸锂（LBO）、硼铝酸钾（KABO）和氟硼铍酸钾（KBBF）等新晶体，BBO 和 LBO 得到了广泛应用，成为国际上著名的“中国牌”晶体；KBBF 是目前国际上唯一在钕激光器 1.064 微米六倍频得到实际应用的晶体，其发现、生长及其应用在国际上有重大影响，在此基础上，开辟了深紫外激光（DUV）光谱学等新研究领域。

目前，国际上非线性光学晶体的研制，仍然是为获得有更高非线性光学系数，更易获得大块晶体的紫外、深紫外晶体，特别是三倍频、六倍频晶体；另一方面，要进一步发展长波长波段的非线性光学晶体，包括中远红外直至太赫兹波段可用的非线性光学晶体。从更广泛的范围来看，作为广义非线性光学晶体的电光晶体及拉曼位移晶体的探索和研究近年来也受到广泛重视。

KBBF 晶体具有优异的非线性光学性质，阻碍其发展的最大障碍是晶体生长。近年通过高温熔剂温度震荡法控制自发成核的数目，成功得到厚度超过 3 毫米的 KBBF 单晶。福建物构所采用水热法生长的 KBBF 晶体沿 c 轴厚度超过 6 毫米，但它的倍频转换效率比熔剂法晶体低 1～2 个数量级，而且随晶体厚度增加，转换效率并不增大，具体原因尚在研究中。目前有实用价值的仍是熔剂法生长的 KBBF 晶体，2008 年用 14 毫米×6 毫米×2.1 毫米 KBBF 晶体制成棱镜耦合装置（KBBF-PCD）实现 Nd：YVO_4 激光六倍频谐波光 177.3 纳米输出功率达 12.95 毫瓦，转换效率为 0.37%；在皮秒 Nd：

YAG 激光系统中，177.3 纳米谐波光输出功率高达 34.7 毫瓦，转换效率为 0.82% 。还实现了 Ti:Sapphire 激光连续可调四倍频谐波光（波长范围185～200 纳米）瓦级输出 。177.3 纳米光源在一系列先进仪器上得到了应用，包括超高分辨率光电子能谱仪，自旋分辨、角分辨光电子能谱仪，深紫外激光拉曼光谱仪，深紫外激光光发射电子显微镜等。在光电子能谱仪中首次直接观察到超导体超导态时库柏电子对的形成；并观察到超导体 CeRu 的超导带隙，为超导体机制研究提供了新的数据。

由于 KBBF 非线性光学效应主要来自阴离子基团（$Be_2BO_3F_2$）$_{n\to\infty}$，通过阳离子替换得到 $RbBe_2BO_3F_2$（RBBF）和 $CsBe_2BO_3F_2$（CBBF）两种新化合物。RBBF 属三方晶系，R32 空间群，生长也具有沿 c 轴的层状习性，目前晶体厚度突破 2 毫米。RBBF 晶体截止波长为 160 纳米，其最短倍频波长可达 170 纳米，是一种有潜力的 DUV 晶体。已长出小块 CBBF 单晶，其紫外截止边在 150 纳米附近。

LBO 晶体通常采用顶部籽晶（TSSG）法生长，由于体系黏度大，晶体生长缓慢。中国科学院理化技术研究所采用新方法在 90 天内生长出 170 毫米×160 毫米×79 毫米重 1596 克的 LBO 晶体，是国际上现有报道的最大单晶。三硼酸铯（CsB_3O_5，CBO）晶体是一种新型紫外非线性光学晶体材料。对紫外波段三倍频 355 纳米，CBO 的有效非线性系数大于 LBO，有望成为比 LBO 性能更佳的三倍频晶体。生长出重 190 克的全透明单晶，三倍频器件尺寸 5 毫米×5 毫米×34 毫米，以此获得了 103 瓦的 355 纳米激光输出。

中红外激光光源在成像激光雷达、温室气体检测、毒品稽查及激光制导等方面的重要应用，红外非线性晶体研究是非线性光学晶体研究的一个热点。目前，磷锗锌（$ZnGeP_2$，ZGP）是实际应用最多的红外晶体，中国工程物理研究院用 5.5 毫米×6.0 毫米×18.0 毫米Ⅰ类匹配（$\theta=55°$，$\varphi=0$）ZGP 晶体，制作的重复频率光参量振荡器，以 5.2 瓦的 2 微米光泵浦获得了 10 毫瓦中红外输出，2 微米到 3～5 微米的光-光转换效率为 12%，重复频率为 4 千赫兹。此外，硫铟锂（$LiInS_2$）、钼酸碲钡（$BaTeMo_2O_9$，BTM）和硫镓钡（$BaGa_4S_7$，BGS）等红外非线性光学晶体国内也有研制成功的报导。

上述光电功能晶体发展方向：①扩展波段、高功率、短脉冲、复合化和小型化；②发展晶体生长新技术，以更低的成本生长质量更好、更大的晶体；③发展直接产生 2 微米左右的近红外激光晶体、中远红外非线性光学晶体，拉曼位移激光晶体和太赫兹波段晶体；④注重功能晶体在高功率和复杂条件下的应用。

第八节　小　结

历史发展表明，光电功能材料和器件是信息、新（清洁）能源、先进制造技术、航空航天和国防建设等领域发展的先导和基础。例如，20 世纪 40 年代末 50 年代初，晶体管的发明、硅单晶材料和硅集成电路的研制成功，导致了电子工业大革命。20 世纪 60～70 年代，光导纤维材料和以 GaAs 为基的半导体激光器的发明，超晶格、量子阱微结构材料和高速器件的研制成功，使人类进入到光纤通信、移动通信和高速、宽带信息网络的时代。纳米科学技术的发展和应用，将使人们能从原子、分子或纳米尺度的水平上控制、操纵和制造功能强大的人工结构材料和量子器件，极有可能触发新的技术革命，并将深刻地影响人类的生产和生活方式。基于大功率、高亮度的半导体激光材料，大尺寸、高质量激光晶体和非线性光学晶体的全固态激光器具有转换效率高、体积小、性能可靠、寿命长和输出光束质量好等优点，在支撑先进制造、医疗、显示、能源、科研和国防建设等领域发展起到关键作用；高性能、多功能、智能化的传感材料与器件，特别是焦平面阵列，由于在航天航空遥感对地观测、精确制导、预警卫星、夜视，以及地面、水域、气象、工农业生产在位测量和环境安全实时监视等方面的重要应用背景而备受重视；高效、低成本、环境友好和原材料丰富的太阳能光伏电池技术的发展和应用，不仅能彻底解决化石能源枯竭人类所面临的能源危机，而且对改善生态环境、提高人民生活质量起到不可取代的作用。

本章除引用了列出的参考书、报告和文献外，对北京大学的黄如教授，中国科学院半导体研究所的徐波、刘舒曼和汪连山等提供的相关资料表示感谢。

参考文献

[1] 王占国，王阳元，吴德馨，等．集成电路产业发展与基础研究（分报告）．欧阳钟灿，甘子钊，林惠民，等．基础研究与战略性新兴产业发展（总报告摘要）．中国科学院院刊，2012，27（6）：697-701.

[2] 王占国，郑有炓，等．半导体材料研究进展．北京：高等教育出版社，2012：246-250，252-293.

[3] 王占国．10000个科学难题·信息科学卷．北京：科学出版社，2011：305-312.
[4] 王占国，郑有炓，等．半导体材料研究进展．北京：高等教育出版社，2012：485-494.
[5] 祝世宁，陆延青．微纳结构光电功能材料的发展趋势与建议．厦门：第54期双清论坛．2010-11-28—2010-12-01.
[6] 王占明，褚君浩，郑有炓，等．太阳能电池技术与光伏新能源产业发展态势和对策建议．中国科学院文件．科发学部字第27号，2012.
[7] 王继阳，吴以成．光电功能晶体材料研究进展．中国材料进展，2010，(10)：1-15.

第五章 我国钢铁发展中的资源能源问题*

钢铁工业作为国民经济的重要基础产业，是技术、资金、资源和能源密集型产业，也是国家实现工业化、城镇化的支柱产业。钢铁工业是产业关联度较高的产业，上游涉及采矿、能源、交通运输，下游涉及国防工业、建筑、机械、汽车、家电、造船等诸多行业，钢铁工业发展水平在很大程度上决定了一个国家装备制造业乃至国防工业的发展水平，也是一个国家经济和社会发展及综合实力的重要标志。

矿产资源和能源是国家经济发展的命脉，是现代工业的粮食和血液，它的保障程度直接关系到国家安全。随着我国经济发展和国家财力的增强，资源能源约束正替代资本约束逐步上升为经济发展中的主要矛盾。钢铁工业能源、资源消耗巨大，并且对环境的污染严重。为了节省能源，需要提高资源对发展我国钢铁工业的保障程度，从而为建立科学的宏观调控政策体系提供决策支持，实现可持续健康发展。

第一节 我国钢铁发展现状

一、钢铁产量

自 1996 年我国粗钢产量突破 1 亿吨首次成为全球产钢第一大国后，我国钢铁工业一直保持快速增长。2003 年突破了 2 亿吨，2005 年 3.56 亿吨，2006 年 4.23 亿吨，2008 年突破 5 亿吨，2010 年我国粗钢产量为 6.27 亿

---

* 本章部分内容取自李依依院士、翁宇庆院士、王一德院士负责的“我国钢铁发展中的资源能源问题”,《中国科学院学部咨询报告》，2012 年。

吨，至2011年已连续16年居全球首位。我国是全球最大的钢铁生产国和消费国，同时也是全球最大的铁矿石进口国和消费国。图5-1为2010年世界粗钢产量前10位国家情况，2010年全球粗钢产量为14.14亿吨，其中我国粗钢产量为6.27亿吨，占全球总产量的44.3%，同比增长9.3%。2010年，全球粗钢消费13.9亿吨，其中我国粗钢消费6亿吨，占全球的43%。2011年全球粗钢产量为15.27亿吨，我国的粗钢产量为6.96亿吨，占全球总产量的45.5%。

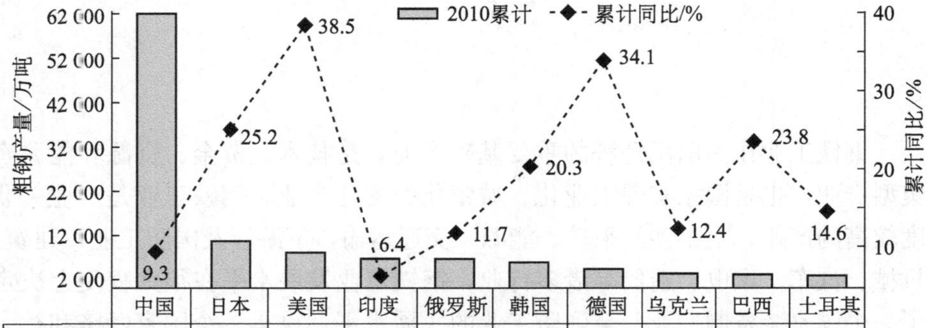

	中国	日本	美国	印度	俄罗斯	韩国	德国	乌克兰	巴西	土耳其
2010年累计	62 665	10 960	8 059	6 685	6 702	5 845	4 381	3 356	3 285	2 900
累计同比%	9.3	25.2	38.5	6.4	11.7	20.3	34.1	12.4	23.8	14.6

图5-1 2010年世界粗钢产量前10位国家情况

表5-1为1996～2011年我国钢产量及占世界的比重。钢铁工业“十二五”发展规划中预测2015国内粗钢导向性消费量约为7.5亿吨，峰值可能出现在2015～2020年，为7.7～8.2亿吨。

表5-1 1996～2011年中国钢产量及占世界的比重

年份	中国钢产量/亿吨	世界钢产量/亿吨	占世界的比重/%
1996	1.01	7.50	13.33
1997	1.09	7.99	13.63
1998	1.15	7.77	14.74
1999	1.24	7.89	15.71
2000	1.27	8.48	15.01
2001	1.51	8.50	17.75
2002	1.82	9.04	20.16
2003	2.22	9.70	22.94
2004	2.80	10.69	26.25
2005	3.56	11.46	31.06
2006	4.23	12.50	33.81

续表

年份	中国钢产量/亿吨	世界钢产量/亿吨	占世界的比重/%
2007	4.88	13.15	37.10
2008	5.00	13.04	38.30
2009	5.68	12.20	47.00
2010	6.27	14.14	44.30
2011	6.95	15.27	45.50

二、钢铁产能

2010年统计7.18亿吨钢产能，但其中有未经国家审批由地方批准盲目扩张新建的3亿多产钢能力。2010年投产高炉23座，新增能力4474万吨。2011年工信部公布了2011年淘汰落后产能企业名单，要求2011年淘汰落后炼铁能力3122万吨、涉及19个省96家企业。2011年我国计划要新建投产45座高炉，设计产能为6549万吨，2012年及未来还要新建投产14座高炉2000万吨，产能还是增加。

三、钢铁利润

2010年宝钢、武钢和鞍钢三家央企利润262.9亿元，同增73.3%，占总的29.3%。行业销售利润率为2.9%，2011年1～9月也只占2.99%，低于全国工业行业平均值（6.2%）和银行利率（3.5%）。扣除宝钢品种管理和具备自有矿山与自发电企业及包钢稀土盈利因素只占1.5%，钢铁行业已进入微利阶段。

四、产业集中度

2010年，全球前十大钢企里，我国有5个，分别是河北钢铁、宝钢、鞍钢、武钢和沙钢，产业规模和竞争力都有所提高，我国俨然是一个钢铁大国，但是仍然“大而不强”。2008年河北钢铁集团重组后，我国前10家大型钢铁企业的集中度才提高到42.6%，仍然低于主要国家前4家企业的集中度。我国钢铁产业集中度低、规模经济不明显，不仅造成了严重的环境污染和市场无序竞争，而且制约着整体竞争力的提高，并导致钢铁企业在联合对外采购和谈判中难以形成合力。

第二节　我国钢铁发展中资源能源现状

一、我国钢铁发展中资源现状

铁矿石是钢铁生产的主要原材料，是钢铁工业可持续发展的基础。我国铁矿资源储量多，但经济可采储量少；贫矿多，富矿少，品位平均为33%，比世界平均品位低11%，富矿仅占可采储量的1.9%；中小型矿山多，大型矿山少；伴生矿多，采选、冶炼难度大，生产成本高。

我国铁矿资源有两个特点：一是贫矿多，占总资源储量的97.5%；二是多元素共生的复合矿石较多。此外矿体复杂，有些贫铁矿床上部为赤铁矿，下部为磁铁矿。按区域划分，我国铁矿资源主要出于东北地区、华北地区、中南地区和华东地区，各区域铁矿资源具有如下特点：

（1）东北地区铁矿：东北地区铁矿主要是鞍山矿区，它是目前我国开采量最大的矿区，大型矿体主要分布在辽宁省的鞍山（包括大孤山、樱桃园、东西鞍山、弓长岭等）、本溪（南芬、歪头山、通远堡等），部分矿床分布在吉林省通化附近。鞍山矿区是鞍钢、本钢的主要原料基地。

（2）华北地区铁矿：主要分布在河北省宣化、迁安和邯邢地区的武安、峰峰矿区，以及内蒙古和山西各地，是首钢、包钢、太钢和邯郸、宣化及阳泉等钢铁厂的原料基地。迁滦矿区矿石为鞍山式贫磁铁矿，含酸性脉石，硫、磷杂质少，矿石的可选性好。邯邢矿区主要是赤铁矿和磁铁矿，矿石含铁量为40%～55%，脉石中含有一定的碱性氧化物，部分矿石含硫高。

（3）中南地区铁矿：以湖北省大冶铁矿为主，其他如湖南的湘潭，河南省的安阳、舞阳，江西省、广东省和海南省等地都有相当规模的储量，这些矿区分别成为武钢、涟钢及本地区各大中型高炉的原料供应基地。

大冶矿区是我国开采最早的矿区之一，主要包括铁山、金山店、程潮、灵乡等矿山，储量比较丰富。矿石主要是铁铜共生矿，铁矿物主要为磁铁矿，其次是赤铁矿，其他还有黄铜矿和黄铁矿等。矿石含铁量40%～50%，最高可达54%～60%。脉石矿物有方解石、石英等，脉石中含SiO_2为8%左右，有一定的溶剂性组分（CaO/SiO_2为0.3左右），矿石含磷低（一般为0.027%），含硫高且波动很大（0.01%～1.2%），并伴有铜（0.2%～1.0%）和钴（0.013%～0.025%）等有色金属。矿石的还原性较差，矿石经烧结、球团造块后入高炉冶炼。

近几年伴随着我国钢铁产能的急速扩张和释放，我国对国外铁矿石采购量逐渐增大，2006 年进口铁矿石量达到 3.26 亿吨，其产铁量约占全国生铁产量的 50%，而且我国在国际铁矿石贸易中所占的份额已超过 40%。因此，我国的铁矿资源很难满足我国钢铁工业的发展对铁矿石的需求，从而导致我国钢铁工业发展对进口矿石的依赖程度不断加大，进口依存度逐年上升。

铁矿石的主要出口国为巴西、澳大利亚、印度和南非，铁矿石的供给厂商也相对集中，前三家铁矿石供应商必和必拓、巴西淡水河谷、力拓矿业占到市场总额的 70%，卖方具有较大的垄断优势，而由于世界钢铁行业的快速发展，以我国为主的全球铁矿石需求的不断增长，世界铁矿石市场成为卖方市场，买方议价能力削弱，而卖方议价能力增强，国际铁矿石价格持续快速地增长。铁矿石价格的不断上涨将导致我国钢铁生产成本的不断上升，钢铁生产企业的利润水平逐步下降。同时我国缺乏对世界铁矿石资源的控制，资源保障程度日益降低，将成为制约我国钢铁工业发展的重要因素，也成为我国资源安全的重大隐患。但是世界各个钢铁强国，基本都对进口铁矿石存在较强的依赖度。2005 年，日本、德国、法国、意大利、英国 100%使用进口矿进行钢铁生产，韩国达到 99%左右，只有美国为 20%左右。这些钢铁强国的优势在于钢铁企业均与铁矿石主要生产国签有长期供货合同，或者以合资或独资的方式在铁矿石生产国内办矿，使本国钢铁产业在铁矿石供应方面有着较稳定的供应渠道，并且具有一定的市场“话语权”。因此，掌握相对稳定的世界范围内的铁矿石资源控制权，是使我国成为钢铁强国的重要条件之一。

截至 2010 年底，全国累计查明铁矿资源储量 726.99 亿吨，其中基础储量 222.32 亿吨，资源量 504.67 亿吨。“十一五”期间我国铁矿石共新增查明资源储量 163 亿吨，有力地增加了铁矿资源储量。

1949～1978 年计划经济时期，我国按苏联设计采用苏联产设备装备了几座矿山，后来我国又自行设计建设了大石河铁矿、水厂铁矿、朱家包包铁矿、兰尖铁矿、镜铁山铁矿、程潮铁矿、峨口铁矿等大中型露天矿和坑内矿。计划经济时期矿山科技水平主要体现在装备水平的不断提高及由此推进的产量变化，粗钢、生铁、铁矿石产量变化如图 5-2 所示。

图 5-3 为 1979～2011 年我国粗钢、生铁、铁矿石产量变化。1979～2008 年改革开放的 30 年，国民经济处于快速健康发展时期，带动了我国铁矿工业的崛起，1978 年我国铁矿石产量原矿突破 1 亿吨达到 1.18 亿吨后，从 1 亿吨级到 1992 年突破 2 亿吨达到 2.09 亿吨用了 14 年，到 2004 年突破 3 亿吨达到 3.35 亿吨用了 12 年，到 2005 年突破 4 亿吨达到 4.20 亿吨，到 2006 年

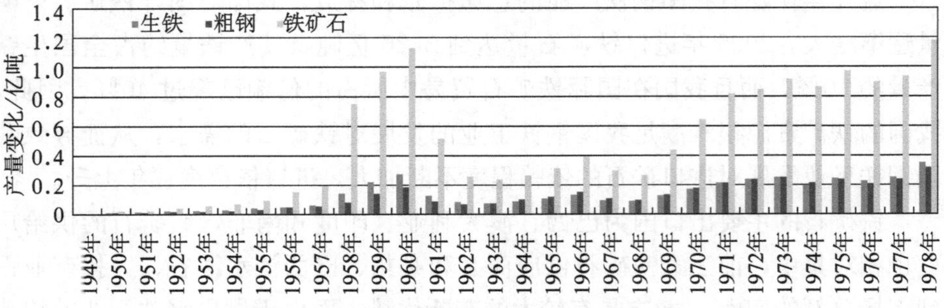

图 5-2　1949～1978 年我国生铁、粗钢和铁矿石产量变化

突破 5 亿吨达到 5.88 亿吨，到 2007 年突破 6 亿吨达到 6.82 亿吨只用了 1 年时间，而到 2008 年这一年猛增到 8.24 亿吨突破了 8 亿吨大关。

2009 年我国铁矿石产量为 8.80 亿吨，进口铁矿石 6.28 亿吨，粗钢产量 5.68 亿吨，生铁产量 5.44 亿吨。2010 年我国铁矿石产量为 10.72 亿吨，进口铁矿石 6.18 亿吨，粗钢产量 6.27 亿吨，生铁产量 5.90 亿吨。2011 年我国铁矿石产量为 12.00 亿吨，进口铁矿石 6.20 亿吨，粗钢产量 6.96 亿吨，生铁产量 6.23 亿吨。

2005 年是我国生铁产量增长最快的一年，全年产量达到 3.27 亿吨，同比增长 30.9%。2006 年，生铁产量增幅稍有回落，全年产量增长 24%至 4.05 亿吨，2007 年生铁产量增幅进一步放缓，同比增幅 15.17%至 4.67 亿吨。2008 年，我国生铁产量为 4.712 亿吨，同比微增 0.9%。按 1 吨生铁需 1.6 吨成品矿计算，2005 年、2006 年、2007 年和 2008 年成品矿需求量分别为 5.24 亿吨、6.49 亿吨、7.47 亿吨和 7.54 亿吨。

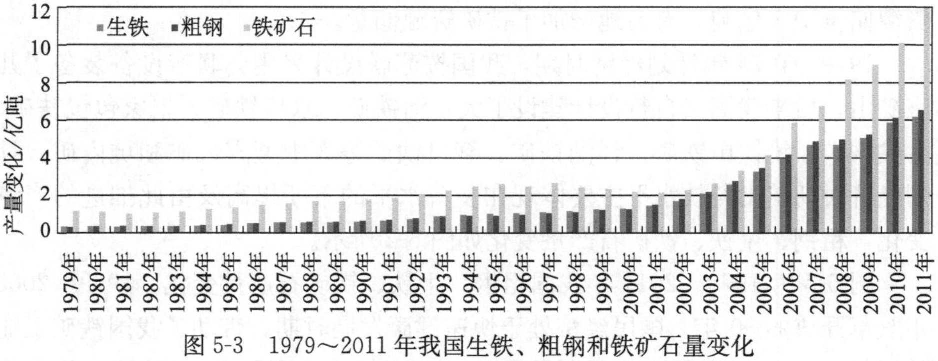

图 5-3　1979～2011 年我国生铁、粗钢和铁矿石量变化

2009～2010 年我国各地区钢铁及原料产量比例情况如图 5-4 和图 5-5 所示。可以看出，2009 年和 2010 年我国最主要的铁矿石产地分别为河北、辽

宁、四川和内蒙古，2010 年分别占有 41.6%、13.7%、9.3%和 7.7%的份额；其他铁矿石产量比较多的省份为山西、安徽、新疆和山东等地，占有比例分别为 5.1%、3%、2.1%、2%和 0.3%。2010 年，我国铁矿石原矿产量超过 10 亿吨，一半以上来自于华北地区。

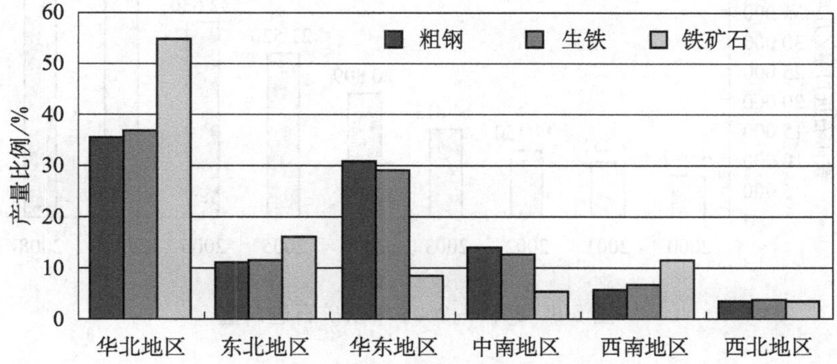

图 5-4　2009 年我国各地区钢铁及铁矿石产量比例情况

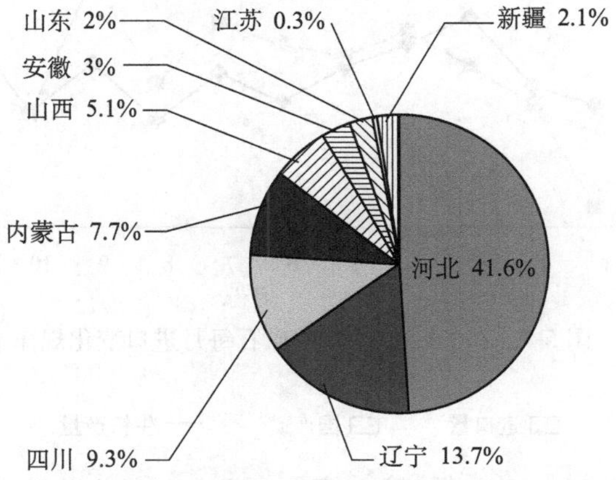

图 5-5　2010 年全国主要铁矿石产地及其产量百分比

随着我国经济快速发展，钢铁产量不断增长，同时对铁矿石需求也不断增长。虽然我国铁矿石产量一直在大幅度提高，但由于我国铁矿石品位低，经过选矿后的成品铁矿石，即铁精矿的数量仍然较少，满足不了我国钢铁生产大幅度增长的需要，我国已经成为世界最大的铁矿石进口国，同时铁矿石价格不断上升，对外依存度增大。铁矿石资源问题，将成为制约钢铁工业发展的战略性问题。

在 2004 年以后，每年进口铁矿石增加量都在 5000 万吨以上，对进口铁矿石依存度达到 50%以上，2009 年为最高，约为 69%。2000～2008 年进口铁矿石的基本情况见图 5-6 所示。2009～2010 年我国每月从国外进口铁矿石的变化情况见图 5-7 和图 5-8 所示。

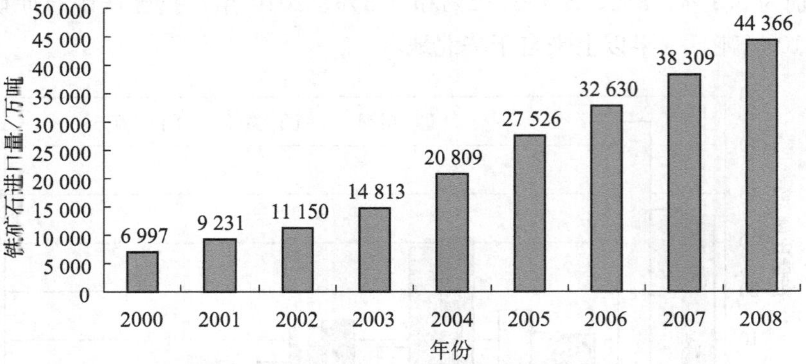

图 5-6　2000～2008 年铁矿石进口量

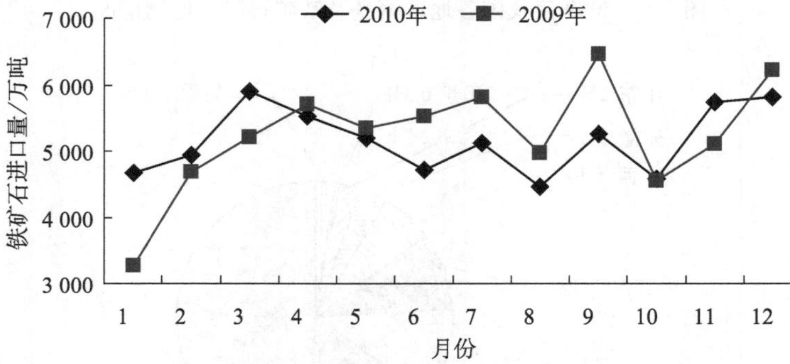

图 5-7　2009～2010 年铁矿石每月进口变化规律

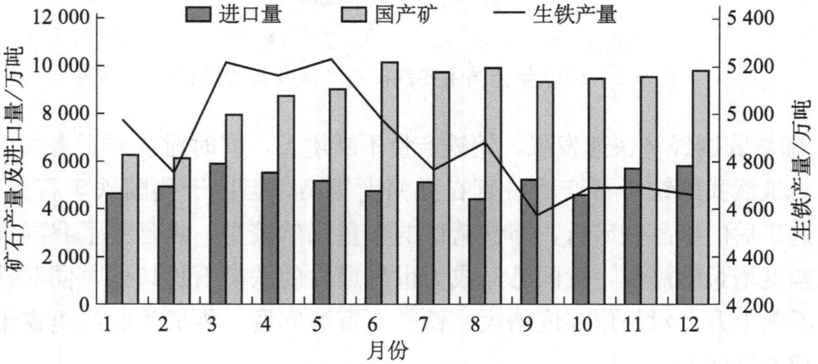

图 5-8　2010 年我国生铁产量、矿石产量和进口量情况

图 5-9 为 1990～2010 年我国钢铁工业铁矿石对外依存度变化。2010 年进

口富铁矿石 6.18 亿吨，同比下降 1.43%，铁矿石对外依存度虽有下降，但仍在 60%以上，多支付近 300 亿美元，全年进口铁矿呈现的是量少价增。2010 年铁产量增长 7.4%，国产矿增长 21.6%。其中，我国钢铁生产企业进口铁矿石 4.20 亿吨，占总进口量的 67.97%；贸易企业进口铁矿石 1.98 亿吨，占总进口量的 32.03%。2011 年 1～10 月进口铁矿约 5.5793 亿吨，同增 10.9%，进口铁矿金额同比升幅 48%，已多支付 301.682 亿美元，约增加钢铁行业成本约 1960 亿元，量价齐涨。

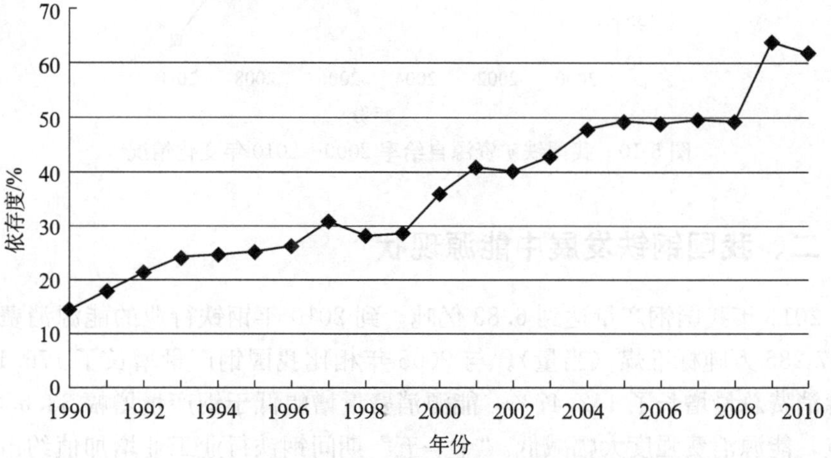

图 5-9　1990～2010 年我国钢铁工业铁矿石对外依存度变化

图 5-10 说明了我国铁矿资源的自给率呈总体下降的趋势中。我国经济持续 20 年的高速发展，拉动了国际资源市场需求和大宗矿产品价格新一轮上扬。然而，以铁矿石为代表，我国在国际资源市场上“买什么，什么涨”，导致国际铁矿石市场上几无话语权，价格谈判目前也还是举步维艰、难上加难，局面十分被动。

我国钢铁工业依赖进口铁矿石的局面在短期内是无法改变的。一方面，尽管我国近年来加大了包括铁矿石资源勘探和开发的投资力度，但这些投资的增长仍不适应国内钢铁工业的增长，而且对铁矿山的建设也仍然需要一定的时间，短期内不可能满足国内的需求。另一方面，我国铁矿石资源禀赋条件差，一些产能尚未建成和释放。例如，我国铁矿石的生产成本大约在 500 元/吨左右，远高于澳大利亚、巴西等国矿山的生产成本。因此，未来短期内我国仍将依赖于进口铁矿石资源。2010 年是近 10 年来我国铁矿石对外依存度首次出现下降年份。

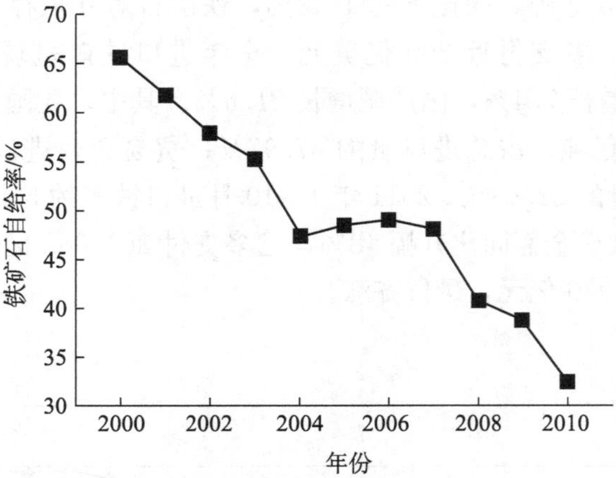

图 5-10　我国铁矿资源自给率 2000～2010 年变化情况

二、我国钢铁发展中能源现状

2011 年我国钢产量达到 6.83 亿吨，到 2010 年钢铁行业的能源消费量已达 47 286 万吨标准煤（当量）。与 2005 年相比我国钢产量增长了 176.12%，能源消费总量增长了 142.47%，能源消费量增幅低于钢产量增幅 33.65 个百分点，能源消费强度大幅减低。“十一五”期间钢铁行业工业增加值约占国家 GDP3.25%（平均值），“十一五”钢铁行业工业增加值的累计节能率可实现 28.73%，将超额完成对应国家 GDP 能耗下降 20%的要求。按钢铁行业工业增加值占国家 GDP 的 3.25%计算，钢铁行业为国家 GDP 能耗下降 20%的贡献率约为 0.88%，对国家 GDP 节能贡献率为 4.4%。

图 5-11、图 5-12 和表 5-2 为我国钢铁能耗情况。虽然我国钢铁工业吨钢综合能耗有明显的下降，但由于我国粗钢产量持续高速增长，钢铁工业的总能耗也逐年增大，2010 年按国家统计局的黑色金属冶炼及压延加工业能耗总量达到 47 286 万吨标准煤（当量值），比 2005 年增长 42.6%，黑色金属冶炼及压延加工业能源消费量占国家能源消费量比重达到 14.91%，呈上升趋势。

我国是依赖煤炭为主要能源的国家，能源消费中煤炭居主导地位，比世界平均水平高出近 40%，多元化的能源结构远未形成；而且我国钢铁行业中的以高炉-转炉为主的工艺，导致我国铁/钢比高。另外，焦煤资源紧张，国铁矿石的对外依存度已经达到了 74.3%。这些都使我国钢铁工业可持续发展面临巨大压力。

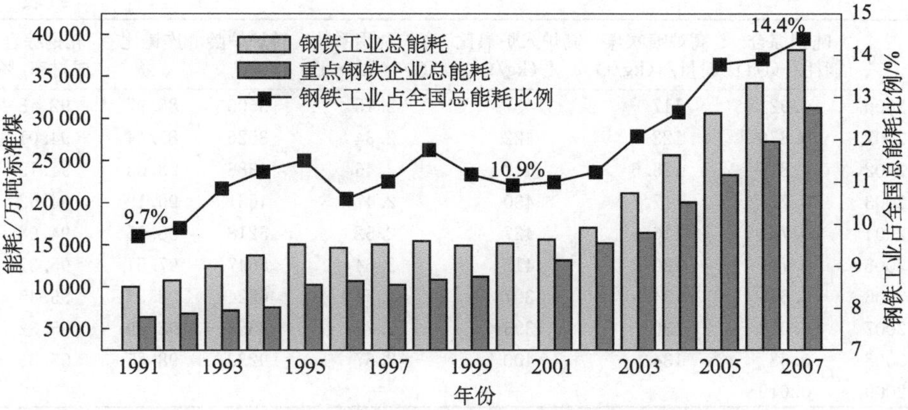

图 5-11　我国钢铁工业和重点企业总能耗及其占全国的比例

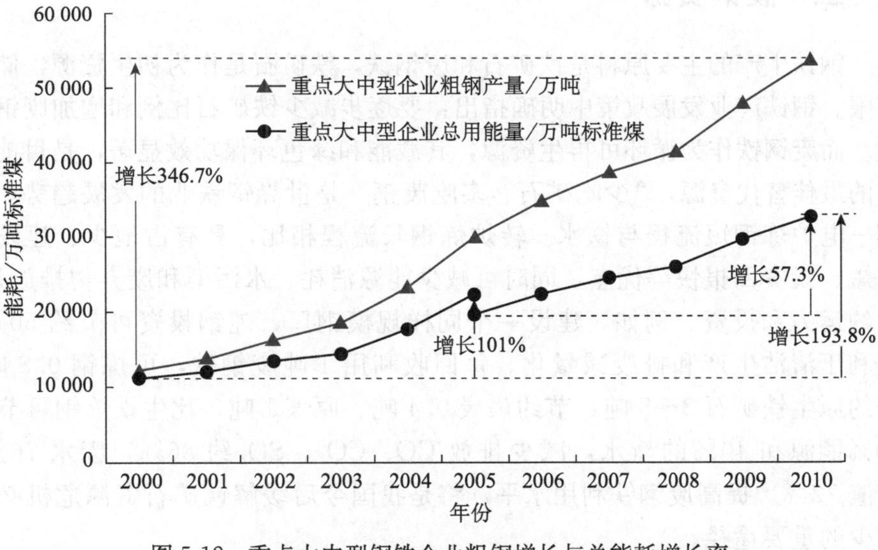

图 5-12　重点大中型钢铁企业粗钢增长与总能耗增长率

表 5-2　历年钢铁行业吨钢能耗情况

年份	吨钢综合能耗/（t/t）	高炉喷吹煤粉量/（kg/t）	高炉入炉焦比/（kg/t）	高炉利用系数/（t/（m³·d））	转炉炉龄/炉	连铸比/%	轧钢综合成材率/%
1990	1.611	50	557	1.73	438	25.07	83.21
1992	1.574	50.3	551	1.81	487	31.79	—
1994	1.519	61.3	566	1.81	592	41.75	—
1996	1.392	72	495	1.75	1127	55.91	—
1998	1.009	94.9	496	2.02	1858	77.61	89.81

续表

年份	吨钢综合能耗/(t/t)	高炉喷吹煤粉量/(kg/t)	高炉入炉焦比/(kg/t)	高炉利用系数/(t/(m³·d))	转炉炉龄/炉	连铸比/%	轧钢综合成材率/%
2000	0.92	117	437	2.15	3500	86.97	92.48
2001	0.876	122	422	2.34	3526	89.44	94.01
2002	0.815	125.6	417	2.46	4386	93.03	94.19
2003	0.77	117.7	430	2.47	4631	96.19	94.92
2004	0.761	116	427	2.52	5218	98.35	94.98
2005	0.74	120	412	2.64	5647	97.51	95.37
2006	0.645	134	397	2.71	6824	98.53	95.45
2007	0.028	136	396	2.74	8558	98.69	95.32
2008	0.63	134	400	2.67	9233	98.85	95.30
2009	0.619	—	—	—	—	—	—

三、废钢资源

钢铁生产的主要原料是铁矿石和废钢铁，铁矿石是作为初生资源，储量有限。钢铁产业发展政策中明确指出：要逐步减少铁矿石比例和增加废钢比重。而废钢铁作为循环可再生资源，其载能和绿色环保功效显著，是目前铁矿的最佳替代资源，“少吃矿石、多吃废钢”是世界钢铁业的发展趋势。废钢—电炉炼钢短流程与铁水—转炉炼钢长流程相比，具有占地少、建设周期短、投资回报快等优点，同时可减少能源消耗、水污染和废弃物排放量，节约运力和投资。例如，建设一个同样规模钢厂，吨钢投资可节约50%；有利于清洁生产和排废减量化。每回收利用1吨废钢铁，可炼钢0.8吨，节约原生铁矿石3～5吨，节约焦炭0.4吨、原煤1吨，比生铁炼钢可节省60%能源和40%的新水，减少排放CO、CO_2、SO_2约86%，废水76%，废渣72%。提高废钢铁利用水平，将是我国今后缓解铁矿石资源危机必不可少的重要途径。

保证精料，所用废钢必须按钢种分类采选，并经过分拣和加工处理。

美国是世界上废钢利用与钢产量比例最高的国家。在其钢铁工业的发展过程中废钢平均产量占粗钢平均产量的百分比不断上升，分别由20世纪50年代的70%上升到70年代75%，和20世纪末的80%以上。据统计，我国近年来废钢利用与钢产量比例呈下降趋势，由2000年的22.7%下降到2010年的14.84%，远低于发达国家水平。表5-3是我国近年废钢利用与钢产量百分比的变化情况。

表 5-3　我国近年废钢利用与钢产量的百分比

年度	粗钢产量/万吨	废钢用量/万吨	废钢占粗钢百分比/%
2000	12 850	2 917	22.8
2005	34 805	6 276	17.7
2006	42 285	6 396	15.13
2007	48 924	7 622	15.58
2008	49 510	7 400	15.03
2009	56 800	8 310	14.60
2010	62 000	9 202	14.84

现在我国每年废钢的消费量大约在 1.2 亿吨左右，其中 8000～9000 万吨由钢铁厂消费，其余由铸造行业的一些企业消费。国内废钢消费量中，企业自产废钢约占 30%～40%，社会回收废钢约占 55%～60%，进口废钢约占 5%～10%。

我国国产的废钢来源一般是三个方面：一是钢铁企业在生产过程中的自产废钢，目前我国钢铁企业钢材成材率在 95%左右，相应自产废钢占钢产量的 5%；二是工矿企业生产过程中产生的边角余料等加工废钢，社会钢材加工废钢量一般占当年钢材消费量的 3%；三是社会生产、生活、国防等废弃钢铁材料的折旧废钢。折旧废钢是按综合汽车、船舶、建材、日用品等各类钢铁产品，从 8 年到 30 年按不同的回收期限进行测算的；当年社会回收折旧废钢量是从前 8 年到前 30 年这 23 年间平均年份社会钢铁积累量，并按一定回收率计算出来的。国外回收率一般是 80%以上，我国回收利用率较低，估计平均低于 50%（如 2002 年，世界平均废钢回收率为 82.5%，我国为 38%，发达国家平均为 90%）。以 2004 年我国废钢消费为例，通过计算得出 1974～1996 年我国钢积累量约为 12.5 亿吨，按一定比例计算得当年折旧废钢，并且考虑实际的回收率，则 2004 年社会可回收废钢资源量为 2700 万吨。加上前两项废钢产出量约为 2200 万吨，全年国内废钢资源量为 4900 万吨，与国内实际需求量相差约 1100 万吨，缺口由进口废钢和还原铁来弥补，2004 年全国进口废钢约为 1000 万吨。

通过上述例子可以看到，废钢的生产与国家钢铁材料的累积量有极大关系，同时与社会回收体系的健全也有关系。美国现有接近百亿吨钢的积累量，所以其废钢的产量非常大。我国到 2011 年钢铁的积累量已经达到 58 亿吨，随着时间的延续我国将迎来废钢产出的黄金时期，专家预计：“十二五”期间，我国钢铁积蓄量预计将增加 28 亿吨以上，所以我国在 10 年后将具备大规模使用废钢替代铁矿石生产钢材的条件。

目前，我国废钢加工与国外先进水平也有较大差距。废钢的分选、切碎、打包、压块等加工处理是提高入炉废钢质量、稳定化学成分、减少有害杂质危害的关键。世界先进产钢国的废钢加工设备已趋向高效、节能、大型化发展，入炉废钢的机械加工率达95%以上，而我国废钢的加工绝大部分通过人工和简单机械完成，机械加工量不足废钢回收量的3%，这也造成我国废钢的质量差，达不到钢铁厂熔炼废钢的质量要求，所以许多企业只能多花钱去进口废钢。

总体来讲，现阶段我国废钢的使用量是不够的，供应量也是不足的。从国内废钢长期供需形势分析，随着目前我国钢铁企业此轮扩建高峰的过去，今后几年我国钢铁产量在保持增长的同时，增量将会减弱。另一方面，我国钢铁积累量在增加，国内自产废钢量将保持增长态势。但由于我国废钢资源供给现状的特点，国内废钢资源整体情况仍不会很充足。从社会废钢回收情况看，国外社会可回收废钢的回收率一般为70%～80%，而我国仅为50%左右，主要原因是近几十年我国正处于大规模基础建设时期，钢材用于建筑等领域的消费量占一半以上，这类废钢的回收年限长而且回收困难，因而造成我国社会可回收废钢的回收率较低，而西方国家目前钢材消费主要在制造领域，回收年限短且回收相对容易。从长期看，未来10年内我国钢材用于建筑领域的消费量仍将占较大比例，在国内废钢本身历史积累量低和回收率低的双重作用下，国内废钢资源供应不足将是长期的。从进口废钢情况看，目前国际废钢来源国主要是西方发达国家和苏联地区国家，由于这些国家在1974～2000年期间钢铁消费量增长减缓，废钢储蓄量增加也不多，而且这些国家的废钢回收率已经达到相当高的比例，这意味着今后相当长的时间里，全球可回收的废钢资源量增长有限，同时这些国家是电炉炼钢的产量大国，内部废钢需求也比较大，现在已有许多国家将废钢列入战略物资，对出口量进行限制，因而未来10年里虽然我国废钢进口量仍将保持较大规模，但进口增长空间有限。从吨钢废钢消耗量上看，当今世界平均废钢单耗为400千克/吨以上，而我国还不到200千克/吨，主要原因就是我国废钢资源不足造成的，而在我国钢铁产量继续增长的情况下，资源不足将是长期的。在这种条件下，国内钢铁企业将不得不采取多吃铁水而减少炼钢过程中的废钢加入量来解决这一矛盾，所以今后相当长的一段时间里，我国吨钢废钢消耗量不会有大的增长。另外，废钢资源的不足也对我国钢铁生产结构产生影响。目前国内大多数新建钢铁项目都采取高炉加转炉的方式，新上电炉项目相对少，特别是一些特殊钢企业也在建高炉加转炉流程，我国电炉粗钢所占国内粗钢总产量的比例由最高年份的20%以上下降到目前的10%以下，随着新建转炉的不断投产，今后这一比例仍可能下降，这将相对减少钢铁生产的废钢需求量。另外，废钢资源的供应不足正在使还原生铁的需求出现增长。预计今后国内还原生铁产量将会有较大增加，这有利于缓解国内废钢资源不足的紧张形势。我国废钢的供需现状如下：

1. 废钢铁的蓄积量低

我国已成为世界第一产钢大国，但还不是一个具有国际竞争实力的钢铁强国。

2011 年颁布的钢铁“十二五”发展规划纲要中提到：我国钢铁积蓄量较少，废钢铁产出率相对较低，不能满足钢铁生产，尤其是电炉钢发展的需要。

我国电炉炼钢生产的发展轨迹与世界大趋势相比，在 20 世纪的后 20 年内表现出明显的不同。在 1983～1992 年的 10 年间，我国电炉钢占总产钢量的比例一直徘徊在 20％～22％；随着平炉淘汰步伐的加快，自电炉钢于 1993 年突破 23％、达到历史最高水平以后，并没有像国外工业发展国家那样提高电炉钢产量来弥补取消平炉后失去的产量。相反，电炉钢份额逐年下滑，2000 年，电炉钢占总产钢量的比例只有 14.5％，下滑至 10 余年来的最低点；而在此期间，世界电炉钢占全球粗钢产量的比例则由 22％上升至 38％。2009 年占比为 7.18％，2010 年更是下降到 6.97％。

我国电炉钢产量的发展轨迹为什么与世界水平大相径庭呢？究其原因，除了我国电炉炼钢用电价格较高的因素之外，另外一个重要影响因素就是电炉用含铁炉料供应不充足、价格偏高。

2. 不均衡的地域分布

由于各地区的工业发展状况、钢铁企业布局及人口的密度均不同，因此我国废钢铁资源产生的地域分布也不平衡。1986 年通过对全国废钢铁资源的抽查及分析，大概统计出全国 80％以上的废钢铁资源分布在北京、天津、上海、广东、辽宁、黑龙江、河北、山西、山东、湖北、四川及江苏这 12 个工矿企业比较集中、人口比较稠密的省市；其他地区由于地理条件较差、人口较少，生成的废钢资源不足 20％。

3. 国内废钢量减少

国内废钢铁来源如前述一般来自三个方面：钢铁企业在生产过程中的自产废钢（包括生产回收和非生产回收）；工矿企业生产过程中产生的加工废

钢；社会生产、生活、国防等废弃钢铁材料的折旧废钢，如报废汽车、舰船、钢结构桥梁与建筑等。由于钢铁生产企业的连铸比从1991年的26.5%提高到2000年的近82%，10年来自产废钢所占的比例显著下降；与此同时，10年来粗钢产量的迅速增长以及钢铁制品与机加设备报废周期的缩短，加工废钢和折旧废钢所占比例明显上升。近五年钢铁生产企业的连铸比逐年提高，分别为2006年的97.4%、2007年的97.69%、2008年的98.15%、2009年的98.52%和2010年的98.71%。

4. 进口废钢数量增加

我国钢铁工业10余年来得到高速发展，而我国的废钢铁蓄积量与产出量却严重不足，造成废钢铁需求量与产出量之间存在很大的缺口。尽管我国的钢产量已连续15年位居世界第一，但据权威人士估计，我国钢铁蓄积量要在5年至10年后才能达到膨胀期。根据世界其他工业国家的经验，我国大量产出废钢的时期应在10年左右，所以近10年内仍是国内废钢资源的贫乏时期，满足不了钢铁工业快速发展的需要；同时由于国内生铁和国内废钢价格的上涨，近几年内，进口废钢的数量猛增，而跃居世界进口废钢的榜首；并且70%的进口废钢将用于炼钢生产，这就意味着我国钢铁工业全年所用废钢量的1/10将来自国外。

与废钢进口同步，拆解进口废船也是废钢资源的重要来源之一，约1/3可作为废钢回炉重熔，目前，平均每年有30～40万吨的拆船废钢可用作炼钢炉料。

5. 我国废钢铁消耗情况

据20世纪80年代后期调查的情况和近些年收集的资料分析可见，用于钢铁生产的废钢占废钢总资源量的78%，其中，70%回炉重熔用于炼钢，8%用于辅助炼钢、铸造；除此之外，还有12%用于农业、轻工制造小农具、小五金，10%用于改制利用和化工等其他领域。

除了废钢供应缺乏之外，造成我国电炉和转炉废钢单耗水平低的另一原因是生铁产量的快速增长。20世纪80年代期间，我国铁钢比控制在0.98～0.92，低于1.0，而美国当时为0.57，苏联为0.7，日本和德国为0.79～0.74。到20世纪90年代，我国铁的增长速度高于钢的增长速度，铁钢比升到1.0以上，且居高不下。2009年全国铁钢比为0.9579，其中重点为0.9524，2010年全国为0.9419，其中重点为0.9411，反映出重点企业废钢单耗小于其他中小企业，同时由于生铁供大于求、价格下滑，而废钢的价格相对较高，这就促使钢厂多用生铁，甚至一些电炉钢厂也大量吃生铁，有的电炉耗生铁达 40%以上，这种钢铁料结构在钢铁生产中不尽合理，是一种畸形状态。

6. 国内废钢铁的供求关系体制

我国废钢铁的回收、加工和供应体制在过去 20 年内发生了巨大的变化。20 世纪 80 年代以前，基本上是“三国”鼎立状态，钢铁企业自产自用的废钢铁资源占资源总量的半数以上，供销系统以负责社会折旧废钢的回收为主，而内贸系统则以回收厂矿企业、部队等加工和报废设备产生的废钢铁为主。到 90 年代后期，供销和内贸系统回收废钢铁的界线开始不那么分明了，许多回收企业承包给了个体，以民营的方式采取了比较灵活的回收、加工和供应体制。现在，钢铁企业为了降本增效、提高产品质量，已开始注意从原料口把第一道关。因此，他们强烈希望废钢铁的供应能稳定渠道、保质保量，有计划地在适当的地点搞较大规模的（回收、加工能力可达数十万吨以上）废钢铁回收、加工、配送基地，在回收/加工/配送和应用废钢四个环节上形成产业链，这一愿望已开始引起业内人士及有关部门的关注。

第三节　钢铁发展面临的资源能源问题

国家持续发展，工业能源资源刚性需求持续上升。我国 2010 年 GDP 总量达 397 983 亿元，已超日本成为世界第二大经济体，“十二五”期间预计年均增长 8%；国家已经确立 2020 年全面实现小康社会 GDP 翻两番的发展目标，人均 GDP 2010 年已达近 4623 美元；目前处于工业化中期发展和城镇化快速推进时期，工业化是人类生产力迅速提高、社会财富迅速积累、大量消耗矿产资源的过程，城镇化率在 2010 年已达 49.68%基础上将年均增长一个百分点。

我国钢铁行业在相当长的时期内面临的资源、能源和环境问题瓶颈主要是：

(1) 能源需求高速增长与能源供应短缺的矛盾。

(2) 污染物过量排放与有限环境承载力的矛盾。

(3) 能源以煤为主和矿石以贫矿为主不利的能源、资源结构，使我国钢铁行业在应对全球温室气体减排方面面临巨大压力。

一、钢铁工业发展中资源问题

1. 我国钢铁生产工艺流程和消费趋势决定资源消耗量大

单位（每万亿美元）GDP 消费钢材量大：美国是 93 千克，日本是 136 千克，而我国达 1133 千克；钢铁冶炼仍是以矿石—高炉—转炉长流程为主，产量占 85%左右，而废钢—电炉短流程仍在低位运行，导致废钢采购价格同比增长 13.68%；2009 年，重点企业电炉钢产量占比为 7.18%，2010 年占比为 6.97%，有所下降。铁矿资源安全保障供应体系目前尚未形成，供应不足已成为制约经济发展的“瓶颈”，已成为世界上最大的铁矿石进口国。

2. 成本压力大，行业效益低

由于铁矿资源安全保障供应体系目前尚未形成，供应不足已成为制约经济发展的“瓶颈”，作为世界上最大的铁矿石进口国，2010 年进口铁矿 61 864万吨，同比减少 913 万吨，但多支付近 300 亿美元，全年进口铁矿呈现的是量少价增。

3. 技术研发滞后，限制资源利用

虽然近年国内铁矿产量有所增长，支撑了钢铁工业稳定发展，但老矿技术改造与扩建和新矿山的建设明显滞后，科技支撑力度不够，地质勘探中可开采利用的有效工业储量严重不足。

二、钢铁工业发展中能源问题

我国是依赖煤炭为主要能源的国家，能源消费中煤炭居主导地位，比世界平均水平高出近 40%，多元化的能源结构远未形成；而且我国钢铁行业中的以高炉—转炉为主的工艺，导致我国铁/钢比高；另外，焦煤资源紧张，国铁矿石的对外依存度已经达到了 60%；这些都使我国钢铁工业可持续发展面临巨大压力。

1. 能源利用与节能系统不合理

钢铁行业普遍存在着把高品位的蒸汽经过节流后降为低品位的蒸汽使用，把高炉煤气和焦炉煤气混合供给工业炉作燃料，水淬高炉熔渣余热水供冬季采暖等用能不合理的现象。

如何科学合理用能、有效实现能源梯级利用须进一步深入研究。另外在系统节电上，还存在落后的电器设备，企业电力调度尚未形成数字化、自动化的系统，及根据负荷容量合理调整供配电系统等。

2. 余能、余热资源的利用效率低

从提高二次能源利用角度和节能潜力分析，更关注的是损失的绝对量；2009 年焦炉煤气损失量超过 7 亿米^3，高炉煤气损失量超过 322 亿米^3，转炉煤气损失量超过 40 亿米^3，这说明焦炉、高炉、转炉煤气利用的节能潜力尚未发挥出来。提高企业副产煤气综合利用与资源化是钢铁行业重要的节能方向。

余能、余热回收总体上说还有较大差距。总体判断“十一五”期间钢铁行业余热资源的利用效率约为 40%，仍有较大节能空间和潜力。主要表现在：①余热品质低，压力波动，含水量高等；②由于余热汽源比较分散，利用效率较低；③二次能源回收利用技术节能效果有待进一步提高，高能质的炉渣显热缺乏有效的回收利用技术；④高能质二次能源转换为低能质蒸汽，蒸汽回收利用效率不高；⑤钢铁企业自发电水平需进一步提高。

三、废钢存在的问题

废钢利用是解决资源供给的有效途径；废钢问题是限制我国特殊钢发展的主要瓶颈之一。

废钢应用目前存在的主要问题：供需矛盾突出；废钢资源中由于技术进步使自产废钢在减少，约占 1/3；社会采购废钢约占 2/3，但难以规模化利用；国内废钢蓄积量由于进入工业化时间短尚未达到一定数量；进口废钢价格高；加工处理技术装备水平还有待提升；废钢铁企业发展还需规范；国家政策支持力度不够。各方面原因造成废钢应用发展速度缓慢。因此，要大力提高废钢回收能力和应用范围。

第四节　我国钢铁发展中的资源能源对策和建议

保持钢铁行业可持续发展，缓解我国铁矿资源供需矛盾，提高铁矿资源保障程度，其主要对策为：一是提高钢材质量，降低钢材消耗，多元开发铁料，增加自给比例，可以减少矿山开采带来的资源消耗和环境污染与安全威胁；二是实施矿产全球战略，合理配置国外资源，多元化勘探开发利用，建立相对稳定的海外冶金矿产原料基地；三是加大国内冶金矿产勘查力度，增加可采经济储量；四是有效开发和合理利用国内冶金矿产资源，增加资源储备和自给能力。

优先国内矿山有效开发和合理利用，通过技术创新与科技攻关，基本解决我国难采、难选冶的铁矿资源有效利用问题，推动铁矿资源高效利用和节能减排，扩大可利用资源范围，提高资源利用效率，降低企业生产成本，保障经济安全稳定，这既是矿山求生存谋发展的现实需要，也是国民经济持续稳定发展的基础，更是缓解铁矿石自给不足最有效最现实的根本途径。它可以有效稳定矿石供给，极大稳定矿工队伍，相对稳定矿石价格。有了自给矿石的相对保障能力作为支撑，有利于促进真正取得铁矿石国际话语权的实现。

提高国内铁矿国际核心竞争力，就必须首先转变我国铁矿山传统粗放型经济发展方式，不断加强和改进管理，增强成本控制能力，提高产品质量、服务水平和生产效率，节能减排、降本增效，缓解铁矿资源对钢铁行业经济的制约问题；其次是加快结构调整，着力转变发展方式，实施资源整合，形成区域性矿业集团，依靠科技进步，加快推进企业技术改造，有效提升企业自主创新能力，提升整体技术装备水平，提高资源利用水平，提高生产力发展水平。最后是国家应从战略的高度来重视和扶持国内铁矿资源的开发利用，从资源配置、土地审批、财税政策和信贷投资、科技支撑等方面鼓励支持铁矿企业加强国内现有铁矿资源开发，加快新矿山建设步伐，确保国内铁矿稳定生产，保证我国钢铁工业平稳发展，以实现党的十七大提出的构建和谐社会、统筹人与自然和谐发展、建设生态文明、走中国特色新型工业化道路的目标要求。

以《国家中长期科学和技术发展规划纲要（2006—2020年）》为指导，全面贯彻落实科学发展观，以最大限度保障钢铁工业铁原料供应为前提，以支撑铁矿资源高效综合利用、实现矿山区域环境友好与可持续发展为目标，继续强化重点技术创新与集成应用，推动铁矿资源开发利用技术水平的跨越式提高，加强环境友好的资源开发利用技术规范体系建设，适度选择性地开展战略前沿与前瞻性、基础性技术开发，全面提升科技自主创新能力，为建设资源节约型、环境友好型铁矿山企业，实现矿区和谐持续发展提供强有力的科技支撑。

立足国情和资源特点，坚持勘探开发与综合利用并举，生产建设与污染防治相结合；强化循环经济模式，走新型工业化道路；强化原始创新和系统集成应用，走可持续发展之路；强化经济技术全球化战略和国际合作，走跨越式发展之路；结合国家的西部大开发、东北振兴和中部崛起宏观政策，结合钢铁行业对矿产资源品质和数量的需求、世界矿山技术发展方向和铁矿企业现场条件，结合已有的基础工作和相关配套项目，从前瞻性、基础性和应用基础的研发，到重大关键技术装备的科技攻关和成果的工程产业化建设等不同层次，突出重点，集中优势，大力协作，共同攻关，提高矿山技术装备水平和成果转化率。

努力实现矿山工艺连续化，设备大型化、管理自动化，决策科学化，使科技进步在钢铁工业和矿山生产建设发展中发挥重要的先导作用，有力地保障矿产资源的有效供给和高效利用，实现经济、社会和环境的协调发展。

一、关于开发国内铁矿石资源的政策建议

开发国内铁矿石资源对于中国钢铁产业健康、稳定和持续发展具有重大战略意义，大力发展国内铁矿石产业，它是满足我国铁矿石需求、减少对进口铁矿石依存度和价格风险的基石。因此，我国要借鉴部分国家的扶持政策，加大对国内矿产资源的开发力度，迅速提高并保持长期稳定的国内铁矿生产能力，为构建中国铁矿石资源安全稳定供应体系奠定基础。

（1）为避免铁矿资源的破坏，国家要继续完善铁矿资源保护政策，严禁大矿小开、一矿多开、乱采滥挖，严格审查新建铁矿采选项目的开发利用方案，对矿产资源相对集中、资源禀赋和开发利用条件好的地区进行重点规划和统筹安排，限定铁矿石的最小开采规模，防止重大建筑压覆重要矿床，严格审查铁矿山开采回采率、选矿回收率和共伴生矿产的综合利用水平是否达到批准的矿山设计或者矿产资源开发利用方案的要求等。

（2）对当前尚不能经济地开发利用的大中型、低品位贫矿或难选冶矿床，要采取有效措施予以保护，不得进行破坏性开采。

（3）对于在建和生产矿山，要求并鼓励企业尽可能多地开采和利用低品位的贫矿资源以及难采难选矿资源，使得宝贵的矿产资源得到充分的利用。

（4）对于资源储量巨大的难选冶铁矿（如含磷较高的赤铁矿和菱铁矿），加快科技攻关，使其尽快得以利用。

（5）制订和完善铁矿山生态环境保护政策。保证良好的生态环境是矿山可持续发展的支撑条件和根本保证。必须分析研究矿山的环境容量（环境承载能力），尽量减少废料的排放，推行清洁生产技术，保护资源并使废物减量化。

（6）要始终坚持矿产资源开发利用与生态环境保护并重、预防为主和防治

相结合的方针，要求矿山企业严格执行环境影响评价制度、土地复垦制度和排污收费制度，对矿山开发造成的环境和安全问题进行预防、监测和控制等。

(7) 加快铁矿山企业重组，提高产业集中度。必须整顿国内铁矿石市场，加快结构调整，推进资源整合和企业联合重组，形成以区域为中心的大型、特大型主导铁矿的企业集团，建立 3～5 个年产亿吨铁精粉极低，并对其深边部开展地质勘查，寻找铁矿接替资源。

(8) 提高产业门槛和标准，鼓励大型企业对其进行兼并重组，由于仅靠市场自身的力量进行企业整合将比较漫长，故建议国家依法通过强制手段来加快矿产企业的重组。

(9) 加大铁矿资源税费政策支持力度。国内铁矿石开发需要国家从财政税收政策方面予以积极扶持：暂不上调资源税；减免铁矿生产环节增值税；燃油税实行先征后返；对于采用充填方法采矿最大限度地解决环境破坏问题的给予税收优惠；对资源勘查阶段的矿山企业，给予宽松的矿权获取政策，国有矿山以转注资本金形式获取矿权。

(10) 加大对冶金矿山企业维检费的提取额度，实行税前列支，以弥补一些老矿山技改资金的不足，结余允许用作周边的风险探矿。对铁矿资源高效开发和利用先进工艺技术、生态环境保护和矿山灾害预防控制的重大技改项目，给予财政重点扶持。

二、关于开发国外铁矿石资源的政策建议

开发国外铁矿资源可以借鉴日本等国家的政策和规制，制定鼓励开发国外资源的总体国家政策，从多层次、全方位、鼓励国内企业参与国外资源的开发工作。

(1) 从资源的勘探、开采、运输（铁路与海运）、保险、金融等各层次都积极引入国内外相关企业参与对海外铁矿石资源的系统开发。

(2) 不仅针对目前的资源大国，如巴西、澳大利亚等加强投资开发力度，而且要针对未来资源潜力地区（如非洲、北美洲等地区）加强铁矿石资源开发投资。

(3) 以企业为主体，不仅国家产业主管部委积极支持，而且政治、外交、商务，甚至必要时的军事（如保护运输航道等）等各领域均要积极参与。从国家层面应积极与资源大国建立良好的外交关系，确立双边的市场经济关系（市场经济国家地位），完善相关的双边政策，如投资政策、税收政策等。

(4) 设立国家投资风险补偿机制，特别是对不发达国家、欠发达地区的投资（如非洲）。在对外援助的一部分款项作为对在这些国家中投资企业所受

政治、军事等非经济领域和自然灾害损失的风险补偿，或在国有商业保险公司中设立对外投资险，由国家相关部门确定对不同国家的风险级别，一方面作为保险公司理赔的标准，另一方面也可作为投资企业对该国风险的参考。

（5）建立对外铁矿石资源开发协调机制，为避免国家行为，由国家授权行业协会作为协调人对外资源开发工作进行协调，一方面当出现多家公司对同一资源进行投资时进行协调，如建立项目董事会制，由参与公司按商定投资比例成立投资基金董事会，对该项目统一投资；另一方面可接受项目投资方的委托，寻找合适投资伙伴，如钢铁企业与矿山企业、铁路建设企业、海运企业、金融企业等。

（6）建立对外铁矿石资源开发投资基金。在国投基金中专门划分一部分作为对外资源开发的投资基金，或由国家因降低钢材出口退税率而节省的资金中拿出一部分作为对外资源开发投资基金，由对外投资企业按商业运作模式申请投资基金。

三、应对国际铁矿石垄断化趋势的对策与建议

目前世界新增铁矿石生产能力大都来自于目前的铁矿石生产巨头，国际铁矿石市场的垄断化经营状况可能在相当长的一段时期内都无法改变。为了尽可能减少国际铁矿石垄断化对我国钢铁产业造成的影响，我们要加大国内资源的优化开发，努力提高自给率。

（1）国家要明确我们对外投资的宗旨是要打破三大矿山巨头的垄断地位，不允许国有资本、金融机构、国有企业以直接或者间接的方式对国际铁矿石三大矿山巨头的投资，因为三大矿山巨头所在国的法律规定不能超过的比例，以及国际金融巨头在后面操控，无论投资的力度多大都不能改变其垄断格局，反而会助其垄断性提高。

（2）加大对三大巨头之外的企业或者地区投资合作力度，强化权益矿的比例提高，弱化投资收益，从而迂回瓦解三大巨头的垄断阵营。

（3）推行国货国运，协调中国钢铁企业、海洋运输企业签订长期稳定的合作关系，打破三大矿山巨头在国际海运市场上的垄断对我国的影响，同时要做好由于海运市场被其操控引起海运价格波动对我国用矿企业与海运企业之间造成瓦解的准备。

（4）绝对不允许三大矿山巨头对我国沿海港口的控制性投资，同时不支持包括三大矿山巨头在内的国内外非用矿企业在港口码头占据堆料厂，反对其通过现货在中国市场的炒作行为。

5）整顿国内进口铁矿石贸易秩序，严格控制进口铁矿石流向。

四、应对国际铁矿石金融化趋势的对策与建议

国际铁矿石巨头及其背后的国际财团极力推进的举措就是使其金融化，他们看中的并不是铁矿石价格的高低，而是希望铁矿石价格的波动。金融化趋势后将模糊市场的供求关系，使钢铁企业完全无法依据供求关系判断和适应市场，经营风险大大增加。目前我们对于铁矿石价格的高低话语权不足，但对铁矿石价格的波动却是可以产生影响的。从目前的实际情况来看，我们对铁矿石价格的干预手段与干预程度都不足，基本上处于完全被动的局面。因此，我们应对国际铁矿石金融性的关键就是要保持市场的稳定性，特别是铁矿石市场的稳定性。

（1）建议企业不参与掉期交易，由于掉期交易是场外交易，缺乏监管而存在着高度的信用风险，并且其所依赖的价格也缺乏透明。当前我国已有一些企业参与其中，日本也有企业进行了尝试。但是我们建议撤出，特别是生产企业。

（2）努力保持铁矿石市场的稳定性，严格执行进口铁矿石资质的规定，打击非法进口铁矿石。对于非法进口铁矿石的企业要注销其企业进口资质，直至按非法经营吊销其营业执照。对于出借资质的企业要取消其进口铁矿石的资质。

（3）严格控制进口铁矿石的流向，严厉执行不得向落后企业出售铁矿石的规定。

（4）加大淘汰落后力度，加大联合重组工作，努力提高行业集中度，从而提高对市场的掌控力度，努力维护市场的稳定。

五、关于二次铁资源开发与利用的政策建议

目前铁矿石的主要替代资源为包括废钢、钢铁渣、尘泥和选矿厂尾矿等在内的二次资源是中国钢铁工业持续发展所依赖的重要资源。为使二次资源产业健康发展，在科技发展的同时，必须得到国家的政策支持，我国应从以下几个方面进一步加快实施废钢等二次钢铁原料的开发与利用。

（1）建议尽快放开废钢进口市场、简化和规范进口废钢申办程序，给符合国家有关“进口废钢铁环境管理规定”要求的更多的专业化废钢加工配送公司自主进口废钢资格，扩大废钢进口量。

（2）加快建立适应我国国情的现代化钢铁循环利用体系和适应我国钢铁工业要求的废钢加工配送体系，建立废钢加工示范基地，形成社会良性大循环。

（3）加快现代化废钢加工设备研制和产业化，以及钢铁渣、尘泥和选矿厂尾矿等回收再利用的科技进步与自主创新，提高我国钢铁循环利用技术和行业装备水平，适应先进炼钢工艺的要求，提高二次资源的品质。

（4）加强钢铁冶金渣综合开发利用新技术的整合、提升和推广应用，主要研究方向是渣中铁的回收和钢铁渣的综合利用，努力实现“零排放”，实现钢铁工业循环经济的可持续发展。

（5）制定相关法律法规明确包括铁尾矿在内的固废资源开发利用要求，增加矿山固体废物资源依法管理、有序开发的条款，明确尾矿的所有权和开发权，组织相关技术力量进行尾矿再选技术和尾渣综合利用技术的研发和推广应用，加速开发尾矿新产品、新技术。

（6）开发直接还原铁等先进技术，加快新工艺、新技术新设备的研发和推广应用，加大技术改造力度，促进直接还原铁产业的发展。

（7）国家对废钢铁市场应立法，由政府工业主管部门负责制定废钢铁回收加工配送企业准入法则，对废钢铁进行产品化管理。

（8）废钢铁是钢铁生产的主要铁素原料又是可循环利用的再生资源，具有载能和环保双重功效，国家的财税政策还应给予支持，只是不要“撒芝麻”。建议在废钢产品贯标和行业准入标准出台的同时，以废钢铁加工配送准入企业给符合国家产业政策的钢铁企业开具的增值税发票为依据，财税政策同步给予废钢铁加工配送准入企业300～500元/吨的补贴，从而抵制恶性竞争，助力新兴的废钢铁产业健康发展。

（9）应鼓励符合国家产业政策的炼钢生产多吃废钢，按核准的废钢铁消耗量，给予补贴，或采取以全额税票给予增加8%～10%抵扣的办法，以政策和财税优惠的办法给予支持。

（10）鼓励进口废钢，由于国内废钢资源供应量不足，国家应给予政策上的调节，建议减免进口增值税，或采取20世纪80年代国家曾给予的财政补贴办法。

（11）从战略资源高度充分认识冶金渣开发利用对节约钢铁原料资源，减少建筑材料原生资源的开采和促进节能减排降低碳排放、环境保护的重要意义。建议相关政府管理部门从国家层面，组织制定专项产业规划，切实将冶金渣开发利用纳入新兴产业“十二五”发展规划。

（12）尽快把冶金渣产品纳入再生资源优惠产品目录，加大支持力度。协会要加强和相关政府部门的沟通，反应诉求，争取尽快和其他再生产品享受同样的优惠政策。对冶金渣产品在钢企内部循环利用较好的企业和应用冶金渣产品较好的建筑企业，要给予税收优惠或其他奖励政策。

六、关于国家铁矿石资源储备的政策建议

学习国外在矿石资源储备方面的政策法规，美国和日本在矿石资源很便宜的时候就拥有其他地区的矿石开采权，作为本国资源的一种战略储备，在国家控制价格和资源上占绝对优势，对冲铁矿石垄断化、金融化带来的影响。具体有以下建议。

（1）加强我国铁矿石战略储备立法。明确相当长一个时期内铁矿石资源是国家的战略资源，直接影响钢铁和钢铁下游企业的健康发展，影响国家的经济安全，因此要采取资源储备政策。

（2）建立我国铁矿石战略储备体系，设立专门的权威机构统一管理国家铁矿石战略储备工作。研究我国资源储备方针、政策，制定全国铁矿石战略储备计划，确定储备数量和储备方式，建立必要的规章制度，实行政府储备与民间储备相结合的资源储备管理体制，实行集中、统一的管理体制，政府储备和民间储备分开的运行机制。

（3）对于铁矿石储备动用，不同的国家设立了不同的条件，一般包含储备产品的市场条件、紧急状态、储备目标的变更、国内市场需要等。如美国规定当储备量超过储备目标，不抛售会造成损失，动用储备要符合竞争性原则。

（4）铁矿石战略储备资金应以政府拨款为主，政府和民间多方面、多渠道筹集。可以建立铁矿石特别消费税，按照“谁受益、谁交费”原则；也可以发行国家储备债券、银行贷款或企业投入等。

七、加强铁矿石高效利用与节能环保技术开发

优化钢铁产业结构、实现钢铁技术升级、提高钢材品种质量，减少钢铁原料消耗是转变发展方式的需要，也是缓解铁矿石等原料压力的需要，提高矿石的利用率，同时减少能源消耗与环境污染；加强铁矿石高效利用与节能环保技术开发主要从以下几个方面进行。

（1）开发可循环流程的钢铁制造技术，采用直接还原技术、控轧控冷技术、溅渣护炉技术、余热回收利用等技术。

（2）提高钢材品种的技术标准和等级，强制淘汰低级别品种进入市场。

（3）开发高强度、超高强度钢材品种的开发，这些资源节约型钢材，广泛应用于能源、交通、建筑、工程机械等国民经济各个重要领域，具有很大的市场潜力。

(4) 开发多元含铁原料及二次资源的高效回收利用技术铁料，增加铁素原料自给比例，从而减少铁矿山开采带来的资源消耗、环境污染与安全威胁。

八、进一步建立与完善铁矿石技术标准

目前我国已有铁矿石的生产标准，但没有进口铁矿石的标准。这使得我国目前进口铁矿石基本处于无标准可依的状态。进口铁矿石质量只是按照双方的合同约定，而在铁矿石供不应求的情况下，就造成我国进口铁矿石合格率低下的情况，如水分超标、品位下降、粒度不合格等。

铁矿石质量是影响钢铁生产的重要因素，特别是执行精料方针的铁矿石入炉品位，品位降低就意味着钢铁生产物料消耗的增加。一些地方小钢厂为了片面强调低成本而进口便宜的低品位铁矿石，其后果是燃料消耗增加、污染排放提高。长期以来，日本通过生产实践确定了高品位铁矿石的进口政策，而铁矿石生产巨头们也不得不按照日本提出的要求进行生产供应。但目前我国还没有这样的进口标准，使得我国进口铁矿石的品质越来越差。

因此，我国应迅速建立铁矿石进口标准，对进口铁矿石实行统一管理。并制定严格的惩罚措施，严厉打击不法行为。

九、钢铁企业余能、余热的利用

钢铁企业余能、余热利用的重要方式之一是发电，但钢铁企业利用余能、余热建设自备电厂却没有得到国家政策的支持和鼓励，普遍存在着上网难、税费繁多等问题。如近期开征的重大水利基金，使钢铁企业税费负担大幅增加，造成自发电越高的企业缴纳的税费越高，严重打击钢铁企业利用二次能源的积极性。建议国家将钢铁企业利用二次能源发电视同可再生能源发电，机遇给予相应的优惠，减免上网费、过网费、管理费等，鼓励钢铁企业的二次能源利用。

中国钢铁工业“十二五”期间提高节能减排潜力应着力贯彻按质用能、梯级利用的科学理念，加强先进余能、余热的高效回收与转换技术和废弃物资源化技术的完善、提高与推广应用；应重点加快焦炉荒煤气余热回收发电技术、中低温烟气余热有机朗肯循环发电技术、转炉烟气全干法余热回收与布袋除尘技术、冶金炉渣显热高效回收利用等四项共性节能新技术的开发与工程化，促进钢铁行业节能减排技术向深入发展。

在“十二五”期间，为进一步节能减排和发展低碳冶金，缓解资源、能源和环境约束，中国钢铁工业应以提高资源、能源利用效率、优化工艺结构、

降低工序能耗与 CO_2 减排为重点，加快关键工序突破性新技术的开发，着力实现高炉高效、长寿、低碳炼炼铁关键共性技术和高效集约化、低碳环保、低成本钢铁生产工艺流程突破与创新。重点开展高炉高效、长寿、低碳炼炼铁关键共性技术，8 米超大型顶装焦炉技术，大型捣固焦炉、棒、线材无加热成型技术，热轧板带材无头轧制技术，冶金炉窑蓄热燃烧脉冲供热技术和富氧燃烧及 CO_2 捕集技术，薄带铸轧技术等行业关键共性技术的开发，以缓解中国钢铁工业未来发展日益严峻的资源、能源和环境约束，提高中国钢铁工业国际竞争力。

未来 5～10 年，中国应战略性的安排具有自主知识产权基于提高碳效率的高炉炉顶煤气循环氧气鼓风炼铁基础研究与工艺技术开发、基于碳氢复合冶金碳-氢熔融还原，和以处理中国难选的贫铁矿为重点、高效、低碳排放的低温还原新工艺等重大前沿冶金技术开展研究，以期探索碳冶金能源结构的优化，促进中国钢铁工业发展低碳发展。

节能减排和低碳技术体系建立和发展将是未来决定一个国家产业国际竞争力的基础。中国钢铁工业缓解资源、能源瓶颈、化解环境约束，实现转型升级的根本性战略措施在于节能减排和低碳发展，未来只有着力开发适合我国国情的关键共性技术，才能把节能减排推向新阶段，才能保持和提高中国钢铁工业的国际竞争力。国家“十二五”科学和技术发展规划，也明确围绕发展现代产业体系和提升产业核心竞争力，加强产业关键共性技术研发，促进产业整体技术水平明显提高和重点产业能耗和排放进一步下降。因此，建议国家对钢铁行业节能减排和低碳发展的关键共性技术设立专项计划予以支持，并促进广泛深入的产学研合作和国际科技合作。

参考文献

[1] 牛京考．中国钢铁工业资源瓶颈中的科学技术问题．我国钢铁发展中的资源能源问题，中国科学院学部咨询报告，2012 年．

[2] 高怀．中国钢铁工业解决能源瓶颈的关键科学与工程技术问题的研究．我国钢铁发展中的资源能源问题，中国科学院学部咨询报告，2012 年．

第六章

核电材料的历史、现状与挑战

第一节　引　　言

我国的核工业起始于20世纪50年代，民用核电研发起始于20世纪70年代。通过50年的发展，我国已经建立起了相对完整的核工业体系，包括核燃料的循环、核电站设计、核电关键设备的制造、核电站的建设和运行管理，为我国的核电发展创造了条件。

我国经济的发展和对能源的紧迫需求，于2005年制定了新的核电发展政策，由原来的“适度发展”变为“积极发展”。2009年，我国政府在哥本哈根对CO_2排放量的控制指标承诺，更要求大力发展核电。按照目前的总体安排，预计到2030年我国的核电装机容量和总规模将达到世界之最。特别是近年来第三代核电在我国首次建造，为我国核电发展带来了机遇。然而，由于我国核电的历史相对较短，同国际先进水平相比，在核电领域、特别是核能材料技术方面仍有差距。

众所周知，材料科学与工程领域存在材料成分设计、组织与微结构、制备加工、性能、使役行为五个方面。由于一旦出现核电事故会造成重大环境影响和对人们的生命带来严重威胁，核电站的安全性与可靠性比其他领域更加重要和突出。因此，材料的使役行为在核电领域异常重要。同时，对于核电站中材料与设备的难以更换甚至不可更换性，一次性制造后希望安全使用40年（二代核电的设计寿命）、60年（三代核电的设计寿命；美国已把二代核电暂定延长寿命到60年）、甚至80～100年，对核电材料成分设计、加工、装备制造、使役行为、安全性与可靠性评价提出了异常高的要求。

核电站的核心部分由反应堆及相关构件组成。目前，商用核电站主要采用轻水核反应堆（LWR），约占核反应堆总数的85%，分为沸水堆（BWR，290℃、8兆帕）和压水堆（PWR，320℃、16兆帕）两种。加之重水堆（PHWR，315℃、9.9兆帕）占8%，全世界约有93%的核电站工作在高温高压水中。我国核电站目前主要采用PWR，在未来20年内，我国核电站的发展仍将以PWR为主。新的第四代核电站中的超临界水堆（SCWR）也是工作在更高温度和压力（550℃、25兆帕）下的高温高压水中。因此，这里介绍的内容均是围绕着水堆中的有关材料问题。

核电站中使用的主要材料，或者严重影响安全性和可靠性的材料包括锆合金、低合金钢、镍基合金、不锈钢、电缆、混凝土等等。在分别叙述的基础上，从核电材料的使役行为、安全性与可靠性、标准体系建设等方面指出目前存在的问题和挑战。

第二节　锆　合　金

在核电站中，燃料元件和组件是核电站的核心，燃料元件和组件的材料性能直接影响核电站的经济性和安全性。锆合金是目前国际上广泛使用的核燃料包壳材料。

先进的核燃料、燃料包壳材料和燃料组件一直是核电材料研究和产业化的重点，而燃料元件具有高的卸料燃耗始终是核电追求的目标。以压水堆为例，燃料元件燃耗以从原来的不足30吉瓦天/吨（铀）发展到目前的大于50吉瓦天/吨（铀），并已经开发出60吉瓦天/吨（铀）的燃料元件，换料周期从12个月到目前的18个月、甚至24个月的换料周期发展。燃料组件卸料燃耗的增加和换料周期的延长极大地降低了核电成本。随着燃耗的增加，对燃料组件的燃料芯块、包壳材料及其他相关材料提出了更高的要求。在以水为冷却剂的核电站（压水堆PWR、沸水堆BWR和重水堆PHWR）中，燃料芯块主要采用UO_2，燃料组件材料主要采用锆合金材料。

锆合金的热中子吸收截面小、导热率高、机械性能好，又具有良好的加工性能及与UO_2良好的相容性，尤其对高温水、高温水蒸气也具有良好的抗蚀性能和足够的热强性。因此，被广泛用做水冷堆的包壳材料和堆芯结构材料，成为核电站的重要应用材料。

一、国外锆合金的研究状况

国外对锆合金的研究始于20世纪50年代。自从1947年美国早期的核动力计划提出后，1953年应运而生了Zr-1和Zr-2合金。其中的Zr-2合金是美国为了减少锆合金在制备过程中的氢化而研制的，之后又研制了Zr-4合金（Zr基，1-2%Sn）。Zr-4合金作为核反应压水堆燃料元件用的包壳材料在堆内的使用性能满足了当时的需求。

随着核反应堆技术朝着提高燃料燃耗、反应堆热效率、安全可靠性和降低燃料循环成本的方向发展，对关键核心部件燃料包壳材料的性能提出了更高的要求，其中包括腐蚀性能、吸氢性能、力学性能及辐照尺寸稳定性等。Zr-4合金已不能满足高燃耗及长寿期堆芯的要求，于是自20世纪70年代起，许多国家投入了大量人力、物力进行了改善Zr-4合金抗腐蚀性能的研究，通过在ASTM标准范围内调整Zr-4合金中元素含量、改进热加工工艺来改变显微组织结构，以达到改善Zr-4合金包壳材料腐蚀性能的目的。结果表明，改进的Zr-4合金可满足燃耗低于40～45吉瓦天/吨（铀）燃料组件的要求，但不能满足燃耗达到70吉瓦天/吨（铀）的要求。为此，一些国家在制定提高燃料燃耗、降低燃料循环成本规划的同时，进行了新锆合金的研究，并相继推出一系列新锆合金，推向工程化应用。目前，国际上成熟的高性能锆合金有法国M5合金、美国Zirlo合金、俄罗斯E635合金，以及韩国HANA合金。

1. 法国M5合金

M5合金（Zr基，1.0%Nb，0.125%O）是法国阿海珐公司开发的Zr-Nb合金，用做设计燃耗为55～60吉瓦天/吨（铀）的第三代改进型AFA-3G燃料组件的包壳管。经欧洲8个堆和美国1个堆的辐照考验证明，M5合金的堆内腐蚀、辐照增长和蠕变都小于低锡Zr-4合金。在高燃耗下，M5合金具有氧化速度和数据分散性都小的特点，其水侧腐蚀和吸氢率是低锡Zr-4合金的1/4，轴向蠕变和燃料棒增长为低锡Zr-4合金的1/2。另外，M5合金的抗柱芯-包层相互作用（PCI）性能好，对347℃含硼、锂水溶液的抗蚀性能也很好。M5合金的堆内外性能优良与其热处理温度均在Zr-Nb相图中的α+β相区有关。在α+β相区热处理使基体中没有沉淀相偏聚，且细小的βNb沉淀均匀分布。

2. 美国 Zirlo 合金

美国西屋公司在 20 世纪 70 年代开发的 Zirlo 合金（Zr 基，1.0%Nb，1.0%Sn，0.1%Fe），是综合了 Zr-Sn 和 Zr-Nb 合金性能的基础上发展起来，兼顾了二者的优点。该合金包壳管采用较低的加热温度进行热加工，随后在较低的加热温度进行淬火处理，显微组织弥散分布有均匀细小的第二相粒子。在反应堆运行过程中，Zirlo 合金的耐水侧腐蚀性能、燃料棒辐照增长和抗蠕变性能均较常规 Zr-4 合金和低锡 Zr-4 合金优越，当燃耗达 37.8 吉瓦天/吨（铀）时，Zirlo 合金的腐蚀速率比常规 Zr-4 合金低 67%，比低锡 Zr-4 合金低 58%，辐照增长比常规 Zr-4 合金低 60%。1992 年，美国用 Zirlo 合金制造的组件燃耗达 55 吉瓦天/吨（铀），燃料循环费用与标准组件相比下降 13%～14%。1995 年 Zirlo 合金达到工业规模应用。

3. 俄罗斯 E635 合金

E635 合金（Zr，1.3%Sn，1.0%Nb，0.35%Fe）是 20 世纪 70 年代由苏联研制的一种锆合金，可作为反应堆燃料元件包壳和 VVER 及 RBMK 堆芯组件。该合金是由 Zr-lNb 合金发展而来，成分近似于 Zirlo 合金，但 Fe 含量较高。Fe 含量提高后生成了稳定的 Zr（Nb、Fe）沉淀相。其显微结构主要由 α 晶粒和第二相［分布密度为（2～4）$\times 10^{13}$］组成。经堆内外大量试验证明，E635 合金具有下列优点：①在温度 360℃、压力 18.6 兆帕、水中含 0.007%Li 的高压釜中，耐蚀性明显优于 Zr-4 合金，也优于 Zr-Nb 合金，在 500℃蒸汽中耐蚀性能更优越；②在 240～380℃，辐照生长不大，抗碘致应力腐蚀性能较好。

此外，俄罗斯也发展过较为成熟的 E110（Zr-1Nb）合金。

4. 韩国 HANA 合金

HANA 合金是由韩国原子能研究院自主研究开发的一种高性能锆合金。该合金在通过了两年时间的实验室堆内模拟考验后，重新利用挪威的哈尔登（Halden）核电站进行了三年的验证实验。实验结果表明，HANA 合金的各项性能比 Zr-4 合金提高 50%以上。目前，由 HANA 合金制成的 30 个燃料棒已安装在灵光核电站 1 号机组内进行为期 5 年的商用化燃烧试验，预计在 2016 年正式投入韩国核电站使用。

二、国内锆合金的研究状况

1. Zr-4 合金[1]

我国在 20 世纪 70 年代开始 Zr-4 合金的研究，研究内容包括大型 Zr-4 合金铸锭熔炼工艺和成分均匀化、残废料回收工艺、淬火工艺、包壳管材加工工艺、管材表面处理工艺、变径导向管成形工艺与设备制造、性能检测方法以及堆内辐照等。通过研究，国产 Zr-4 合金达到了世界先进水平。为了进一步提高 Zr-4 合金耐蚀性，我国掌握了影响腐蚀性能的热加工规律，制成的 Zr-4 合金管材，不仅可明显地改善耐疖状腐蚀性能，而且耐均匀腐蚀性能也得到改善，达到了工程化应用。自主生产的 Zr-4 合金包壳管成功装备了秦山核电站，自 1991 年 12 月 15 日并网发电以来，其包壳管材无一例破损现象。

2. 新锆合金

20 世纪 80 年代，跟踪国际上新锆合金的发展趋势，针对国内压水堆燃料元件包壳材料的腐蚀问题，高性能锆合金的研究列入了我国“八五”、“九五”计划的国家先进材料研究课题。在改善 Zr-4 合金耐腐蚀性能研究的基础上，研制堆外腐蚀、力学、吸氢及焊接等综合性能大大优于 Zr-4 合金的 N18 和 N36 两种新锆合金。前者的成分是 Zr，1%Sn，0.3%Fe，0.2%Nb，0.1%Cr；后者的成分是 Zr，1%Sn，1%Nb，0.3%Fe。

经过 20 多年优化了合金成分和加工工艺，确定了两种新成分锆合金管材、板材、棒材工业化规模生产工艺，开展了与工程应用密切相关的性能研究和实验。这些研究成果对深刻认识新锆合金材料的性能以及推广新锆合金工程应用具有重要意义。2012 年已经进入了商用堆的考核。

三、锆合金的研发趋势

我国核电快速发展对核级锆材的迫切需求不言而喻。核电专家欧阳予院士在 2005 年就强调“我国已有完整的铀技术和产业体系，但却没有形成核级锆产业体系，现在必须解决这个问题”。叶奇蓁院士在核能行业协会专家委员会上也提出一定要抓紧解决好锆的问题，核燃料专家李冠兴院士更是直接组织和亲自参加我国核级锆材国产化和自主化的工作。建立我国完整的核级锆材产业体系，开发我国自主知识产权的新锆合金品牌，实现我国核级锆材国产化、自主化是我国核电发展的急迫需要，是国家战略安全的需要[2]。

从目前全世界的锆合金体系看，主要包括三类：①Zr-Sn 系（如 Zr-4）；②Zr-Nb 系（M5、E110）；③Zr-Sn-Nb 系（ZIRLO，E635，HANA，N18，N36）。这些合金的研发过程看出，优化合金元素的含量，控制合金微观组织，研制出抗腐蚀性能更优越、燃耗更高的新锆合金，使换料周期进一步延长，是各国发展高性能锆合金的必由之路。

我国长期没有先进锆合金的自主品牌，虽然能生产 Zr-4 合金，引进了 M5、E110、Zirlo 等国外合金品牌的生产技术，并加快新锆合金的自主研发，建立核级锆材产业体系是当务之急，否则，我国的锆合金研究长期还会在仿制国外的产品上徘徊，难以突破国外技术专利保护范围，获得具有自主知识产权的高性能锆合金，进而将严重制约我国核能技术的输出。

由于锆合金须满足中子俘获截面要求，因而所添加的合金元素及其含量受到制约。采用传统炒菜模式探讨新型锆合金的方法有待改善。美国去年提出的材料基因组的方法和思路对研发新型锆合金具有重要价值。只有将建立数据库、计算模拟、快速评价考核（包括密度、热膨胀、相转变行为、热导率分析，比热分析、弹性模量评价、蠕变与拉伸及爆破等力学性能测试、安全性能试验等）有机结合，才能较快地获得满足 24 个月换料或更高燃耗的新型锆合金。日本福岛事故后，针对燃料包壳材料的高温力学性能、抗水侧腐蚀、抗吸氢和抗辐照性能，特别是在冷却剂丧失事故（LOCA）条件下也不存在放氢的材料是目前燃料包壳材料研发的国际前沿。

第三节 低合金钢

一、发展历史与现状

1. 国外核反应堆压力容器用钢的发展[3~5]

第一代核反应堆压力容器（RPV）钢，是在当时石油化工压力容器技术基础上，根据低合金钢的使用经验而确定。20 世纪 60 年代前期，英国的气冷堆容器采用含碳 0.16%～0.20%和含锰 1.0%～1.3%的 C-Mn 钢。美国早期的压力容器采用具有良好焊接性能的锅炉钢板制造。1955 年选用 ASME SA212Gr. B 板材，此钢可焊性好，但常温和高温强度低，不久后又发现其厚截面冲击韧性低。为改善强韧性和减薄壁厚，美国采用了强度较高的 Mn-0.5Mo 钢 SA302Gr. B。随着反应堆容量的增大，压力容器壁厚增加，加上轻水堆中子剂量的增大导致辐照脆化加剧，壁厚超过100毫米的SA302Gr. B钢板低温韧性显得不足。为提高厚截面淬透性，1964年通过在SA302Gr. B中添加Ni开发了改进型SA302Gr. B（0.40%～1.00% Ni），即后来的SA302Gr. C和SA302Gr. D。然而，正火或正火-回火后的SA302Gr. C及D厚板经焊后热处理后韧性下降，且对中子辐照脆化敏感。1965年起，RPV钢板采用调质热处理工艺，开发了具有较高强韧性的钢种SA533。SA533按成分分为A、B、C、D四种，按强度又分为Ⅰ、Ⅱ、Ⅲ三级。其中SA533Gr. Bcll是轻水堆压力容器大量采用的钢种。1965年以后，也出现了Mn-Mo-Ni的SA508系列钢。典型的RPV锻件用钢主要有美国的SA508Gr3、德国的20MnMoNi55、法国的16MND5、俄罗斯的15X2HMΦACl. 1和日本的SFVV3等。在这些钢种中，美国的SA508Gr3被认为是目前最适于制造压水堆压力容器锻件的材料。之后，美国又开发了一种淬透性更强，低温韧性更好的钢种SA508Gr4N，其中Mn含量显著降低而提高了Cr和Ni。

2. 我国核反应堆压力容器用钢的发展[3]

我国在20世纪60年代开始进行RPV钢的研制，是Cr-Ni-Mo-V系列高强度低合金钢（645-3）。其锻造性能差，钢材利用率低，对白点缺陷较为敏感，锻造除氢处理时间长，具有较强的辐照敏感性，含镍量高，价格较贵。1973年我国参照美国SA508Gr3钢，在当时国内现有钢种18MnMoNb的基础上添加0.60%～0.90Ni而获得（S271）。1981年起，为结合核电发展的需要，我国仿制了国际上通用的SA508Gr3钢。2005年，采用国产508-Ⅲ钢成功制备了秦山核电站二期扩建工程650兆瓦反应堆压力容器，即从原料的冶炼、锻造、热处理、机械加工、焊接到最终发运出厂均由国内企业独立完成。

二、国内外RPV钢的研究热点、问题与趋势

RPV钢需要同时考虑强韧匹配、可加工性、焊接性能、抗中子辐照性能等。随着RPV尺寸的增大、寿命要求提高，以及第四代核能系统的高要求，RPV钢材料成分的选择、设计、制造工艺等一直是研究的热点与焦点。

从二代到三代核电的发展，各国RPV钢的成分有趋同之势。从单一合金元素强化基体转变为少量多种元素强化韧化基体；通过细化晶粒以提高综合性能；降低C、Cr、Mo等碳化物形成元素的含量，以减少再热裂纹敏感性，使基体堆焊不锈钢衬里时降低产生再热裂纹的倾向；严格控制P、S、Cu等

有害元素，减少钢中的偏析，减弱辐照脆化敏感性，提高钢的综合力学性能；热处理工艺由以前的单一提高强度转变为在保证强度的基础上尽量提高韧性，即通过热处理提高成分均匀性、降低偏析，调整和细化（锻后）组织，以及进一步降低钢中氢含量以防止残余的氢在偏析区诱发裂纹，并保证微观结构得到均匀分布的回火贝氏体组织，获得最佳的强度和低温韧性的统一。

对不同RPV钢种，不同截面厚度的锻件，美国ASME、法国RCC-M在焊后消除应力处理时的加热和冷却速率、保温温度和时间都有严格的规定。除了保证一定的室温和高温强度、塑性外，RPV钢主要在冲击韧性和落锤试验方面，而且各国对取样部位都有严格的规定。优化冶炼工艺，冶炼出高纯度和内在质量优异的钢锭是保证核反应堆压力容器锻件质量的关键之一，同时也是保障RPV钢抗辐照能力的关键之一。

随着人们对核能安全的重视程度不断提高，以及核电站运行时间接近设计寿命，RPV寿期评估与延寿分析论证成为本领域极为重要的课题，特别是辐照脆化行为是RPV钢的首要问题。人们从主要研究单个合金元素和杂质元素对辐照脆化的影响，发展到多种元素和纯净度对辐照脆化的综合作用；从原子团簇的形成、演化到他们对长期性能的影响开展深入研究。

随着核电站功率的增加，压力容器逐渐变大，焊缝增多。由于焊缝对辐照敏感，所以RPV由原来的板焊结构转变为锻焊结构，活性区的纵缝消失，结构更加安全稳定，所以将来的核电建设将会有越来越多的锻焊结构代替板焊结构[4]。

在压水堆核电站的发展过程中，一直是通过增加单机组的输出功率来降低发电成本，直到1973年，出于安全的考虑，美国原子能委员会规定任何单机组的容量不得超过1300兆瓦。所以目前压水堆核电站的单台机组容量为1000～1300兆瓦。另外，目前核电压力容器的生产几乎达到已有制造业的极限，通过在尺寸上的增加来提高输出功率已较困难。因此，出于对安全的保证，未来核电RPV材料的设计依然是低合金高强度钢，所不同的可能会进一步加入其他合金元素来提高韧性和强度。

国内RPV钢存在的主要问题是材料和容器的制造国产化，特别是大型铸锻件的冶炼、加工方面的国产化。同时，更需要全面掌握这些国产材料的长期使役行为，包括腐蚀、应力腐蚀、腐蚀疲劳、特别是辐照损伤行为。在国家“973”项目支持下，已经首次获得了国产RPV材料在相当于30年剂量下的辐照损伤行为，并正在研究60年剂量水平的辐照损伤，以确保我国核电站的安全性、可靠性和寿命。

第四节　不　锈　钢

不锈钢用于常规电厂设备的尝试始于20世纪30年代，当时遇到了一系列的困难，如高温脆化和晶间腐蚀问题。在探讨解决晶间腐蚀问题的过程中，引入了稳定化不锈钢的概念，即在不锈钢中加入钛、铌等与碳亲和力比较强的元素[6]。通过形成碳化物把碳固定下来。然而该稳定化处理又引出了焊接裂纹的问题，直到50年代才得到了解决。经稳定化处理的不锈钢被大量用于常规电厂设备制造，其中用铌稳定的不锈钢AISI 347和用钛稳定的AISI 321和AISI 316被证明可以满足核电设备的要求。

另一方面，由于非稳定化处理的不锈钢具有更好的焊接性，美国在早期更多地使用非稳定化处理的AISI 304的AISI 316奥氏体不锈钢。在20世纪90年代中期发现，在这类钢的焊接结构中出现了应力腐蚀开裂的问题，其根源是高铬碳化物的形成造成局部贫铬。解决办法是减少不锈钢中的含碳量。现在的“核级”不锈钢含碳量都要求重量百分比在0.030％以下，即所谓的超低碳不锈钢。最常用奥氏体不锈钢牌号是304L和316L[6]。

法国于20世纪70年代中期研制出一种控氮奥氏体不锈钢。在RCC-M标准中为Z2CND18-12，强度水平有很大提高。美国的GE公司也开发了304NG和316NG(核级)，整个研究工作于1982年完成。Z2CND18-12的研究技术思路与316NG一致，但钢中的碳、氮含量有些差别。另外。在316L中加入氮而发展出316LN (00Cr17Ni13Mo2N)。由于氮的加入，显著地提高了钢的强度，同时仍保持较高的塑韧性水平。除了奥氏体不锈钢，法国离心铸造钢管用材料为含少量铁素体（12％～20％）的奥氏体-铁素体双相不锈钢Z3CN20-09M[7]。

我国在核级不锈钢制造方面已经积累了一定经验，已经成功制造并获得实际应用。但是，由于第三代反应堆AP1000的主管道用钢从过去的铸造不锈钢改为锻造316LN，其制造难度加大，虽然我国已经成功制造出了样件，其长期使役性能如何，特别是抗应力腐蚀和腐蚀疲劳性能，以及他们与制造工艺之关系，目前国际上尚未见研究结果，需要重视和深入研究。

第五节　镍基合金

镍基耐蚀材料是应用于核反应堆核岛主设备的关键材料。从核电站的历史和发展趋势来看，镍基材料在核岛中所占的比例在不断增加，材料类型也在不断变化和改进。20 世纪 60 年代以来，蒸汽发生器耐蚀材料多采用 600 镍基合金（15Cr-72Ni-8Fe）或 800 合金（20Cr-32Ni-45Fe）；近年来，开始采用抗晶间腐蚀和应力腐蚀性能更好的 690 镍基合金（30Cr-60Ni-8Fe）。

一、核用镍基合金的发展过程

人们通过实验对比发现，600 镍基合金高温含氯离子环境中比过去采用不锈钢具有更好的耐应力腐蚀能力，于是在 20 世纪 60 年代大量采用了 600 合金。实际上，该材料在核电高温高压水环境中易于产生晶间型应力腐蚀开裂。70 年代以来，600 合金在实际核动力应用中暴露出了较为严重的问题，如一回路侧高温高纯水和二回路苛性介质中的应力腐蚀破裂，危及了核动力工程的安全可靠性及其效率。加拿大、德国和瑞典等国认为，介于奥氏体不锈钢与 600 合金之间的 800 铁基合金，既耐氯离子应力腐蚀、又耐晶间型应力腐蚀。最早使用 800 合金作为传热管材料的电站是德国 State 核电站，于 1972 年投入商业运行。我国秦山一期、三期以及援建巴基斯坦 PC 工程也采用 800 合金作为传热管材料。在运行过程中发现，800 合金容易产生因蒸汽发生器管板上泥渣沉积物的堆积而使管板上段的传热管管壁均匀减薄的现象，但至今只出现了一例实际核电站中的应力腐蚀开裂，其原因是制造缺陷。

20 世纪 70 年代，美国发展了耐应力腐蚀性能优良的 690 镍基合金，该合金被认为是继不锈钢、600 合金、800 合金之后，用于压水堆蒸汽发生器的最佳耐应力腐蚀材料[8]。自 1982 年起，作为第四代耐应力腐蚀材料，690 合金已应用于压水堆核电站蒸汽发生器上。由于该合金成分处于应力腐蚀开裂免疫区，因此，目前世界各国的核电站都相继采用它作为蒸汽发生器耐蚀材料，我国的大亚湾核电站、岭澳核电站和秦山二期核电站的蒸发器传热管材料也采用了 690 合金。

二、核用 690 镍基合金的现状、问题与挑战

690 镍基合金的含碳量不大于 0.03%，铬-镍含量为 30Cr-60Ni-8Fe。690 合金管材的性能与冶金、热处理、制管工艺密切相关，冶金中不仅要控制合金元素杂质的含量，而且要严格控制 Mg、Al 等元素的含量，管材要经过三次热处理，即退火、特殊热处理（thermal treatment，TT）、消除应力，要严格控制挤压、锻造、轧制工艺。

抗晶间应力腐蚀是对 690 合金的主要性能要求。而晶界的铬贫化、杂质

向晶界的偏析、晶间碳化物及其对应力集中的效应，都是引起材料腐蚀的原因。因此需对该合金成分的精确控制、选择最佳的化学成分范围、微量元素处理技术以及低成本、高纯度、低杂质含量，同时又能满足综合性能的冶炼工艺进行研究。

核电蒸发器传热管表面质量要求高，最新的研究发现，表面冷加工状态和水化学状态严重影响其抗应力腐蚀的能力。换句话说，690 合金对表面状态和水化学条件比 600 合金和 800 合金更加敏感。因此，在如下几方面是目前的研究热点：

1. 690 合金应力腐蚀机制的研究

虽然已经从材料制备、加工、使用、运行水化学条件等角度得到一些新的结果，但应力腐蚀机理尚不完全清楚，特别是我国正在进行国产化，深入开展其应力腐蚀机理研究具有重要价值。

2. 690 合金生产工艺研究

基于生产保密的因素（目前只有国外三个企业控制着该技术），国外文献中涉及工业生产及有关工艺参数的报道极少，而这些正是国产化中的关键问题，有待我国自己去探索和解决。我国已经制造出的 690 合金管材[9]，正在全面性能评价过程中。

3. 690 焊接材料的研究

690 合金焊接材料的裂纹敏感性，特别是结晶裂纹和失延裂纹，以及开裂机制、杂质元素含量的控制和合金元素、稀土元素的添加等[10]，一直是近年来研究的重点课题。

第六节　焊接材料

核电站中采用了大量的焊接结构。由于微观成分、组织结构的不均匀，以及可能的焊接残余应力，焊接部位往往是薄弱环节，故而焊接的重要性凸显。

核电焊接材料分为核级和非核级。核级焊接材料与非核级焊接材料对比，一方面增加了特殊性能的要求，如 Cu、Co 等残留元素的含量限制和服役温度下的冲击性能等；另一方面对于生产过程的质保体系提出了更严格的要求，一般参照ASME标准NQA-1部分进行管理。在RCC-M标准中，根据焊缝类型（分承载焊缝和过渡层、TIG根部焊道和密封焊缝、堆焊层三类）有不同的性能要求，对处于强辐射区的核岛主设备焊缝，除了常规的性能要求外还需检测无塑性转变温度、系列温度下的冲击韧性、抗辐照脆化、低周疲劳、断裂韧性等特殊性能指标[11]。

核电关键设备制造及安装中主要用到的核级焊接材料有：用于低合金钢的埋弧焊焊丝、焊剂和焊条；用于不锈钢焊接的308L、309L和316L焊丝和焊条；用于不锈钢堆焊的308L和309L焊带和焊剂，以及少量的镍基合金、钴基合金和碳钢焊材[11]。

目前国内核电关键设备制造及安装中用到的焊接材料以进口为主。国外知名品牌的焊接材料生产企业涉足核电较早，有成熟的生产技术和质量保证体系，经过国际上多项产品认证，具有多年的核电厂的应用业绩，同时不断根据经验反馈进行焊接材料的改进优化，如20世纪50年代开始就用WE182/FM82，但用182/82合金焊材焊接600镍基合金后在运行中发现了应力腐蚀裂纹，然后改用152/52合金（30%Cr）焊材，特别是针对690合金虽解决了应力腐蚀裂纹，但又发现了失延裂纹（DDC）问题，后对152/52合金焊材进行了改进，研发了152M/52M焊材（加添Nb），解决了因焊接材料导致的DDC问题，因此产品质量得到了认可，目前美国最新又用52MSS（加添Nb、Mo）使质量得到进一步改善[11]。

焊接材料的微观成分调整、焊接工艺优化是核电材料焊接的两大关键。确保焊接后的焊接部位在长期运行过程中不发生应力腐蚀开裂、腐蚀疲劳，甚至比母材还要好是追求的目标。

国内核电焊接材料研发起步晚、技术储备不足，因此高质量的核电焊接材料种类严重匮乏，同时普通等级的焊材也因部分企业质量管理体系尚未健全、质量稳定性不够的严重问题导致产品难以进入核电市场。而进口焊材存在成本较高、供货周期较长的问题。国内核电大批量建设期间，迫切需要加强核级焊接材料的国产化[11]。当然，在国产化过程中，需要从常规岛到核岛，从技术难度相对较低的碳钢焊条、低合金钢焊材，再到难度高的不锈钢焊接材料、镍基合金焊材。同时重视先进高效焊接方法及其所用的焊接材料。

第七节　电　缆

核电站电缆主要应用于核反应堆厂房、核辅助厂房和汽轮机厂房。电缆敷设方式一般采用管道或线槽敷设，要求电缆具有可靠的使用寿命、热稳定性、防潮性、化学稳定性和抗辐射性能。为保证系统设计的高可靠性，避免设备损坏导致严重后果，通常采用重复的多路独立线路系统和装置，通常电力电缆采用两套独立线路系统，控制电缆采用三套独立线路系统[12]。

一、核电站电缆材料要求

核电站用1E级电缆按核电站电气系统设备的安全类别分为三类：K1、K2、K3。1E级是指核电站电气设备的安全分级中的安全级。该级别电气设备能执行或支持反应性控制、余热排除和放射性物质包容三项基本安全功能，以及防止和缓解事故，也即是指完成反应堆紧急停堆，安全壳隔离、堆芯应急冷却、反应堆余热导出、反应堆安全壳的热导出；防止放射性物质向周围环境排放等功能的电气系统设备的安全级。K1类电缆是指安装在核反应堆安全壳以内，在正常环境条件下和在安全停堆地震荷载下以及在事故期间或事故之后仍能执行其规定功能的电缆。K2类电缆是指安装在核反应堆安全壳以内，在正常环境条件下和在安全停堆地震荷载下仍能执行其规定功能的电缆。K3类电缆是指安装在核反应堆安全壳以外，在正常环境条件下和在安全停堆地震荷载下仍能执行其规定功能的电缆[12]。

核电站用电缆产品的发展过程实质上是材料的更新换代过程。核电缆的性能指标、质量水平、制造技术和验收规则均比一般电缆要高很多。随着核电站电缆用材料的不断进步，核电站电缆的性能也得到了极大的进步和提高，特别是在机械性能、阻燃性能及耐热性能等方面[13]。

核电站电缆的主要性能包括：①核电缆都具有低烟、无卤、低毒、阻燃等性能特点，一般还应有耐辐照的性能要求。②核级电缆的规范要求20℃绝缘电阻常数不小于3670兆欧/米，同时又要求单根绝缘的垂直燃烧的性能指标，这对于低烟无卤阻燃绝缘材料来说有较大的难度。③电缆屏蔽一般采用复合屏蔽方式而不是传统的普通电缆屏蔽（屏蔽密度一般要求为80%），此时在不增加电缆外径的前提下达到100%的屏蔽密度，其抗盐腐蚀性能好，可更好地适应核电站的沿海气候。④电缆的成束耐燃性能要求达到B类或更高的A类的要求，故而选用的绝缘、护套，以及填充物等的阻燃性能要好。⑤电缆的弯曲半径要求更严格，以满足核级电缆的抗地震能力。⑥核级电缆耐长期运行的老化性能。在诸多要求相互叠加的前提下，材料的研发、合理选择和配合、制造工艺是电缆制备能否满足核电站运行要求的决定性因素[12]。

随着我国核电站的兴建，我国电缆行业于20世纪80年代中期开始了核电站用电缆及材料的研究与开发。依据我国核电站电缆研发的路径，可将20多年的发展历程分为三个阶段，将秦山一期核电站用电缆定义为第一代核电站电缆，标志为使用寿命30年；将除秦山一期以外目前已建和在建的核电机组用电缆定义为第二代，标志为使用寿命40年；将目前在建的第三代核电站用电缆定义为第三代，标志为使用寿命60年[13]。

二、核电站电缆的发展趋势[13]

在核电站的设计、建造与运行历程中，其各类线路所选用的电线电缆由普通产品发展到阻燃的PVC电缆、再发展到低卤阻燃的乙丙橡胶和交联聚乙烯电缆，直到目前广泛采用的无卤低烟阻燃乙丙橡胶和交联聚烯烃电缆，电缆的使用寿命也从30年提高到40年，特别是K1类电缆，在无卤低烟阻燃的基础上还要通过一系列苛刻的核环境试验考核，以确保核电站的高安全性和高可靠性。20世纪90年代后期又提出了K0类电缆的概念，即在K1类电缆基础上增加无机绝缘层，以适应核电站核反应堆堆芯熔化这类极端事故，保证核电站最大的安全系数。目前，第三代核电站的设计要求使用寿命达到60年。因此，不断提高材料技术水平、生产工艺水平及产品检验水平对核电站电缆发展是十分重要的课题。

欧洲及美国、日本等国的核电工业发达，核电站用电缆的研制开发、品种和试验验证等方面工作开展得都比较早也更先进。美国1969年研制了氧化镁绝缘不锈钢护套核电站用电缆，法国1970年研制了氧化镁和三氧化二铝混合物绝缘、不锈钢-铅-不锈钢护套电缆，目前美国研制出二氧化硅核电站用电缆，此种电缆具有良好的耐环境、高的耐辐射性能，卓越的电性能，适合于核反应堆的核岛内（1E级K1，K2类），在恶劣环境中的使用寿命可达60年以上。日本为验证美国核电标准做了大量的试验研究工作。

因此，未来核电站电缆的发展最主要的技术基础，还是要依赖材料技术、设计工艺技术和试验技术的发展，以及大量的试验验证工作。在这方面，我国的电缆行业任重而道远。

第八节　混凝土[14]

核电站建筑物的耐久性设计是保障核电厂安全运行、提高经济效益的重要手段。核电站的设计使用年限为50年或60年，我国规定的建筑物设计使用年限一般为50年或100年。钢筋混凝土的耐久性与环境条件密切相关，分布于我国的各个地区的核电站应当根据条件而设计。例如，山东海阳核电厂属于微冻地区的海洋环境。地上建筑为Ⅱ-C类环境，地下为Ⅱ-D类环境。取水口或与海水直接接触的建筑为Ⅲ-C类环境。大连红沿河厂址应该属于寒冷地区的海洋环境，等等。结构构件应按其使用环境设计相应的混凝土保护层厚度，预防外界介质渗入内部腐蚀钢筋。结构的节点构造设计也应考虑构件受局部损坏后的整体耐久能力。结构设计尚应控制混凝土的裂缝的开裂宽度。

水泥类材料的强度和工程性能是通过水泥砂浆的凝结、硬化形成的。水泥石一旦受损，混凝土的耐久性就被破坏，因此水泥的选择需注意水泥品种的具体性能，选择碱含量小、水化热低、干缩性小、耐热性、抗水性、抗腐蚀性、抗冻性能好的水泥，并结合具体情况进行选择。

集料与掺和料集料的选择应考虑其碱活性，防止碱集料反应造成的危害，集料的耐蚀性和吸水性，同时选择合理的级配，改善混凝土拌和物的和易性，提高混凝土密实度；大量研究表明，掺粉煤灰、矿渣、硅粉等混合材能有效改善混凝土的性能，改善混凝土内孔结构、填充内部空隙、提高密实度。高掺量混凝土还能抑制碱集料反应，因而掺混合材混凝土是提高混凝土耐久性的有效措施，即近年来发展的高性能混凝土。

混凝土配合比设计在满足混凝土强度、工作性的同时，应考虑尽量减少水泥用量和用水量，降低水化热、减少收缩裂缝、提高密实度；采用高效减水剂，改善混凝土内部结构、提高混凝土耐久性能。

为了进一步提高其耐久性，在混凝土中加入性能优良的聚丙烯、纤维素纤维，可以减少混凝土早期开裂，提高混凝土的抗裂、抗渗性能。同时可提高混凝土的抗折强度。

聚羧酸系高性能减水剂是继木钙为代表的普通减水剂和以萘系为代表的高效减水剂之后发展起来的第三代高性能减水剂，是目前世界上综合性能最优的一种高效减水剂，在提高混凝土性能方面有广阔的前景。

第九节　核电关键金属结构材料的使役行为[15, 16]

安全运行是核电站的首要目标。材料的失效往往会导致灾难性事故，特别是核电关键材料的失效将会造成十分严重的后果，不仅引发核电站的安全事故，甚至影响民众和环境的安全，危及国民经济的可持续发展。国际上核电先进国家长期运行的经验表明，以应力腐蚀开裂为代表的环境促进开裂已成为压水堆构件失效的主要原因之一。应力腐蚀开裂常造成长时间而又耗费显著的停堆和修复，甚至产生核辐射泄漏等核安全问题，这已成为影响整个系统运行经济性和安全性的主要问题之一。美国电力研究院（EPRI）统计，过去 30 年间，由于腐蚀导致的核电站能力因子的降低平均每年达 5%，其中蒸汽发生器破坏 80%以上是由于应力腐蚀开裂导致。统计结果表明，仅仅应力腐蚀开裂对美国核电工业造成的损失每年达数十亿美元。30 年来应力腐蚀开裂问题尚未解决的主要原因是机制研究有待突破。瑞典核电监察机构拥有的数据库对蒸汽发生器以外构件的 1085 个失效（劣化）事件的统计，应力腐蚀开裂处于第一位，其次分别是流动加速腐蚀、疲劳、磨损和一般腐蚀。美国、法国、日本、加拿大、德国、韩国、瑞典等核电国家先后都检测到或出现过多起材料的环境失效事件。说明核电环境中关键材料的失效过程非常复杂，影响因素多、研究难度较大，对失效的预测与控制更难。因此，核电关键材料在高温高压水中的环境损伤行为一直是国际难点和热点。

一、核电关键材料环境行为的主要研究部署

为了确保在役核电站的服役安全，和电站的延寿，各个国家都对长期服役过程中核电材料性能的退化非常重视。例如，美国核管会于 2004 年就牵头组织了核电站寿命前瞻管理（PMDA）项目，并号召全世界一起参与和关注。美国电力研究院（EPRI）于 2004 年提出了材料退化矩阵，并一直持续部署研究项目。欧盟于 2005 年开始部署了主要针对辐照加速应力腐蚀开裂的 PERFECT 项目。法国 2007 年成立了专门针对核电站的材料退化研究院，旨在针对目前的急迫需求开展研究，提出解决办法，参加会员包括美国 EPRI、日本两大核电公司（TEPCO、KEPCO）等外国单位。日本 2005 年由日本国立核安全院牵头组织来自全国从事核电产学研方面的数十位专家，制订了老化路线图，安排了 25 年的研究计划，分成 5 年（2005～2009 年）、10 年（2010～2019 年）、10 年（2020～2029 年）三个阶段，并提出了每个阶段的产学研的分工和具体的研究内容。韩国 2009 年成立了针对核电材料退化前瞻管理的 PRIMA 研究网。我国 2006 年启动了“核电关键材料的环境行为与失效机理”的“973”项目，2011 年继续开展“核电关键材料与焊接部位在微纳米下的环境行为与失效机理”的“973”项目，同年安排了核电重大专项课题“压水堆核电材料环境相容性研究”，等等。可见，过去 8 年来，国际上核

电材料的性能退化研究异常活跃，核电材料在高温高压水中的环境行为和长期辐照行为是紧迫、艰巨的重要课题。

苛刻环境、复杂载荷、长期服役、部件难更换、长寿命与高可靠性是核电站部件的服役特点。这对材料制备时的成分控制规范、部件制备工艺标准、结构设计标准、构件运输与装配导则、运行水化学控制导则、在线监检测方法、电站老化管理导则、寿命预测等提出了更高的要求，只有在非常微观的尺度（如微纳米尺度）和微小的变化（纳安级腐蚀电流等）行为上加强研究，才能澄清材料的损伤机制、逐步实现可定量化地预测核电站的服役寿命，获得对工程实际更有价值的结果。

二、服役过程中的主要性能退化机制

1. 高温高压水腐蚀电化学

轻水堆核电站的许多材料工作在高温、高压水环境条件下。材料在核电站环境中的腐蚀损伤实质上是核电材料在高温高压水中的电化学行为。高温高压水具有众多特殊的性质，核电设备材料的腐蚀行为特殊。美国Macdonald发展了高温高压水中材料腐蚀电化学测试理论，先后研制了可用于高温、高压环境的带pH传感器的W/WO_3电极系统，可测量到0.5 pH值单位。Huang等研制了一种可在480℃超临界水中工作的参比电极。美国麻省理工学院（MIT）的研究组尝试了采用交流阻抗方法对材料高温高压水环境中腐蚀过程进行直接监测研究。我国研制了高温高压环境中pH值在线电化学测试系统，能准确测定在550℃以内任意温度的试验介质中的电位与pH值，精度达±0.01pH值单位。高温高压水中的电化学是核电站材料腐蚀相关失效行为的基础问题。我国的研究发现，304不锈钢在模拟核电一回路高温高压水中的电化学动力学与常温条件下不同，高温下是由化学反应控制，而常温下则是由离子在液相中迁移控制。同时，其电化学特征与材料自身微观结构、表面膜的化学成分、膜的微观结构与电子结构和损伤之间存在一定关系。而690合金在模拟缝隙水化学条件下，无论在高温还是常温下都表现出钝化行为（尽管在高温下的腐蚀电流很大），此时都呈现出由离子在液相中迁移控制。可见，相同环境、不同材料的电化学动力学差别较大，仍然需要深入研究。

2. 晶界的优先氧化与晶界强度

离子、原子等在金属中都会扩散，相对来讲，晶界在材料中是薄弱环节。腐蚀对材料的作用一是表面上的材料损失，二是在材料内部特别是沿晶界的扩散或氧化。在气相环境中，晶界优先氧化是大家所公认的，1965 年 Irving 的研究结果已经表明了这一点。在水环境中，氧化过程可能是由阳离子或阴离子扩散控制，吉布斯则对此进行了较好的描述。晶界上氧化后，由于氧化物的尺寸往往大于金属自身尺寸，此时会在晶界氧化物周围产生较大的氧化物楔形力。Evens 的分析结果表明，氧化后会在晶界上形成数百兆帕的拉应力。而铁铬镍奥氏体钢的氧化往往伴随着脱合金化。近年来的模拟结果表明，铁铬镍奥氏体钢是否产生脱合金与材料的成分存在确定性关系。

在核电高温高压水环境中，不锈钢、镍基合金等到底能否在晶界上优先氧化并产生沿晶应力腐蚀开裂一直是人们关注但尚未解决的问题。我国首次观察到 690 合金在模拟实际的压水堆核电一回路高温高压水中的晶界氧化现象，平均沿晶氧化腐蚀的速度大于 18.67 微米/年，这预示着随着时间的延长，由于氧化物的楔形力的作用，沿着晶界产生开裂将是必然的。当然，原始晶界上的化学成分对晶界的氧化过程会产生重要影响；同时，水介质中溶解氧与溶解氢的含量具有同样的重要作用。

实际上，晶界自身的强度是影响何时产生开裂的关键。在聚焦离子束(FIB) 中进行原位拉伸试验的结果表明，通过时效处理后在晶界上产生的少量磷的偏聚就使晶界强度降低到过去的 50%。同时，晶界氧化显著降低了晶界的强度，也预示着晶界氧化会促进沿晶应力腐蚀开裂。

3. 材料内部微观结构对腐蚀的影响

从材料的晶界结构及分布的角度考虑如何提高材料性能的研究工作于 20 世纪 80 年代逐渐受到重视。日本学者 Watanabe 提出“晶界设计及控制”的概念，随后发展为晶界工程研究领域。690 镍基合金及 304 不锈钢等核电站关键材料在生产制造过程中，有可能运用晶界工程达到改善与晶界相关腐蚀性能的目的。弄清晶界结构特征对沿晶应力腐蚀开裂影响的机理问题，构件在加工及装配过程中对晶界显微组织的影响及这种影响对腐蚀性能的作用，是晶界工程实际应用需要研究的问题，也是材料环境行为与失效机理研究的重要内容。已有的研究结果已经表明，不是所有低 $\sum$ 重位点阵（$\sum$ CSL）晶界都对开裂免疫，只有共格 $\sum 3$ 晶界不开裂。同时也发现有部分裂纹停止在随机晶界处。所以腐蚀裂纹沿晶界扩展不仅和裂纹尖端的晶界特性有关，更重要的是晶界网络的拓扑分布。

然而，变形会改变晶界的特征分布。当施加单调变形时（X 方向），$\sum 3$

晶界的数量和百分数降低，并增加低角晶界和随机晶界；然后在另一方向（Y方向）施加变形时限制了 $\sum 3$ 晶界的降低，某些随机晶界将恢复到 $\sum 3$ 晶界从而使其数量和百分数都提高。这从位错结构角度看两者不同，前者表现为高能的位错堆积结构，而后者则是低能的位错缠结结构。

4. 材料表面状态对腐蚀与应力腐蚀的影响

腐蚀是从接触环境的材料表面开始。应力会因提高材料的内能而加速腐蚀，甚至导致应力腐蚀的发生。美国奥康尼（Oconee）核电站的实际运行结果表明，运行21年后的蒸汽发生器管表面出现了500微米深的应力腐蚀裂纹。该裂纹正是在制备过程中表面存在的20微米深、500微米宽的原始划伤处萌生并扩展的。如果按照平均速度计算，其开裂速度为约0.008埃/秒。类似地，麦圭尔（McGuire）等核电站也出现过从原始的20～50微米深、100微米～1毫米宽的划伤处经过长期运行后出现的应力腐蚀裂纹。因此，材料表面的加工状态，例如，抛光、磨光、表面存在划伤等表现出不同的行为。由于这样的发展速度极慢，研究难度大。

不同的表面处理状态下，材料表面的变形层会显著不同，同时变形层内的微观结构也不同，这必然导致其腐蚀速度和应力腐蚀开裂的形态不同。

材料表面出现划伤后，划伤部位局部存在较大的残余压应力，材料的局部发生了变形并引起微观结构的变化，该部位的局部电化学行为与宏观区域也有显著不同。因此，在材料制备、加工，以及部件的运输与安装过程中，严格控制材料表面的加工状态是保障长期安全可靠使用的关键步骤，需要进一步深入研究并提出控制的临界标准值。

5. 应力腐蚀开裂的裂纹形状与局部化学成分

传统的应力腐蚀裂纹总表现出钝性，同时多有分叉。人们长期关注的是裂纹的扩展速度，特别是由于测试技术的困难，人们只能获得长裂纹的扩展速度，对早期的裂纹萌生和扩展的研究结果较少。在核电环境中失效的服役蒸汽发生器管的高分辨透射电镜研究中发现，在原子尺度上裂纹是尖锐的，同时没有分叉。在裂纹路径和裂尖前沿没有位错和塑性变形的痕迹。同时，在裂纹路径上的化学成分存在明显的不均匀性。这至少说明，核电环境中长期服役后产生的应力腐蚀开裂机制与传统的裂尖塑性变形导致膜破裂机制不同。

6. 材料微观成分中纳米尺度原子团簇的形成及其对性能的影响

压水堆核电站的反应堆压力容器（RPV）都采用含有锰-镍-钼的低合金铁素体钢（A508-Ⅲ）。人们已经认识到由于中子辐照诱发析出了富铜原子团簇和其他镍，锰等原子团簇的形成，从而促使 PPV 钢发生辐照脆化。在合金中添加镍元素后，一方面增加了钢的淬透性，提高了韧性，降低了韧脆转变温度，但另一方面却增加了中子辐照脆化的敏感性。镍含量的提高会促使富铜原子团簇的析出，但是其根本原因还不十分清楚。周邦新等采用三维原子探针层析技术和时效模拟的方法，研究了不同镍、铜含量的 RPV 模拟钢中富铜、富镍和富锰原子团簇的形成。指出合金元素镍会增加压力容器钢中子辐照脆化敏感性的本质原因是，由于钢中的合金元素镍形成富镍原子团簇后会成为富铜原子团簇析出时成核的地方，因而提高镍的含量会促使富铜原子团簇的析出。近年来的研究把元素团簇的形成、元素在晶界上的偏析等进行了深入分析。

三、待解决的问题与研究趋势

核电关键材料的环境行为主要解决在高温、高压、辐照环境与力学联合作用下的材料行为描述与表征。它涉及材料、物理、化学、数学等学科领域，其研究结果将构成改善材料品质的创新技术的理论基础，使材料设计从单纯追求材料基本性质和提高材料的个别环境因素抗力到主动地适应多元环境。

材料环境失效的特点是时间相关性和突发性。环境失效的突发性往往导致灾难性事故，破坏性极大，特别是当有核污染时后果极其严重。发生这些事故的根本原因是关于材料环境退化的基础理论问题尚未解决，损伤检测、寿命预测方法尚未有效建立起来。因此，从潜在的重大环境失效问题中提取出共性的关键科学问题，集中力量进行攻坚，既是材料科学发展到今天的必然，又是目前产业界的迫切需要，更是资源有效利用和经济社会可持续发展的保证。

核电部件的安全性与可靠性高，使用寿命长。核电高温高压水环境中服役的金属材料的平均损伤速度慢，例如，可以在数十分钟内只有一个原子的尺度变化，因此，深入开展微纳米尺度下材料的行为研究是当前的需求和国际热点。由于尺度的变化，研究手段、思路与传统的腐蚀、应力腐蚀、腐蚀疲劳等的研究有很大不同。为了确保核电站的高可靠性，需要从材料制备、加工、使用等多角度的变化参数出发，注重如下几个方面的研究。

1. 高温高压水中材料的腐蚀电化学行为

高温高压水中腐蚀电化学的控制步骤与材料表面、界面特征密切相关。双电层周围材料/溶液界面在微纳米尺度发生着动态变化过程。在非常接近金属表面时，水的物理性质、介电常数、离子浓度与输运过程与体溶液会显著不同，这对于微观腐蚀电化学过程会产生特殊影响，值得深入研究。另外，材料表面膜由于微观结构、物理和化学性质不同、与近表面吸附离子间交互作用，使表面电化学位发生微纳米尺度上的变化，需要深入表征。裂纹尖端在纳米尺度上的缺陷与水的交互作用更难以用传统的方法描述。微裂纹的形成、连接和长大动力学过程、点蚀萌生和裂纹萌生与之关系等也需要为微纳米尺度的表征。电化学噪声是从微钠尺度研究的一种有效手段。光电化学是研究表面膜的特征包括表面膜在擦伤与再钝化过程中膜的性质和开裂机制关系的有效手段。

2. 材料内部的缺陷和对传输过程的影响

压力容器钢辐照后的微观结构发生变化，例如，纳米尺度原子团簇的析出、原子团聚、长大过程中成分变化、晶体结构变化，以及在位错上的偏聚，辐照使材料出现微观损伤。限于实验手段，目前对辐照导致的微纳米尺度的损伤积累还很薄弱，亟待加强。

腐蚀过程伴随着阴离子、阳离子、氢或氧等元素在晶内和晶界上的传输。在这个过程中，位错、空位如何作用，以及晶界传输过程的实验证据都有待进一步加强。晶界氧化与氧化参数、力学之间的关系有待深入研究。

3. 裂纹萌生机制

高温高压水中材料微纳米尺度缺陷的腐蚀、应力腐蚀裂纹孕育、发生和发展的损伤演化规律是人们目前关注的重要问题。材料微纳米尺度缺陷从腐蚀到裂纹萌生的环境损伤演化过程是决定核电关键结构寿命的关键。材料内部缺陷的状态，包括空位、材料中的氢、夹杂物等对腐蚀与裂纹的萌生的影响，特别是氢、空位的作用值得深入研究。

4. 新的研究方法与手段的使用

研究手段的改善对获得新的结果至为重要。用中子衍射技术研究材料表面氧化物与水溶液界面上水的排序状态；电化学扫描原子力显微镜研究材料表面不均匀性、缺陷等对表面电位的影响；三维原子探针研究材料内部原子尺度的团聚对材料腐蚀的作用，并在三维尺度上表征应力腐蚀裂纹尖端周围的特征；多尺度计算模拟，特别是从量子、第一原理、分子动力学角度开展模拟计算，这些都是目前国际上开始兴起的研究解决核电环境中材料损伤行为的有效手段。

5. 材料微观损伤研究结果与工程应用的结合

为了有效解决工程实际问题，如下几方面值得加强：表面初始状态，如抛光、打磨、冷加工、划伤等需要给出工程上可用的临界值；对改善锆合金和 690 合金的晶界工程方法提高抗腐蚀性，需要从材料成分与微观结构的影响深入研究；水化学参数的变化对材料微纳米尺度上微观损伤的影响；焊接特别是异种钢焊接的影响；微动磨损与微振模式、磨损量与微观组织、结构、晶粒尺寸的关系；早期、原位损伤监测与检测技术的研究和应用；建立与微观机制一致性的损伤评价模型。

第十节　安全性评估与寿命评价技术

一、压水堆核电厂的关键金属部件及其重要度排序[17]

安全评估时关键金属部件的选择根据如下两个安全准则：事故期间可以容纳裂变产物的释放；正常运行期间能使安全壳内的放射性保持在可接受的低水平。压水堆核电厂有四道屏障防止裂变产物的释放，其中一回路压力边界是最重要的一道屏障，其组成包括反应堆压力容器、一回路冷却剂管道及安全端、蒸汽发生器、主泵泵壳、稳压器，它们都是金属部件。其重要度按照部件失效危及核电厂安全的程度排序。

反应堆压力容器重要度排第一位。从电厂安全角度来说它是最关键的、不可更换的部件，反应堆压力容器失效可使堆芯快速熔化，产生高压和高温载荷，而轻水反应堆安全壳设计没有考虑这些载荷。

冷却剂管道和安全端的重要度排第二位，这是因为其失效后造成的冲击很严重。冷却剂管道一旦断裂对其上的支撑及其他结构组件会产生很大的机械载荷，并有可能使它们产生破坏。安全端的焊缝是双金属焊缝，是最可能老化的部位，管道上的支管管嘴和铸造不锈钢部件也可能是老化的部位。

蒸汽发生器重要度排第三位。蒸汽发生器传热管断裂会使一回路中的冷却剂泄漏到二回路中，并可能通过卸压阀被排到安全壳外。另外，主蒸汽发生器传热管断裂是很严重的事件，它使一回路压力快速下降，要想终止随之而来的瞬态压力也异常困难。运行经验表明，压水堆核电厂蒸汽发生器是一回路压力边界的薄弱环节。大部分问题出现在循环型蒸汽发生器中，直通式蒸汽发生器也有一些问题。

冷却剂泵泵壳也是一回路边界部件，它不仅起到保护作用，而且泵内部组件失效后产生的散射物也能被泵壳容纳，因此其级别高于稳压器排在第四位。压水堆主泵泵壳比较厚，材料是奥氏体不锈钢铸件。主泵泵壳潜在的劣化机制是腐蚀疲劳和热脆。

稳压器是压力边界部件中的最后一个，将稳压器和热腿（hot leg）连接起来的是波动管，和冷腿（cold leg）连接起来的是喷淋管。波动管管嘴和喷淋管管嘴主要承受由反应堆瞬态状况产生的周期性温度变化，而且喷淋管管嘴处的温度变化比波动管管嘴处的更剧烈。两管嘴处潜在劣化机制是热疲劳。如果喷淋头是不锈钢铸件，则可能发生热老化。

二、反应堆压力容器（RPV）的安全性

核电站压力容器是一高温高压设备，是核电站中唯一不可更换核心设备，是防止核电站放射性泄漏的最主要屏障，压力容器的使用寿命决定了核电站的使用寿命，直接影响核电站的经济性和安全性。早期核电站的设计寿命为30年，目前国际上新设计建造的核电站为40～60年。设计使用寿命的延长对压力容器的性能提出了更高的要求。

保持反应堆压力容器的结构完整是压水堆核电厂的首要任务，全世界为此开展了大量的研究。人们关注的核心是三个方面：①厚壁结构的断裂韧性；②辐照脆化；③疲劳性能。

压水堆核电厂的RPV目前多使用A508-Ⅲ钢。该钢的特点是对堆焊层下再热裂纹不敏感；Mn质量分数较高以弥补淬透性；因为Mn易增大钢中偏析，所以又降低了磷和硫的质量分数。厚截面A508-Ⅲ钢淬火后基体组织为贝氏体，这种贝氏体粗大，对提高强度和韧性不利，所以标准要求采用调质热处理工艺[18]。

针对RPV钢安全性最著名的研究是美国的厚壁部件技术研究。该研究由美国核管会于20世纪60年代组织，专门解决反应堆压力容器在各种载荷下的断裂力学评估问题。该研究采用的试样形式有：厚壁筒体试件，如英国AEA的反应堆压力容器承压热冲击试验；压力容器试件，如橡树岭实验室在

厚壁部件技术研究中使用的压力容器试验件；宽板件，如日本电力工程检测公司使用的试验件；梁类试件，如橡树岭实验室研究反应堆压力容器堆焊层断裂行为的十字梁试验件。这些研究都试图尽可能模拟接近真实条件的情况。

反应堆压力容器（RPV）材料受中子辐照后产生晶体缺陷，主要有贫原子区、微空洞、层错四面体和位错环等，统称为辐照损伤。辐照损伤引起反应堆压力容器材料性能变化，即辐照效应。这种效应总的趋势是使材料强度升高，塑性和韧性下降，尤其是屈服强度升高较快、均匀延伸率下降较大，所以材料变脆，即辐照脆化[18]。

准确掌握反应堆材料辐照脆化的程度是断裂力学评估的基础。目前，ASME 规范中提供的 K_{IR}（Ⅰ型参考临界应力强度因子）和 T_{NDT}（参考零塑性转变温度）的拟合公式未能很好地解决数据分散问题，K_{IR}采用下包络线，因此和 T_{NDT}的相关性很差。为此，美国橡树岭国家实验室提出了主曲线法（Master Curve）来解决这一问题，该方法已被 ASTM 采纳。

对 RPV 安全威胁最大的是脆性断裂。脆性断裂的特点是爆发性的突然破坏，断裂之前没有塑性变形，无任何预兆，裂纹失稳后即迅速扩展断裂，一旦发生，后果十分严重，尤其辐照脆化又增大了 RPV 的这种危险，因此国内外均把防脆断作为研究和考核 RPV 的重点。ASME 锅炉与压力容器规范第Ⅲ卷、第Ⅺ卷和 ASTM-E185，美国联邦法规 10CFR50 等对 RPV 的设计、制造、检验和在役检查分别做了详细要求和具体规定。其他国家对 RPV 的要求也都参考美国的规范、标准和法规[18]。

防止 RPV 脆断的判据目前有两种：转变温度法和断裂力学法。转变温度法是指当压力容器运行温度高于弹性断裂转变温度时，材料处于韧性状态，故可防止脆断。尽管转变温度法可信度很高并被广泛采用，但该方法不能判断裂纹是否会迅速扩展，需要断裂力学来判断。RPV 壁厚很大，如果器壁中存在裂纹，可认为裂纹尖端塑性区很小，处于平面应变状态，因此 ASME 规范采用线弹性断裂力学的计算方法。断裂力学虽然科学，但计算和实验比较烦琐，尤其是实验时的开裂点难以测准，对 RPV 材料来说 K_{IC}（Ⅰ型裂纹临界应力强度因子）试样又十分庞大。所以通常在压力容器选材、制造、验收以及在役检查中多采用转变温度法作参考指标，断裂力学仅在确定运行限制曲线、寿期末、异常情况或缺陷尺寸超标时才用于评估。对 RPV 钢的辐照脆化，国内外均采用测量夏比 V 缺口系列冲击曲线上辐照前后的韧脆转变温度增值和上平台能量的降低值来检验，测量时采用随堆辐照监督试样[18]。

早在 1965 年，美国压力容器研究委员会（PVRC）就开始组织厚板焊缝射线与超声波检测的可靠性研究。1974 年，PVRC 又与欧共体委员会合作，开展了钢制件检验计划（PISC）。该计划分三期，即 PISC-Ⅰ、Ⅱ、Ⅲ，迄今已延续 40 年。目前的 PISC-Ⅲ模拟核容器焊缝检测的初步结果表明：除按照 ASME-XI 规范的规定外，只要采用先进的补充测试技术，核容器缺陷总检出率可达 80%以上，缺陷尺寸检测误差已经达到 1～5 毫米[19]。

金属疲劳的评估是 RPV 安全评估的主要问题之一，过去一直是按照空气中的疲劳曲线取较大的安全系数进行设计和评估。其中要解决两大问题，一是材料在冷却剂介质中的疲劳性能；二是热疲劳的评估方法。关于金属在冷却剂介质中的疲劳性能，阿贡实验室进行了大量的试验。研究指出，无论碳钢还是低合金钢和奥氏体钢在冷却剂介质中的疲劳寿命均比空气中要短，研究结果给出了这三类材料在冷却剂环境下的疲劳设计曲线，这一成果已被应用于美国核电厂的延寿。关于热疲劳的评估方法也开展了相当多的研究，例如，利用德国退役的 HDR 核电厂进行了热瞬态监测试验，获得了管道在瞬态时管壁的温度分布数据，热疲劳主要由热分层、热条纹和热混合三种现象引起。目前，对于热分层的评估有较大的进展，措施之一是在一些容易发生热分层的部件上加装温度监测装置，以准确地统计这些部件的热瞬态；措施之二是研究热分层状态下流体向金属的传热，这对确定部件的温度分布有重要价值。对于热条纹和热混合，目前没有解决其评估问题，老化管理主要依靠经验反馈。

三、主管道和泵（铸造不锈钢）的热老化与结构完整性[20]

核电厂管道众多，管道失效、特别是核级管道的失效将对核电厂的安全性和可靠性构成重大威胁。同时，核电厂管道经受的瞬态载荷复杂、种类多，管道的形态、尺寸与一般压力容器有较大差异。

压水堆核电厂的一回路压力边界许多部件的材料使用铸造奥氏体-铁素体不锈钢，又称为双相不锈钢。该材料有良好的抗热裂纹、耐腐蚀、抗应力腐蚀开裂性能，同时具有良好的机械性能。主要的双相不锈钢部件有反应堆冷却剂泵壳、反应堆冷却剂主管道直段和弯头、稳压器喷嘴等。部件的铸造工艺分为离心铸造和静态铸造两种，直管使用离心铸造，而泵壳、主管道弯头等形状复杂的部件采用静态铸造。早期核电厂设计和建造时并未意识到双相不锈钢在运行温度下会发生热老化，因此老的核电厂没有双相不锈钢断裂韧性的原始数据，故而后期美国陆续出现了很多问题。

在轻水堆的运行温度下，铸造不锈钢最主要的老化机理是热脆，即韧性和延性下降的现象，又称为热老化。随着热老化程度的加深，压力部件的临界裂纹尺寸会下降，因此将削弱一回路压力边界的结构完整性。

由于一回路压力边界中铸造不锈钢部件更换难、费用大、无损检测困难，美国、法国等核电大国对此相当重视，开展了铸造不锈钢热老化的深入研究。已初步提出铸造不锈钢断裂韧性随运行时间下降的预测模型、热老化的评估程序，并将这些预测模型和评估程序应用于核电厂的在役检查、安全评估和延寿活动中。但是由于材料成分、性能的分散性，以及部件形状的复杂性，相关的研究还在进行。

对铸造不锈钢的热老化机制已有很多研究。铁素体中大量 δ 相的出现是双相不锈钢热老化的主要原因，所以双相不锈钢的热老化程度完全取决于铁素体的数量和形态。热老化使双相不锈钢的夏比冲击能量下降。测量经300～400℃加速老化的材料在室温下的夏比冲击功、结合化学成分计算激活能可以量化材料的热脆程度。通常用高于运行温度（288℃）的加速老化方法进行材料试验。

铸造不锈钢热老化后机械性能产生变化，拉伸极限和屈服极限变大、拉伸延性下降，拉伸极限增加远比屈服极限增加要快。总的来说，热老化使双相不锈钢抗拉强度有所增加，疲劳性能有所减弱，但对这两个指标影响不大，但热老化使夏比冲击功和断裂韧性大幅下降，削弱了双相不锈钢部件长期服役后的结构完整性。

美国阿贡国家实验室发展出两类方法以量化两类情况下的铸造不锈钢的热老化程度。第一类方法可以估计经长时间热老化后材料的断裂韧性下限值；第二类方法可以估算给定运行时间和温度下的断裂韧性值。这些方法可能不适用于某些静态铸造不锈钢部件，如弯头，因为导出这些公式的试验采用的部件形状与弯头差异很大。

铸造不锈钢的超声波检测非常困难，其焊缝金属的枝晶状晶粒尺寸可达数厘米，母材的可检测性极差，焊缝的检测几乎不可能。铸造不锈钢的晶粒尺寸可与裂纹的尺寸相仿，造成声波的急剧衰减、散射和方向改变。只有当裂纹尺寸达到壁厚的 30％时才可能被可靠地检测，但要对裂纹的长度和深度定量非常困难。

目前，美国、法国等国都给出了管理铸造不锈钢部件热老化的具体措施，其要点包括：①运用热老化后机械性能的评估流程预测给定运行温度和时间或长时间（60 年）运行后双相不锈钢的夏比冲击功、断裂韧性和应力应变关系，为安全评估提供基础数据；②给出部件对热老化敏感性的判据；③根据敏感性判别结果调整和加强双相不锈钢部件的在役检查和评估。这些措施已经写入美国核管会的延寿导则中。如果现有的核电厂需要延寿，必须在执照更新申请报告中详细说明本厂双相不锈钢部件的老化评估和管理情况[21]。

美国核管理委员会（U. S. Nuclear Regulatory Commission，NRC）委托阿贡实验室对双相不锈钢热老化进行了系统的研究，利用化学成分和运行时间估算双相不锈钢的相比冲击功和断裂韧性，同时建立了特定化学成分的双相不锈钢对热老化敏感性的判据，为双相不锈钢热老化管理大纲提供了技术依据。

早期的管道评估采用线弹性断裂力学或裂尖张开位移法，由于管道中容易产生裂纹的应力集中部位在各种载荷的作用下存在较大的塑性区，使用线弹性断裂力学并不合适。裂尖张开位移法也是如此，只能应用于塑性区较小的情况，且其理论基础不完善。断裂力学给出一种J积分理论，能够适用于塑性区较大的情况。美国电力研究院（EPRI）利用这一理论建立了核级管道的安全评估程序，对推动各国安全评估规范的发展产生了积极的影响。

1970年以后，美国开展了多个国际性的核电厂管道结构完整性评估项目，这些研究总是针对某些核电厂的特定问题，如管道的破前泄漏分析(LBB)。核岛设计供应商对此问题感兴趣是因为通过LBB分析可以简化设计，带来很大的经济效益（管道设计和计算工作量很大，占核电厂设计工作量的1/4)；核电厂运营商对此也感兴趣，因为LBB分析可以免除某些缺陷的检查和挖补工作，节省大量费用；核管会想规范LBB分析，使之准确并标准化。

四、应力腐蚀开裂（SCC）评估[22]

镍基合金在核电厂核岛有广泛应用。用量最大的是压水堆核电厂的蒸汽发生器传热管，其次用于反应堆压力容器顶盖的控制棒驱动机构贯穿件。

蒸汽发生器传热管的SCC按照应力腐蚀发生的部位可分为一回路水环境应力腐蚀开裂（PWSCC）和管外壁应力腐蚀开裂ODSCC，为此而堵管的比例最大，这和当前压水堆核电厂一次侧和二次侧水化学控制方法有密切关系。发生SCC的传热管材料均为600合金。

涡流检查是目前应用最广泛的传热管检查手段，原因是能有效检查出管子均匀减薄，同时检查速度快。但缺点是对缺陷的长度和深度不能准确定量，这一点已由拔管的金属学检验证实。另外，常通过拔管来进行破坏性检查，目的是核实涡流和超声波检查的准确性、检查管子的老化机制、评估二次侧水化学状态及其对传热管老化的影响、检查管子的爆破压力，用于结构完整性评估。破坏性检查的拔管对象是那些涡流检查有信号显示的管子。

镍基合金的 SCC 和水化学有密切联系。因此水化学的总体控制需要深入研究。由于传热管 SCC 很容易发生在传热管和管板及支撑板缝隙处，所以蒸汽发生器传热管缝隙化学变化是研究的热点，但开展尚不充分。SCC 的裂尖化学研究是目前镍基合金 SCC 研究的前沿课题。例如，美国西北太平洋国家实验室的人员发现 600 合金裂纹尖端存在铅，铅和 SCC 的关系如何，如果铅能够促进 600 合金 SCC 的发展，那么其对 690 合金有没有影响，这一问题正在研究。

除 600 合金传热管发生过 SCC，反应堆压力容器顶盖上的控制棒驱动机构贯穿件也发生了数起 PWSCC 穿透性裂纹事件。最著名的是美国 Davis-Besse 压水堆核电厂顶盖贯穿件开裂。PWSCC 使材料为 600 合金的贯穿件产生穿透性裂纹，一回路冷却剂由此产生泄漏。冷却剂中含有的硼酸将该贯穿件附近的顶盖腐蚀出一个直径约 125 毫米的大坑，大坑中的碳钢材料被完全腐蚀，仅剩下 10 毫米厚的不锈钢堆焊层。

实际上，在此之前，法国的法马通通过多年的研究，总结出一个 600 合金材料发生 SCC 的概率预测模型。法国电力公司根据这一预测模型的结论更换了全部的 600 合金贯穿件顶盖。该模型运用敏感指数来计算 600 合金发生 SCC 的最小孕育时间。指数分为材料指数、应力指数和温度指数三种。其中应力指数最难确定。因为这里的应力包含制造加工中产生的残余应力。要弄清楚部件的残余应力，需要解剖实际部件并测量。

五、金属疲劳评估

金属疲劳是核电厂重要的老化机制之一，影响压水堆核电厂所有的关键金属部件。核一级金属部件均按照“规则设计”，例如，按美国 ASME 锅炉和压力容器第Ⅲ卷或法国 RCC-M 规范设计，因此设计时必须作详细的应力分析和疲劳分析。压水堆核电厂的金属疲劳有其独特之处[22]。

(1) 压水堆核电厂的金属疲劳和电厂结构关系密切。压水堆核电厂核岛有许多安全辅助系统，常规岛有为数众多的压力容器和疏水管道，结构和其他形式的电厂有很大不同。例如与沸水堆核电厂相比，压水堆核电厂多出一个蒸汽发生器和稳压器。连接稳压器和主管道的波动管常常由于热分层现象而产生热疲劳，这种热分层现象与压水堆核电厂结构设计和运行方式有密切关系。

(2) 压水堆核电厂金属部件的疲劳主要表现为热疲劳和振动疲劳，这也和压水堆的结构及运行方式有关。

(3) 压水堆核电厂一回路采用高温高压含硼水为冷却剂，实验已经证明，冷却剂环境下金属的疲劳寿命与空气环境下相比有不同程度的缩短。因此压水堆核电厂的金属疲劳分析必须考虑环境介质对疲劳寿命的影响。

热疲劳已使许多核电厂的小支管线出现裂纹。例如，法国 Dampierre 安注管线和日本 Genki 1 号机组的余热排出管线。

ASME 给出的疲劳设计曲线（S-N 曲线）已经广泛应用于世界各国的核电站压力边界材料的疲劳设计。该设计曲线原理是在室温空气下，光滑试样的低周疲劳寿命数据拟合得到平均由线，考虑到数据分散性、样品尺寸、表面粗糙度的影响，对曲线进行保守处理，即分别把循环周次除以 20，应力幅值除以 2，取两者的最小值组成一条新的曲线（即设计曲线），该曲线未考虑核电站冷却剂环境的作用。

对于 LWR 核电站来说，环境因素主要是苛刻的服役环境，如高温（25～350℃）、高压（0～16 兆帕）、溶解氧含量、溶解氢含量、冷却介质中特殊的离子（Zn^{2+}、SO_4^{2-}、Cl^-）等；材料因素主要是成分（如含硫量）、夹杂物（如碳化物，硫化物）、热处理工艺（热时效，退火等）、表面状态（缺陷，粗糙度）、加工工艺（如轧制，铸造，焊接等）；交变应力因素主要有应变速率、应变幅值、加载波形（如矩形，三角等）、应力幅值、载荷比等。这些环境、材料、交变应力三因素交互作用影响疲劳裂纹的形成和扩展，从而影响材料的疲劳寿命。

1971 年，Kondo 等首先提出高温水显著降低低合金钢疲劳裂纹增长速率，自此人们对高温水腐蚀疲劳进行了广泛的研究。美国阿贡国家实验室针对冷却剂环境下的疲劳进行了系统地研究，研究对象包括碳钢、低合金钢和奥氏体钢。试验数据表明轻水堆环境对碳钢、低合金钢和奥氏体不锈钢的抗疲劳性能有潜在的重要影响。通过试验评估了材料和载荷的关键参数，如应变幅度、应变速率、温度、溶解氧水平、热处理状态对各类钢在空气和轻水堆环境下疲劳寿命的影响。例如，对于奥氏体钢，研究表明在压水堆溶解氧水平低的条件下，环境对各种奥氏体不锈钢疲劳寿命有重大影响。奥氏体钢疲劳寿命降低的主要原因是冷却剂环境促进了微观裂纹的生长，其次冷却剂环境对小裂纹扩展速率有影响[23]。

根据这些试验结果，阿贡实验室给出了冷却剂环境下的疲劳寿命曲线

(统计模型为 Statistical Model 或 ANL Model)。美国爱达荷国家实验室利用这些曲线计算了一些压水堆核电厂典型部件的疲劳累积使用系数，结果表明，这些部件累积使用系数均不同程度地升高，有些部件 40 年的累积使用系数将超过 1.0[24]。阿贡实验室和爱达荷实验室的研究成果已被美国核管会采纳，指定用于核电厂延寿时金属部件疲劳的重新分析。

为了考虑环境的影响，日本热能和核能工程协会下属环境疲劳委员会提出了疲劳寿命矫正因子模型（EFD 模型)。EFD 模型认为，要考虑高温高压水环境对碳钢和低合金钢疲劳寿命的影响，必须在设计曲线中加入一个疲劳寿命校正因子 F_{en}，定义为材料在室温空气中的寿命与在高温高压水中的寿命的比值。该模型从 1991 年提出至今，从形式到方程系数都在变化，于 2000 年写入 MITI 规范，因此也称 MITI 模型。

美国提出的 ANL 模型和日本提出的 EFD 模型均考虑了环境对疲劳寿命的影响，更接近实际服役环境条件，但改进后的设计曲线仍存在不足。例如，①ANL 模型在形式上简单，容易理解，工程上容易应用；而 EFD 模型形式上复杂，尤其是早期版本，很难理解。②ANL 模型从提出至今，形式上没有太大变化，而 EFD 模型每年都在变化，并且方程形式和参数取值均变化很大，但其变化趋势更加接近 ANL 模型。③ANL 模型虽然和实验数据吻合较好，形式简单，但其影响因子的意义很不明确。尤其是对硫含量和温度影响的考虑。

我国科学家在国家“973”项目和重大专项课题支持下已经开裂了大量研究[25]，弥补了上述缺陷，提出了考虑环境作用的新模型。通过计算和比较，可以获得更加准确的结果，目前正在写入我国的核电设计标准中。

六、无损检测

无损检测是寿命评估的前提。涡流、超声是常用的方法。美国 V. C. Summer 核电厂一回路接管管安全端发现应力腐蚀开裂以来，人们对安全端的无损检测研究开始重视起来。蒸汽发生器传热管是压水堆一回路压力边界的重要组成部分。传热管破裂后，一回路放射性冷却剂将进入二回路，发生冷却剂丧失事故。因此蒸汽发生器传热管检查的可靠性极为重要，也开展了相当多的研究。例如，EPRI 组织开展了对西屋公司蒸汽发生器传热管的涡流检查循环试验（RRT)，目的是验证涡流检查的可靠性。对新型涡流探头的研制也相当重视，在传统差分探头的基础上，目前又研制出多频旋转扁平感应圈探头和阵列式探头，对提高缺陷的检出率大有帮助。从在役检查的经验看，传热管外壁的晶间腐蚀以目前的涡流检测技术很难检测。

除了部件实际损伤的检测外，水化学的原位监测与检测也是已经被国际上许多核电站广泛采用。我国在实验室的研究结果虽然很多，然而在核电站的实际应用还没有开展，需要重视和加强。

七、安全评估与寿命评价的研究趋势

核电站安全是全世界公众极为关注的问题。关键金属部件是构成压水堆核电厂最重要的安全屏障，其老化和寿命评估更应引起高度重视。较早投运的大亚湾核电厂至今已运行 20 年，出现了不少老化问题[23]。根据美国的核电厂延寿经验，6 年后大亚湾核电厂将面临延寿问题。及早开展压水堆核电厂老化及其寿命评估研究，将是明智的选择。

核电厂部件、系统和结构的失效归根到底是材料的性能退化。特别是要注重材料在核电站高温高压水运行环境下的老化机理研究。在核电厂建设期间应做好关键金属部件的留样工作，同时应加强在役核电厂被更换的自然老化部件的管理工作，建立材料的实体档案。国外早期的核电站没有开展这样的工作，给后续的核电站安全管理、延寿带来了一定困难。老化研究另一个重要方面是寿命评估技术。不仅要重视理论研究，而且也应重视寿命评估的试验研究、包括预测模型、大尺寸或全尺寸试验验证。

第十一节　标　　准[26]

国际核电界已经有多种较成熟的核电设计制造运行标准体系，如美国的 ASME、法国的 RCC-M、俄罗斯的 FOCT、德国的 KTA 等，其中用的较广泛的就是美国的 ASME 和法国的 RCC-M。美国的 ASME 标准完整全面、通用性强，为世界大多数核电国家借鉴；法国的 RCC-M 规范只适用于压水堆，是国际上公认的最安全的核电设备制造规范。

美国核电厂材料标准整体内容全面完整，并形成完整的体系，适用范围较广，且结合实际技术的发展不断提高。ASME BPVC 第Ⅱ卷 A、B、C、D 篇，是通用的材料标准，适用于各种压力容器，包括非核设备材料。而核设备专用的要求，在设备篇或采购技术规格书中进行了规定；同时，也对核电厂设备用焊接材料提出了明确的规定。

这些标准中所选用的材料均为美国牌号，所以其他国家在参考转化时需

要针对本国情况对相应材料进行试验或等效替代。如，法国 AFCEN 在将 ASME 的材料部分转换成 RCC-M 的材料部分时，对材料性能等做了大量分析，都转换成法国的材料牌号，并在总的格局上做了调整。

法国 RCC-M 借鉴了美国 ASME 规范第Ⅲ卷中 NB、NC、ND、NG 和 NF 各分卷的有关内容，吸取了法国在核工业发展实践中所取得的经验和成果，汇集了法国压水堆核电厂核岛机械设备设计和建造实践中的所有规范。RCC-M 对材料的要求归纳起来具有以下三个特点。

（1）RCC-M 是针对压水反应对核岛设备的专用标准，是一部针对性极强的制造标准。对材料的要求都针对到不同的部件或零件，同一种牌号的材料在不同的部件甚至是同一部件的不同零件上都由不同的标准来区分控制。

（2）RCC-M 对设备选材具有极强的限制性，对新材料的使用有严格的限制。RCC-M 规定：如果考虑用一个新工艺和新材料制造零件，必须在新方法实施之前，制定一个新的零件采购技术规范；该规范必须由制造商和 AFCEN（法国核岛设备设计和建造规则协会）共同制定；新规范必须编入 RCC-M 中，零件和制品的采购规范也要按这些规定；制定这些规范时必须按 M140 规定提供鉴定报告。从这些规定可以刊出 RCC-M 不鼓励使用新材料，所有选材必须是经长期证明过的材料。

（3）由于 RCC-M 是一个针对性极强的标准，因此对材料的要求非常具体。对压水堆设备的每个部件甚至零件从选材到对材料的具体要求都有具体而明确的规定，对材料的技术要求也具体。

可见，RCC-M 标准给设备制造商和材料制造商很小的选择空间，同时也看出这是一部安全性强、操作性强的设备制造规范。

我国核电行业标准最初是由核工业标准化研究所的研究制定，共编写了 36 项压水堆核电厂主要系统和设备的设计准则。由于当时我国还没有自己的核电厂，只能根据过去多年核工业积累的经验及对核电厂的调研来编写，且适用的材料型号也不明确，所以在每个系统的设计准则章节内对材料仅提出了最基本的要求。

在我国自行设计建造的秦山核电站竣工时，为了及时总结核电工程经验，核工业总公司编写制定了 108 项有关 30 万千瓦压水堆核电厂的技术标准，其中有 20 多项是直接关于材料的标准，其范围覆盖核岛主要设备和主要部件的用材，但碳钢和焊接材料的标准较少。

从 1992 年开始，随着大亚湾核电站建设的进展以及对法国核电建设经验的了解，中国核工业总公司决定参考 AFECN 的核电标准格局编制我国核电核岛机械设备的规范，先后组织编写了以 RCC-M 为蓝本的 19 项标准。但在编写的过程中，由于材料种类繁多、体系差异较大，所以并未能对 RCC-M 所包括的材料标准作全面转化，只是根据需要按法国标号进行了仿制。

一直以来，核电站用材料都是依赖进口，国内对核电用材的了解比较模糊。虽然也制定了一系列的关于核电用材的法律、法规、导则及国标、行标等，但是一些标准由于制定时间较早或制定时缺少实际运行经验参考，已不适用或需要进行修订补充；而且随着核电技术的发展，以及冶金和铸锻、加工水平的提高，对核电用材也提出了新的要求，也需要制定新的相关标准；此外，由于核电技术路线和堆型选择的不统一，国内各个核电厂参考采用的设计制造运行标准体系也不相同，相应的材料相关标准也互有差异。受以上各因素的影响，我国核电用材相关标准整体呈现定位不准、内涵不清、技术内容不完整、有关标准间有交叉重叠等特点。因此，在相当长的一段时间内，我国都将是以 RCC-M 系列为基础的规范标准（针对第二代加改进）和以美国 ASME、IEEE 等为基础的规划标准（针对第三代）并存的局面。如果我们能在实践中不断合理地扩大这两个系列之间的兼容范围，特别是加大力度制定出我国统一的、既符合我国国情又与国际接轨的压水堆核电标准规范，同时也可以按钢种、组织状态、制品类型、使用对象分门别类系统地制定我国核电厂设备材料标准，使其成为完整、系统的标准，避免出现多标准的乱象。

第十二节　小　　结

核电站的安全性总是位于核能利用的首位。核电关键材料的设计、制备、使役行为是其中的重要问题。特别是我国在借鉴国外材料的基础上，从使役行为角度出发研究和改善材料，结合美国提出的材料基因组方法和思路设计材料，对保障核电安全，特别是对建立我国的核电站材料与装备的标准体系、形成完整的安全评估方法均是需要特别加大力度支持的重要方向。

在材料使役行为方面存在下述关键学科问题。在长期的高温高压水和辐照条件中服役，材料微纳米尺度下的制备加工缺陷的腐蚀机制、微纳米尺度下的局部腐蚀向裂纹孕育、萌生的转变过程、裂纹前沿的微纳米尺度下扩展机制的描述、微纳米尺度下材料近表面与裂纹内的水的行为及其与材料的交互作用等，是重要的研究课题，而长期服役过程中材料与结构损伤行为的描述、损伤状态的检测方法与技术、寿命预测模型与方法对工业界尤为重要。多尺度损伤演化计算模拟、先进的微观分析手段的采用是突破的重要工具。宏观尺度域内的尺寸效应，宏观尺度与微观尺度间的尺度关联；失效过程的经时非线性行为，等效加速模拟、寿命预测理论与方法；不同环境条件下的使役行为，多环境因素的耦合作用机制与规律；跨尺度、跨时间、多环境因素交互作用下，工程材料结构使役行为与安全评价的相关理论与试验方法。

核电站的系统复杂，涉及大量的关键设备的制造。核电站设备制造能力已成为衡量一个国家制造技术的标志之一，世界核电发达国家，如美国、日本、欧洲、俄罗斯，包括韩国等国家和地区均有强大的核电设备制造能力。核电站中主要的大型设备包括（这里主要指核压力边界设备、堆芯设备和控制设备，不包括常规电力设备）：核电站压力容器、堆内构件、主泵、蒸汽发生器、控制设备、专设安全设施设备等。我国在这些方面亟待加强。

参考文献

[1] 袁改焕，卫新民．锆合金研究进展及我国核电站用锆材国产化的思考．钛工业进展．2011，28（6）：18-22.

[2] 陈宝山．核燃料组件用锆材国产化与发展．中国核能可持续发展——核电装备制造．2010：93-98.

[3] 李昌义，刘正东，林肇杰．核电站反应堆压力容器用钢的研究与应用．特殊钢．2010，31（4）：14-17.

[4] 李云良，张汉谦，彭碧草，等．核电压力容器用钢的发展及研究现状．压力容器．2010，27（5）：36-43.

[5] 李承亮，张明乾．压水堆核电站反应堆压力容器材料概述．材料导报，2008，22（9）：65-68.

[6] 张晓中．核岛主设备结构材料述评．2007 中国国防工业标准化论坛．2007：91-93.

[7] 潘品李，钟约先，马庆贤，等．大型核电主管道制造技术的发展．锻压装备与制造技术，2011，46（1）：13-17.

[8] 张红斌，李守军，胡尧和，等．国外关于蒸汽发生器传热管用 Inconel 690 合金研究现状．特钢技术，2003，8（4）：2-9.

[9] 刘奎，李依依．蒸汽发生器用 690 合金及管材研究与技术开发．深圳：核电站新技术交流会．2010：239-244.

[10] 霍树斌，陈佩寅，陈燕．690 合金焊接材料的发展现状及国产化研究进展．中国核科学技术进展报告，2009，（1）：265-271.

[11] 赵建仓，朱平，鲁立．核电关键敏感设备焊接技术现状及发展趋势．焊接，2011，(1)：2-7.

[12] 张科峰．核电站用电缆的主要特点．职业，2010，(29)：9-10.

[13] 王怡瑶．核电站电缆现状及发展的思考．装备机械，2009，(4)：2-8.

[14] 蔺新刚．核电厂混凝土结构耐久性设计．科技信息，2011，(3)：776-777.

[15] 韩恩厚．核电站关键材料在微纳米尺度上的环境损伤行为研究——进展与趋势．金属学报，2011，47 (7)：769-776.

[16] 韩恩厚，王俭秋，吴欣强，等．核电高温高压水中不锈钢和镍基合金的腐蚀机制．金属学报，2010，46 (11)：1379-1390.

[17] Shah V N，MacDonald P E. Residual life assessment of major LWR components-overview . NUREG/CR-4731，1987，1：3-11.

[18] 杨文斗．反应堆材料学．北京：原子能出版社，2000：160-170.

[19] 李生田，刘志远．焊接结构现代无损检测技术（第 1 版）. 北京：机械工业出版社，2000：136-148.

[20] IAEA. Assessment and management of ageing of major nuclear power plant components important to safety：primary piping in PWRs. IAEA-TECDOC-1361，2003：1-235.

[21] USNRC. Generic ageing lessons learned（GALL）report. NUREG-1801，2001，2：1-231.

[22] 束国刚，陆念文．压水堆核电厂关键金属部件的老化和寿命评估．中国电力，2008，39 (5)：53-58.

[23] Chopra O K，Chung H M，Clark R W，et al. Environmental assisted cracking in Light water reactors. NUREG CR-4667，2001，32：1-69.

[24] Ware A G，Worton D K，Nitzel M E. Application of NUREG/CR-5999 interim fatigue curves to seclected nuclear power plant components. NUREG/CR-6260，1995：1-193.

[25] 吴欣强，徐松，韩恩厚，等．核级不锈钢高温水腐蚀疲劳机制及环境疲劳设计模型. 金属学报，2011，47 (7)：790-796.

[26] 孙丹丹，白绪涛．我国核电核岛和常规岛设备材料相关标准现状分析．长沙：中国电机工程学会核能发电分会 2008 年学术年会．2008.

第七章 材料基因组工程

第一节　美国材料基因组计划简介

美国的“材料基因组计划”（The Materials Genome Initiative，MGI）是白宫科技政策办公室召集国防部、能源部、商务部、国家科学基金、美国国家工程院、美国国家科学院等机构代表组成的跨机构工作组联合拟定的国家性计划，该计划由美国总统巴拉克·奥巴马于 2011 年 6 月 24 日在卡耐基·梅隆大学做的以“先进制造业伙伴关系”为主题的演讲中宣布。奥巴马明确地指出材料基因组计划的总目标是“将先进材料的发现、开发、制造和使用的速度提高一倍”。2012 年 5 月 14 日，白宫科技政策办公室和美国国家标准与技术研究院（NIST）共同召集了约 150 人，在白宫召开了以“促成一个全国性的运动”为目标的会议（本章笔者应邀参加了这次活动），要求与会者广泛参与和大力促成。材料基因组计划作为一个国家性的“运动”正在美国积极地展开，以此保持和提升美国新材料的技术优势以促进其制造业的复兴。

白宫科技政策办公室在 2011 年 6 月 24 日相应发布的白皮书《具有全球竞争力的材料基因组计划》中，阐述了材料创新基础设施的三个平台：计算工具平台、实验工具平台和数字化数据（数据库及信息学）平台，如图 7-1 所示[1]。材料基因组计划提倡的并不只是开发和应用计算材料学，而是要集成计算工具、实验工具和数据库来加快材料的设计与应用。白皮书中强调材料创新基础设施是一个材料设计与制造的“加速器”。

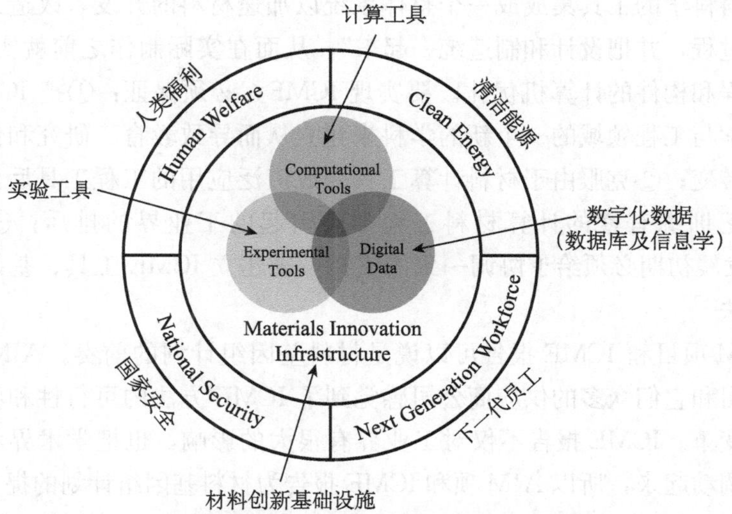

图 7-1 材料基因组计划中的材料创新基础设施的内涵[1]

在材料基因组计划之前，美国国防高级研究计划局（DARPA）曾在 2000 年开始资助美国通用电气公司（GE）、普惠公司（P&W）和波音公司（Boeing）开展了以“加速材料应用”（Accelerated Insertion of Materials, AIM）为题的项目。要求这三大公司集成所能获得的模型与数据（不论是基于理论的，或是半经验的，或是纯经验的），来示范材料性能的优化或加工过程的优化；另外，要求把供应商的模型与数据也用网络连接起来用于整个优化过程；这个项目还要求公司建立材料设计人员和产品设计师早期接触的机制。这些项目对美国材料快速设计与应用，特别是结构材料的设计与应用有长远的影响。本章笔者参加了在 GE 公司的 AIM 项目，对它所产生的影响感受很深。

美国国家科学院和国家工程院共同设置的国家研究理事会（National Research Council，NRC）在 2008 年发表了题为“集成计算材料工程”（Integrated Computational Materials Engineering，ICME）的报告[2]。该报告明确指出了当前材料设计的方法和系统面临的问题：①现代的计算工具已经从根本上大大缩短了新产品设计的时间，而材料设计却没有相似的可靠而普适的计算工具使材料设计主要靠试验，导致了材料设计远远落后新产品设计；②太长的材料设计周期和低成功率使得新材料在新产品中的使用越来越少，从而导致非最佳的材料被用在产品中；③用于产品的材料性能欠佳而成为制约产品性能设计的瓶颈，造成恶性循环。“ICME 是一个新的学科旨在把计算材料科学的工具集成成一个整体系统以加速材料的开发，改造工程设计的优化过程，并把设计和制造统一起来”，从而在实际制作之前就实现材料、制造过程和构件的计算机优化。要实现 ICME，必须保证：①把 ICME 作为材料科学与工程领域的一个新的学科来建立从而导致教育、研究和信息共享方面的转变；②克服由于材料计算工具变成广泛应用的工程工具后，速度变慢和缺乏训练有素的计算材料工程师而引起的工业界的排斥；③政府在 ICME 发展初期必须给予协调一致的支持，来建立 ICME 工具、基础设施和教学方法[2]。

AIM 项目和 ICME 报告可以说是材料基因组计划的前奏。AIM 项目让三大公司和它们众多的供应商公司感觉到了 ICME 方法的可行性和将来可能引起的变革。ICME 报告不仅对工业界有很大的影响，也把学术界和教育界积极性调动起来，所以 AIM 项和 ICME 报告为材料基因组计划的提出打下了基础。

在奥巴马提出材料基因组计划之前，美国宾夕法尼亚州立大学材料系刘梓葵教授于 2002 年率先注册了“材料基因组”的商业网站（http：// www. materialsgenome. com），用来提倡相图计算（CALPHAD）方法及其数据库的应用。几年以后麻省理工学院（MIT）材料系的 Gerbrand Ceder 教授开始建立材料基因组的非商业网站（http：// www. materialsgenome. org），来提倡大规模快速的第一性原理计算在材料设计中的应用（主要集中在功能材料上）。还是奥巴马总统提出材料基因组计划之后，这个“运动”才在美国和其他国家展开。中国也于 2011 年 12 月召开了一个相关的以“材料科学系统工程”为主题的香山会议[3]。

第二节　材料中的“基因”

严格来说，材料中并没有与生物中的基因相对应的“基因”。但是材料基因组计划与人类基因组计划还是有很强的类比性，如表 7-1 所示，人类基因中的 DNA 和 RNA 的排列（排序）决定人体的主要机能（性状），与此类似，原子的性质和排列包括晶体结构和缺陷，决定了材料的内在性能。例如，fcc 和 bcc 结构通常比 hcp 结构有更好的延展性。再如，fcc 相的扩散系数通常低于 bcc 相扩散系数因为 fcc 相是更紧密排列的，因此晶体结构及其中的原子包含着材料性能的信息。人体中的大多数基因需要通过蛋白质“翻译”才能表现他们的特征，与此类似，大多数材料的性能（尤其是力学性能）需要通过微观组织（结构）去体现出它们的宏观性能（单晶应用除外）。人类基因组计划是建立 DNA 和 RNA 的排序和人体机能（性状）之间的关系，与此类似，材料基因组计划就是寻找和建立材料的原子排列—相的形成—显微组织的形成—材料宏观性能与使用寿命之间的相互关系。人类基因组和材料“基因组”之间的主要区别在于人类基因具有繁殖的信息并可以复制，这在材料中是不存在的（我们只能用相图预测不同元素融合/结合在一起时会形成什么相/晶体结构）。另一个关键的不同之处，在于人体基因是含有某个特征代码的最小重复单元，而材料的微观组织更加多样化，没有严格相当的“基因”（没有简单的双螺旋结构）。如果仍想寻求材料中的“基因”，我们可以调用“代表体积元”（RVE）这个概念：一个基因包含人体机能的密码，而一个 RVE 可以用来预测材料的宏观性能（当所有的成分-结构-性能关系都已建立之后）。笔者倾向于把原子和它们的排列（包括成分、晶体结构和缺陷）作为材料的“基因”。

表 7-1 人类基因组计划与材料基因组计划的类比

人类基因组计划	材料基因组计划
	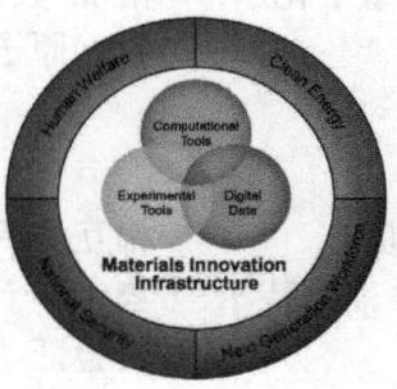
人体的基因排列决定了人体机能	材料显微组织及其中的原子排列决定了材料的性能
测定、分析和储存人类基因组图谱	寻找和建立材料从原子排列到相的形成到显微组织的形成到材料宏观性能与使用寿命之间的相互关系
成功的关键：高通量快速的实验方法、生物信息学、强有力的领导[4]	成功的关键：材料理论计算与模拟、高通量快速的实验方法、材料性能数据库和信息学、强有力的领导

总体来说，如同人的基因排列决定了人体机能一样，材料显微组织及其中的原子排列决定了材料的性能。因此，材料基因组工程就是寻找和建立材

料的原子排列—相的形成—显微组织的形成—材料宏观性能与使用寿命之间的相互关系。这种把成分-结构-性能关系和数据库与计算模型结合起来就可以大大加快材料研发速度、降低材料研发的成本、提高材料设计的成功率。如何根据制造需求提出材料的性能需求，再根据性能需求来快速、准确地设计研发出所需材料是材料基因组工程的目标。在这里用材料基因组工程比用材料基因组计划更确切些。

第三节 计算工具

ICME 报告中总结了材料计算的主要工具，于表 7-2 所示[2]。本节将不重复描述这些工具，而是从结构和性能预测的角度介绍一些计算方法的发展。

表 7-2 材料领域的一些计算工具

计算方法	需求的输入	输出结果	软件包
电子结构方法（泛函理论、量子化学）	原子数、质量、价电子数、晶体结构和晶格常数、Wyckoff 位置、原子排列	电子性能、弹性常数、自由能随结构和其他参数的变化、激活能、反应途径、缺陷形成能和相互作用	VASP、Wien2K、CASTEP、GAMES、Gaussian、a = chem.、SIESTA、DACAPO
原子尺度模拟（分子动力学、蒙特卡洛方法）	相互作用方式、原子势能、计算方法、方法验证	热力学性能、反应途径、结构、点缺陷和位错迁移率、晶界能和晶界移动性、析出相尺寸	CERIU2、LAMMPS、PARADYN、DL-POLY
位错动力学	晶体结构和晶格常数、弹性模量、边界条件、移动规律	应力-应变行为、硬化行为、尺度效应	PARANOlD、Disdynamics、Micro-Megas
热力学方法（CALPHAD）	从第一性原理计算和差热分析获得的自由能数据、从材料数据库中拟合的自由能函数	相形成图、各相的摩尔分数，多元相图，自由能	Pandat、Thermo-Calc、FactSage
显微组织演化方法（相场、界面跟踪方法、波茨模型）	自由能和动力学（原子迁移率）数据库、界面能和晶界能、（各向异性的）界面迁移率、弹性模量	凝固和枝晶组织，加工、成型和使用过程中显微组织的演变	OpenPF、MICRESS、DICTRA、3DGG、Rex3D

续表

计算方法	需求的输入	输出结果	软件包
微观力学和介观性能（固体力学和有限元分析）	显微组织特征、各相和各组分的性能	材料性能例如弹性模量、强度、韧性、应变承受能力、热/电导率、磁导率、还有可能预测蠕变和疲劳性能	OOF、Voronoi Cell、JMatPro、FRANC-3D、ZenCrack、DARWIN
显微组织图像软件	从光学显微镜、电子显微镜和X光获得的显微像	像的定量分析和数值表示	Mimics、IDL、Doctor、Amira
介观结构模型（加工工艺模型）	加工过程的热和应变历史	微观结构特征（例如晶粒尺寸、织构、析出相尺寸）	PrecipiCalc、JMatPro
部件尺度的有限元分析、有限差值分析和其他连续模型	部件的几何形状、制造工艺参数、部件载荷、材料的性能	温度、应力和应变、电流、磁性和光学等性能的分布	ProCast、MagmaSoft、CAPCAST、DEFORM、LS-DYNA Abaqus
程序与系统集成	模块输入与输出以及集成的逻辑结构、原始输入	最优化的设计参数，对输入值和单个模块的敏感性	iSIGHT/FIPER、QMD、Phoenix
统计工具（神经网络、主变量分析方法）	成分、加工条件、性能	输入与输出的相关性，对机制的理解	SPLUS、MiniTab、SYSTAT、FIPER、PatternMaster、MATLAB、SAS/STAT

一、第一性原理和分子动力学计算

通常我们讲成分-结构-性能关系是材料科学的基础，所以从成分直接预测晶体结构是最基本的也是很重要的。近几年来开发的方法基本可以做到从成分直接预测晶体结构，特别是二元系和固定成分的化合物相的晶体结构。Ceder 小组开发了把第一性原理计算与信息学（数据挖掘）相结合来预测晶体结构的方法[5,6]。其可靠性在 80 个二元系中得到了很好的验证[7]。Zunger 和他的合作者也开发了一种预测晶体结构的基因算法[8]。中国最近开发的卡里普索（crystal structure analysis by particle swarm optimization，CALYPSO）晶体结构预测方法也有很好的应用前景[9,10]。另外一种叫做 PEGS+DFT 的方法已经被成功地用来预测复杂离子晶体的晶体结构[11~13]，这种方法最近甚至被用来成功地预测了一个非晶态的化合物的局部的晶体结构[14]。可以看出，最近几年从过去比较简单的用结构图（structure maps)[15,16]预测到现在更准确晶体结构预测已有很大的进展，但是结构图在预测多组元合金中的相结构可能还是有它的用处[17]。

有了晶体结构的信息就可以用泛函理论（DFT）来计算一个晶体的很多性能，例如绝对温度下（0 开）的基态能、晶格常数、电子态密度、弹性模量等。应用最广泛的 DFT 计算程序是 VASP（vienna ab-initio simulation package)[18,19]；在多电子系统需要对 DFT 进行自相互作用修正[20]；强相关体系和磁性体系的计算会导致较大的误差。目前，采用的对策主要包括局域密度近似结合动力学平均场（LDA+DMFT）方法[21~23]和局域密度近似结合 Gutzwiller 近似的（LDA+Gutzwiller）变分法[24]。

对任意成分的固溶体进行 DFT 计算需要做近似处理，以免采用过多的晶包从而导致太长的计算时间。特别准随机结构（special quasirandom structure，SQS)[25]、相干势近似（coherent potential approximation，CPA)[26,27]和虚拟晶体近似（virtual crystal approximation，VCA)[28,29]是三种很有效的方法；团簇变分法（cluster variation method，CVM）或集群扩展法（cluster expansion）也是计算固溶体性能需要常用的方法[30~34]，这种方法在一个已被广泛使用的叫做合金理论自动工具包（alloy theoretic automated toolkit，ATAT）的开源程序中实施[35~39]。该程序有很强的普适性，因为它可以处理多成分、多点阵和张量化的体系，也已经包括振动（声子）和电子的贡献。计算非 0 开温度的性能必须先计算声子振动的性能[40~44]。

用以上方法的可以计算 0 开的形成焓和在不同温度下的吉布斯自由能、比热容、晶格常数、弹性模量、声子散射曲线、电子态密度（从而预测能带隙)、热膨胀系数（CTE）等。一些计算结果与实验值的比较如图 7-2 所示[45~48]。从 DFT 计算的吉布斯自由能的误差范围大概在 ±5～10 千焦/摩，所以可以用来预测不同的晶体结构（相互值的大小排序很可靠)，但是其绝对值还达不到相图计算方法（CALPHAD）所需的精度（通常要求在±0.1～0.5 千焦/摩)。

扩散系数是动力学模拟特别是多元合金中的形核和长大过程模拟所必需的数据，第一性原理已经可以很好地计算自扩散系数[48]、杂质扩散系数[49,50]、互扩散系数[51~53]和离子晶体中的离子扩散系数[54]。

第一性原理计算热膨胀系数并不太困难[55,56]，而且现在可以直接用

ATAT 程序来计算[37]。离子晶体和共价晶体的硬度也可以用第一性原理计算，因为这时实际上只要计算有多少化学键被破坏[45]。这种方法对具有塑性的金属完全不适用。

用第一性原理来准确计算材料的磁性或磁性材料的性能还有些困难。上文提到的局域密度近似结合动力学平均场（LDA＋DMFT）方法[21～23]和局域密度近似结合 Gutzwiller 近似的（LDA＋Gutzwiller）变分法比以前的方法[57～59]更可靠，但计算量要大很多。

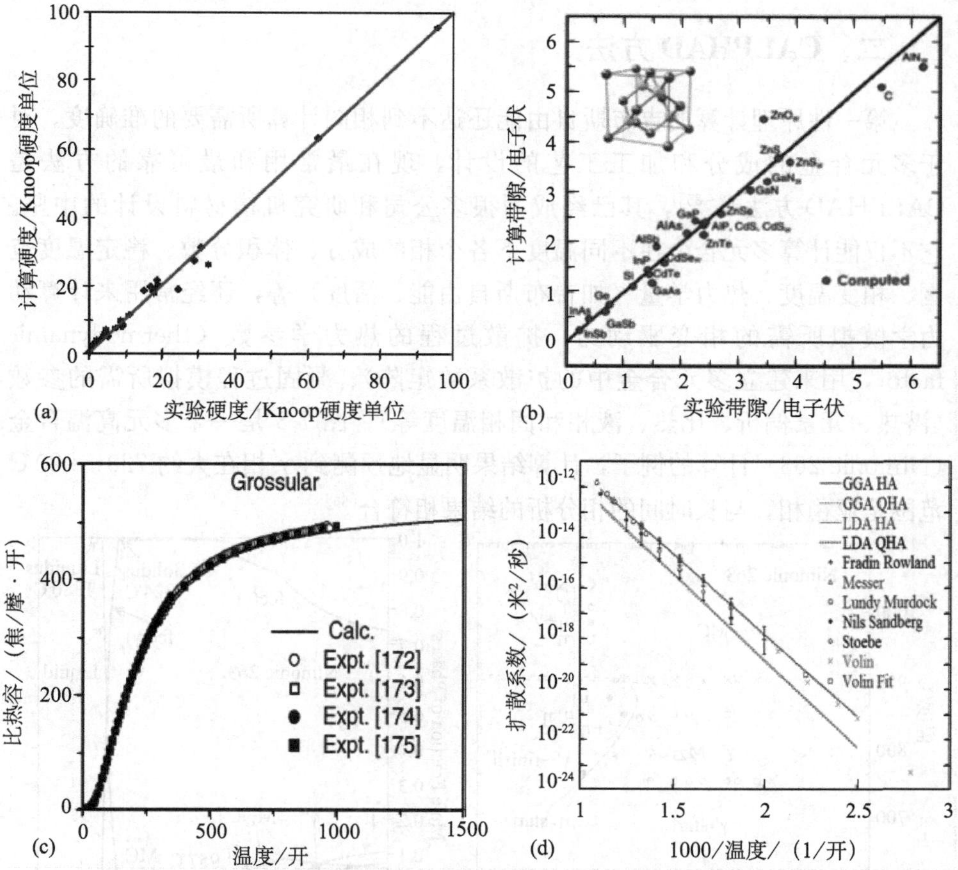

图 7-2　用第一性原理和分子动力学计算的硬度（a）、半导体能带隙（b）、比热容（c）和扩散系数（d），与实验结果相比较[45～48]

用第一性原理来计算半导体和绝缘体材料的热导率和电导率已有不少工作[60～67]，金属材料（特别是任意成分的固溶体）的热导率和电导率的计算要困难一些，因为涉及其中的自由电子的运动[68]。

表 7-2 列出了可以从分子动力学和蒙特卡洛方法（包括从头计算分子

动力学[69,70]）中获得的信息：热力学性能、反应途径、结构、点缺陷和位错迁移率、晶界能和晶界移动性、析出相尺寸等[71~74]。这方面有很多小组在进行研究。

第一性原理计算可以直接用来设计功能材料，因为这时只需要计算某种或几种物理性能而且大多数情况下不需要计算微观组织。很成功的例子有Ceder小组用第一性原理设计锂电池中的材料[75~77]。另一个例子是超硬材料的设计[78~81]。

二、CALPHAD方法

第一性原理计算的吉布斯自由能还达不到相图计算所需要的准确度。对于多元合金的成分和加工工艺的设计，现在最常用和最可靠的方法是CALPHAD方法[82~85]，其已经成为很多公司和研究机构材料设计的中坚。它不仅能计算多元合金在不同温度下各个相的成分、体积分数、稳定温度范围、相变温度、热力学量（如吉布斯自由能、活度）等，还经常用来计算动力学模拟所需的相变驱动力、扩散过程的热力学参数（thermodynamic factor，用来建立多元合金中的扩散系数矩阵）、凝固过程模拟所需的参数（潜热、元素偏析、比热、液相和固相温度等）。图7-3是一个多元高温合金（Nimonic 263）计算的例子，计算结果明显地预测到γ′相在大约720～920℃范围是亚稳相，与长时间的相分析的结果相符合[86]。

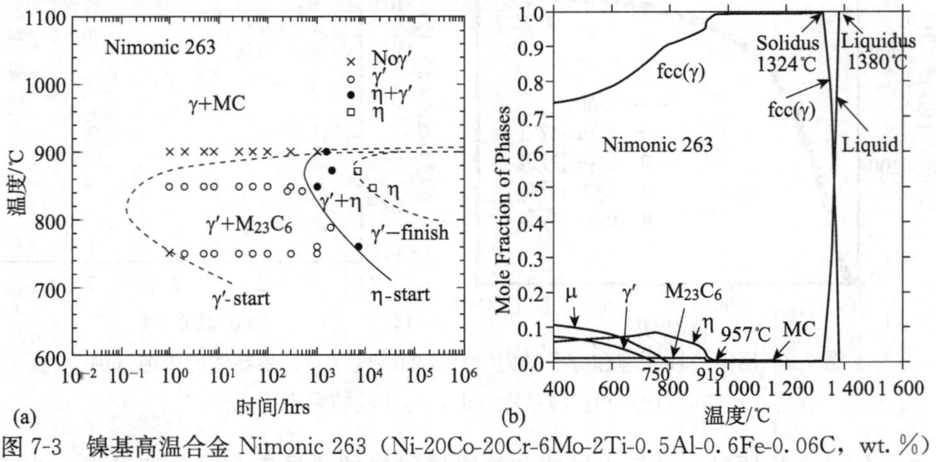

图7-3 镍基高温合金Nimonic 263（Ni-20Co-20Cr-6Mo-2Ti-0.5Al-0.6Fe-0.06C，wt.%）的TTT图（a）与热力学计算结果（b）的比较

TTT图（a）显示在700℃以上γ′相是亚稳相，在长时间热处理后转变为稳定的η相；（b）是从热力学计算获得的该合金在不同温度下的平衡相的摩尔分数[86]

CALPHAD中的各相的热力学参数是用实验结果（主要是二元相图和三元相图再加上形成焓、混合焓、比热、活度等）拟合/优化出来的，因此实验结果特别是三元相图是拟合可靠的热力学参数的重要输入。从第一性原理计算的热力学量虽然不能直接用来建立CALPHAD数据库，但可以用来作为拟合过程的参考值和上下限。这个上下限实际上对优化结果的可靠性很重要。

CALPHAD方法的框架已很成熟。现在的发展主要集中在建立可靠的数据库和扩展数据库中的所包括的元素。未来的发展会从热力学、扩散迁移率、摩尔体积[87~89]等性能推广到其他性能以用于多种不同材料的设计。把CALPHAD计算与相场方法结合起来预测材料的微观结构和性能也是一些小组正在进行的工作。CALPHAD计算应用的例子多不胜举[83~85,90]。在后面要介绍的两个成功的材料设计的例子中CALPHAD计算都起了重要的作用。

三、显微组织预测

相场方法[91~96]是显微组织预测的主要方法，它最大的优点是不需要跟踪界面，从而不需要对显微组织的初始形貌进行提前设定，也不需要假定形貌不变。因此，相场方法可以模拟复杂显微组织的演变，图7-4列出了两个例子[97,98]。另外一个重要的优点是相场方法可以把各种效应（弹性、磁场、温度场、电场、应力场等）都同时考虑进去，因此它经常用于机制性的研究。一个很好的例子是用相场方法预测和解释薄膜中的相和形貌的变化，从而建立其“相图”[99,100]。

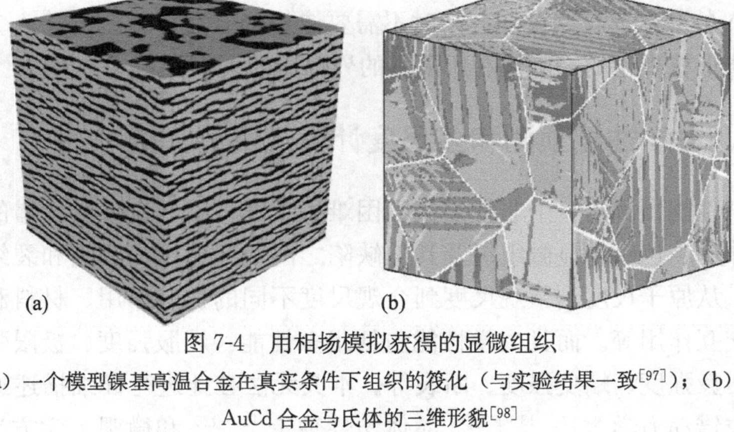

图7-4 用相场模拟获得的显微组织

(a) 一个模型镍基高温合金在真实条件下组织的筏化（与实验结果一致[97]）；(b) 一个AuCd合金马氏体的三维形貌[98]

相场方法的计算量比较大。常用的粗粒度的相场模型（coarse-grained phase field model）需要输入很多的信息，包括各相的吉布斯自由能、动力学参数（原子迁移率）、晶体结构、晶格常数、界面能和晶界能、各向异性的弹性模量、相界面的性能和缺陷、并且需要这些性能随温度和成分的变化。另外还要对形核过程和界面厚度进行假设。CALPHAD方法能够提供各相的吉布斯自由能和原子迁移率随温度和成分变化的数据。其他数据现在需要从实验结果或第一性原理计算来获得。材料基因组工程的一项重要工作就是要建立各相的多种性能随成分和温度的变化关系，为材料设计和模拟提供数据和基础。

Kim-Kim-Suzuki（KKS）模型[101]或叫多相相场模型[102,103]把界面厚度与界面能完全分离开，从而使相场方法可以用来模拟任意尺度的材料体系，并且为多相体系和大规模的相场模拟奠定了基础。

微观相场模型（microscopic phase field model）只需要用第一性原理计算的广义层错能（GSF）和弹性模量来预测位错的核心结构和能量以及晶界的结构和能量。再用规则溶液模型和 Cahn-Hilliard 方法[104]就能预测平面型的异相界面的能量和结构以及临界核的形状和激活能[96]。

把位错也放到相场方法中进行模拟是一个很好的发展[105~109]，为以后从相场获得的显微组织中直接预测力学性能打下了基础。相场方法很早就已经用来模拟晶粒长大[110]。因此，相场方法将来可能用来预测一些力学性能[96]。

把 CALPHAD 热力学数据库用到相场模拟中并不直截了当，通常需要对相场用的“有序参数”重新拟合一个函数。这种方法到多元系时困难特别突出。

在不考虑析出相的三维（空间）分布时，可采用 TC-PRISMA[111,112]这样的程序来模拟析出相的形核和长大过程。这个程序直接调用 Thermo-Calc 和 DICTRA 的数据库，因此用起来时不需要像相场方法那么多的输入。但是要注意经典形核理论的局限性和所采用的界面能的大小。

四、力学性能预测和多尺度计算工具的集成

力学性能预测是一个非常复杂和困难的工作，因为它涉及位错的形成及其交互作用、位错与显微组织及其他缺陷之间交互作用、缺陷和裂纹的形成与长大、从原子尺度到微观尺度到介观尺度不同的机制作用、材料和缺陷与环境的交互作用等。而且力学性能包括很多性能：屈服强度、极限强度、延展性、耐疲强度、蠕变强度、断裂等。本文无法在此进行详细描述这方面的进展。位错动力学方法[113~115]、晶体塑性理论[116~120]和微观力学方法[121~125]已被广泛采用。

有几种方法试图把从原子尺度到微观尺度到介观尺度到宏观尺度的模型和方法集成起来[126~132]，但还没有一种普适的被广泛采用的方法和程序；材料基因组工程计划和ICME都希望这方面取得重大进展；结构材料的快速设计依赖着这方面的进步。

第四节　实验工具

材料领域已开发和使用了许多不同的实验工具用来研究材料的成分、晶体结构、缺陷、显微结构和各种性能[133]。由于篇幅的限制，本节不可能详细地介绍所有的实验工具，而只能简要地介绍高通量的实验工具在建立材料成分-相-性能之间的关系，以及对一些理论模型的验证方面的应用。

一、扩散多元节方法

扩散多元节是一个把多个扩散偶和几个扩散三元节用热等静压方法结合在一起的样品[134,135]，在高温长时间退火后，元素之间会相互扩散并形成具有成分梯度的固溶体和中间相的扩散层。通过电子探针定量微区成分分析（EPMA）可获得的穿越扩散区域的成分曲线，因为在两相界面处总是保持局部平衡，该处成分对应着两相平衡成分。这就是采用扩散偶测定相图的基础，已成功地用了几十年。扩散多元节中的三元节点区域（扩散三元节）可有效地测定三元相图的等温截面，这是金展鹏开创的方法[136]，这一方法可为建立多组元热力学数据库提供所需的大量的三元相图，没有可靠的二元和三元相图的实验数据就不可能建立可靠的多组元热力学数据库。从一个Pd-Pt-Rh-Ru-Cr扩散多元节中获得的10个三元系的相图如图7-5所示[137]。要是用传统的平衡合金方法可能需要上百个不同成分的铸造合金才能测定这些相图，由此可见扩散多元节的高效率。把从扩散多元节上测定的很多三元相图与平衡合金法测定的结果进行对比显示从扩散多元节上测定的相图很可靠，从而证实用扩散多元节来测定相图的普适性和可靠性[138]。

除了能够有效地测定相图以外，扩散多元节可以用来有效地采集大量的二元系的扩散成分分布曲线，从而提取各个相的扩散系数随成分和温度的变化，以构建原子迁移率的数据库，用于材料析出长大及界面反应的模拟。笔者的研究小组已开发了能从二元多相扩散成分分布曲线中快速提取出扩散系数的程序[139]。

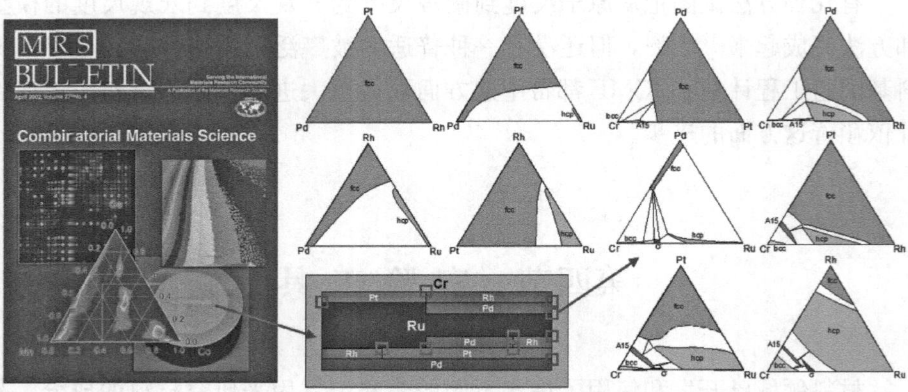

图 7-5　从一个 Pd-Pt-Rh-Ru-Cr 扩散多元节中获得的 10 个三元系的相图

每一个标以方框的扩散三元节处可获得一个三元系的相图和

每个单相区的成分以用于快速、局部性能测试[137]

二、高通量材料性能测试方法

扩散多元节的另外一个主要特征就是可以用来形成二元和三元体系中固溶体，以及金属间化合物的完整的单相区的成分范围/梯度[134,135,137]。从这个意义上说，扩散多元节是一种有效的在单个试样上同时合成多种固溶体成分和化合物的方法。大约 10 余年前，当笔者开发扩散多元节的方法时，有一个简单的想法：利用扩散偶和扩散多元节中形成的固溶体和化合物相的成分梯度，来进行微区材料性能测试以快速获得成分-相-性能关系，从而不需要制备大批单个成分的合金试样就能建立成分-相-性能关系，这就大大提高了性能测试的效率。要实现这一想法就必须开发一套新的具有微米级空间分辨率的材料性能测试工具，于是笔者和合作者们在过去几年中开发了一套新的基于飞秒激光表面反射的测量技术，来准确扫描测试几个关键物理性能，如热导率[140,141]、热膨胀系数[142]及比热容[143]。这些新的扫描性能测量工具与扩散多元节相结合，能够数量级地提高材料性能测试的效率，从而快速建立材料的成分-结构-性能关系以加速新材料开发和研究，为建立新的预测成分-相-结构-性能的理论体系提供了大量的实验结果和理论验证。同时，这种系统、连续的测试可有效地发现异常效应，进一步采用聚焦离子束（FIB）提取微观样品进行分析并结合理论计算来快速建立新理论来解释异常效应，从而提高材料性能预测的精度和可靠性。

热导率的微区测试方法是基于双束飞秒激光的时域热反射技术

(TDTR)[140,141]，其测量精度和空间分辨率可分别达到 ±8%和 2～4 纳米。该技术在一个小时内可以收集到 100×100 格点的热导率图，从而形成热导率像，就如扫描电镜（SEM）显示微观组织像一样。

金属和大多数金属间化合物主要由自由电子迁移来做热传导。因此，这些材料的热导率对元素替换、点缺陷的形成和有序转变特别敏感，从而可以用来研究这些现象。元素替换和点缺陷的形成都会增加电子散射，从而降低热导率。晶体结构的有序化则减少电子散射，从而提高热导率。一个 $Ni-Ni_{45.5}Al_{54.5}$ 扩散偶的热导率像是一个很好的例子，如图 7-6 所示[144]。采用微区测试法从扩散偶中获得的热导率值与 Terada 等[145,146]采用 20 个铸造合金大块试样测量的值符合得很好，这一结果明确显示精确的热导率-成分关系可通过在扩散试样中的成分梯度上进行微区测量来获得，而不需要制备多个单成分的合金试样。图 7-6 也清楚的显示了固溶度对 fcc 相，有序-无序转变对 Ni_3Al 相，以及点缺陷对 β-NiAl 相的热导率的影响[144]。

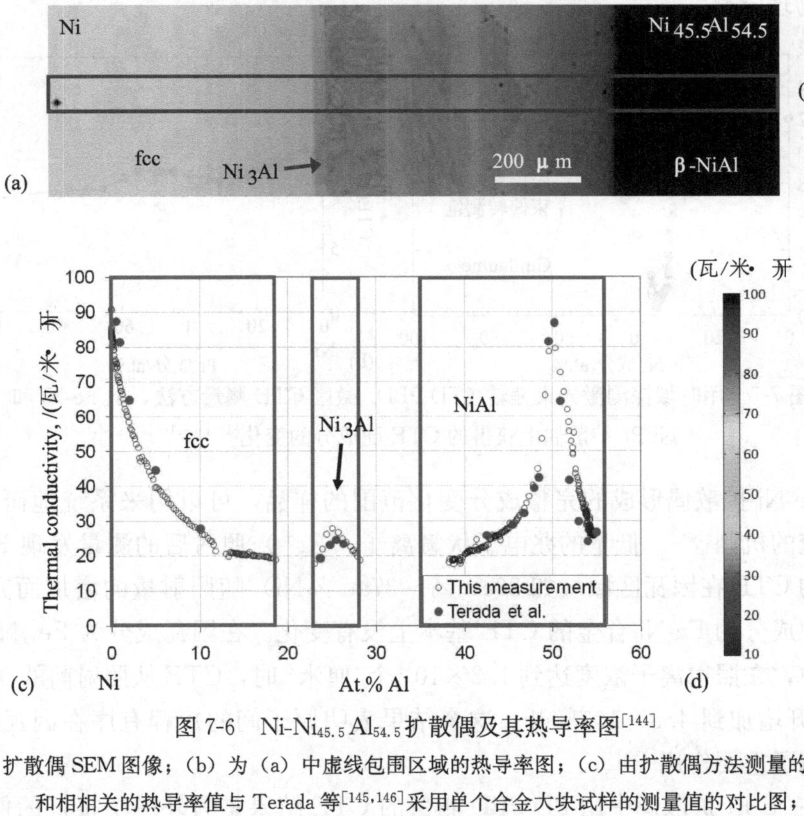

图 7-6 $Ni-Ni_{45.5}Al_{54.5}$ 扩散偶及其热导率图[144]

(a) 扩散偶 SEM 图像；(b) 为 (a) 中虚线包围区域的热导率图；(c) 由扩散偶方法测量的与成分和相相关的热导率值与 Terada 等[145,146]采用单个合金大块试样的测量值的对比图；(d) 为 (b) 中热导率值的色标充分利用这一新的热导率测试技术，通过对多个扩散多元节中的很多个扩散偶进行测量，我们收集到了大量与成分相关的热导率数据，多于前人研究结果的总和。热导率图可以用来研究固溶体和金属间化合物中的点缺陷，也可以用来研究第三组元添加到二元金属间化合物中的元素替换方式（点阵优先取代）[144,147]。

把探测激光束移到离加热激光束几个微米的位置，再检测由加热激光束产生的微区表面热膨胀引起的探测激光束的偏转，进而用时域探测激光束偏转（TD-PBD）的方法可得到微区热膨胀系数（CTE）。该方法的精度可以达到 ±6 %[142,148]。从 Fe-Ni 和 Ni-Pt 两个扩散偶上获得的室温下 CTE 随成分的变化如图 7-7 所示。在没有制备任何单个合金样品情况下，这些数据清楚地揭示了成分大约在 35 at. % Ni 的扩散偶区域合金的因瓦（Invar）效应。微区测量的结果和 Guillaume[149]利用很多个单成分铸造合金得到的结果符合得很好（Guillaume 因为发现因瓦效应而获得 1920 年的诺贝尔物理学奖）。

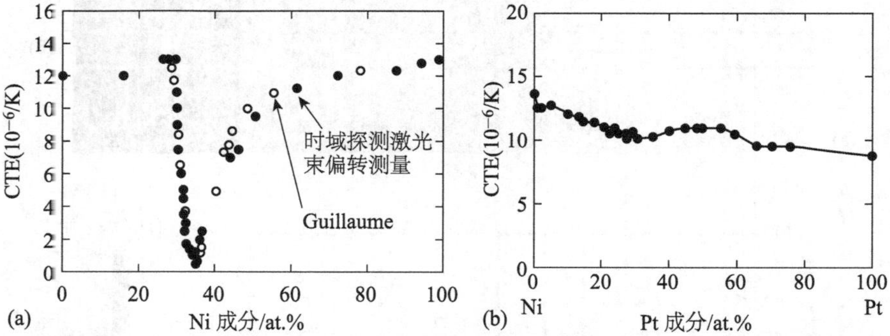

图 7-7　用时域探测激光束偏转（TD-PBD）微区 CTE 测量方法，从 Fe-Ni 和 Ni-Pt 扩散偶上获得的 CTE 随成分的变化[147,148,149]

Fe-Ni 扩散偶形成的完整成分变化范围的样品，可以用来系统地研究因瓦效应的机制[144]。低量的兆电子伏氩离子（Ar^+）照射后的测量发现 Fe-Ni 合金的 CTE 在因瓦区域（如 30at. %～37at. %Ni）随照射量的增加而升高；而其他成分的 Fe-Ni 合金的 CTE 基本上没有变化。在因瓦成分为 $Fe_{65}Ni_{35}$ 的合金中，在照射离子浓度达到 1.2×10^{14} 个/厘米^2 时，CTE 从照射前的 0.5×10^{-6}/开增加到 4.3×10^{-6}/开。这个结果表明原子间的短程有序在因瓦效应中起到了重要作用[150]。

在 Ni-Pt 扩散偶中用 PD-PBD 测量的 CTE 结果是另外一个很好的例子，它清楚地显示当完整的成分范围与微区性能测量相结合时，研究更具有系统性[146]。从图 7-7（b）中可以清楚地看到，成分在大约 32at. %～63at. % Pt 的范围内，CTE 有小幅度的增加。假如用一些（如 10 个）单个合金来测量 CTE 随成分的变化，这个小幅度增加的趋势可能在测量误差中丢失。需要强调的是，我们报道的热导率和热膨胀值并不仅仅是一种趋势，而是可以存档的实验值，和用单个大块样品测量的结果一样好。

热膨胀系数测量的两个例子（图 7-7）可用来说明实验测量的另一个重要作用——系统地揭示异常效应。在 Fe-35 at. %Ni 成分附近的因瓦效应通过测量一个 Fe-Ni 扩散偶的微区热膨胀系数就清楚地显示出来[142]；同样 Ni-Pt 扩散偶的热膨胀系数测量结果表明，在大约 32at. %～63at. %Pt 成分范围热膨胀系数有异常地增加[148]。利用在成分梯度上进行微区测量的系统性，从实验中发现这些异常行为是非常重要的。与理论分析相结合可以帮助解释这些行为（有序、磁性转变、点缺陷等）；再用 FIB 提取扩散样品中的特定位置的微区/局部样品进行更详细的机制研究来验证理论的结果。这样一个集成研究将更有效地建立预测的理论和模型。实验和理论研究的紧密结合将会导致实质性的快速的进展。

上面的例子显示了高效率测量相图、扩散系数、热导率和热膨胀系数的方法。其他的性能如弹性常数[151,152]、比热容[143,154]和居里温度[147]随成分的变化关系也可以高效地测量出来。纳米压痕可以用来测量微尺度下的硬度和弹性模量[134～136,151～153]。光学椭圆偏振技术可以用来精确地测量微尺度下的光学性质[155,156]。消逝微波探针（EMP）可以用来测量陶瓷材料的介电常数[157,158]；微尺度四点探针可以用来测量电导率[159,160]，不过当空间分辨率降低到几个微米时，这种方法还不够方便。关于这些先进的工具的详细综述可以在相应文献［147］中找到。

值得一提的是，最近开发了一种叫频域热反射测量比热容的方法[154]，它的精度还没有详细的报道，估计和时域热反射测量比热容的精度相当[143]。这些工作可广泛地用于研究相变的热力学和测量建立热力学数据库所需的比热容。

Uchic 及其合作者开发了一种用 FIB 制作微米尺度的柱子、薄片和拉伸试样的方法[161,162]，如图 7-8 所示，在这些微尺度样品上进行微尺度压缩、弯曲和拉伸，可以得到材料强度和延展性的信息。只有达到临界直径时（取决于不同的材料和微观结构），在圆柱压缩和拉伸试样上获得的微观测试结果才和大块材料的数据相符合。在低于临界直径时，位错受到限制且数目有限，再加上一些随机现象和其他因素一起控制着变形过程，因此结果和大块样品有时相差很远。要得到有用且可靠的强度、延展性和弹性数据仍需要做很多工作。

这些工具结合具有成分变化和不同相的样品如扩散多元节或材料芯片[163]能够高效地建立成分-相-结构-性能关系，从而加速材料信息学的发展和材料模型的检验以及新材料的设计。

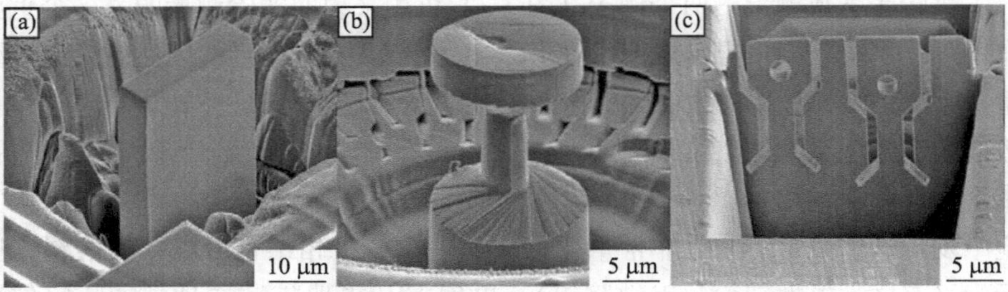

图 7-8　用 FIB 制作微米尺度的柱子、薄片和拉伸试样

三、数字化三维微观结构的表征与分析

近年来，数字化三维微观结构表征和数字化重建取得了长足的进展。早期的工作是用机械抛光获得一层一层的二维图像[164]，再把二维图像用数学方法在计算机上形成数字化的三维结构。最近的进展包括采用不同的方法来进行连续切片，其中包括 FIB[165] 和飞秒激光烧蚀[166]。每种方法都有其优缺点，这些方法和三维原子探针一起可用于不同尺度的三维微观结构的表征与分析。背散射电子衍射（EBSD）[167,168] 是取向成像和评估晶粒尺寸的重要工具之一。三维成像现在不仅包括微观组织信息，也包含晶体结构和微区成分等三维信息，因此三维信息变成多模式信息。

材料性能（尤其是力学性能）的准确预测需要知道微观结构的细节，包括成分不均匀、组织分布和各向异性。三维微观结构可以用来有效地验证微观组织的演化模型并揭示机制，例如，三维微观结构的研究已开始对困扰了材料学界几十年的疲劳裂纹萌生的问题提出了新的机制[169]。

数字化的微观结构是预测结构材料宏观性能必需的信息，特别是相的分布和界面性能，以及每个相在微观结构下的性能。以上所描述的高空间分辨率实验工具不仅能建立起每个相/晶体结构的成分与性能的关系，而且整个微观结构下的微区性能的空间分布都是可定义的。在开发高空间分辨率实验工具以前，大多数材料的性能只能用大块样品测量，因此得到的结果是整个样品的平均值或最低值（取决于测试哪种性能）。除非使用新的微区材料性能测试工具，并且样品必须是完全均匀的单相，否则在某个特定相/晶体结构的某个特定成分的微区性能以前是无法获得的。能够考虑微区性能的空间分布的模型，才会更正确地预测材料的宏观性能。

除了高通量性能测量及数字化三维微观结构表征以外，另一组实验也非常可取，即模型验证试验。用严格设计的实验来验证和改进模型非常有效，一个很好的例子就是用渗碳实验来研究扩散引起的长大过程中的相变机制[170,171]，这种直接、有效的模型验证试验应该推广。材料基因组计划中所需要的和所发展的模型和理论需要得到快速、高效的实验验证。

四、组合材料学方法

大多数的功能材料是以薄膜的形式使用，因此以薄膜为主的组合材料学（combinatorial materials science）方法（或称材料芯片技术[163]）在功能材料的研究与开发中有非常重要的作用。这个领域已经有很好的综述介绍[147,172~178]，在此不再重复。

实验工具平台的建设还需要继续开发新的微区材料性能测试方法来高通量地测试各种其他的性能，并大量采用这些方法来快速建立材料性能数据库。另外，需要开发多尺度的材料性能测试方法和材料显微组织及缺陷的快速测量方法，以满足材料基因组计划中的材料计算和设计的需求。这些实验工具可提高材料研究与开发的系统性，特别是可以高效地揭示与研究异常效应，从而对于理论模型的改进提出要求和依据。这些高通量的材料性能测试技术将有可能像扫描电镜一样被广泛使用，从而导致材料性能测试和研究从宏观到微观、从离散到连续、从分散到系统的变革。这些新的性能测量工具与扩散多元节或材料芯片技术相结合能数量级的提高材料性能测试的效率，从而快速建立材料的成分-结构-性能关系以加速新材料开发和研究，为建立新的预测成分-相-结构-性能的理论体系提供大量的实验结果和理论验证。

第五节　数据库及材料信息学

材料信息学还处于启蒙阶段[179~182]，显著落后于生物信息学。生物学、生物医学和基因组研究领域发表的文章及其摘要的内容都有强制性的具体规则以方便检索和使用，相关的数字数据资料均要求以所需格式存放在指定的数据库中。相对来说，材料领域对数据沉积、原始数据保存、摘要的内容和文章内容的要求过于宽松。

结构材料通常需要经过很多道工序才能制造成部件，材料的最终性能（特别是对结构敏感的性能）通常与加工/工艺过程的细节有关，也与微观组织结构的细节相关。要最有效地使用这些材料的性能数据，必须详细地记录材料的整个制造和加工过程、样品制备、测试方法和条件等，最好把每一步的三维微观结构也记载下来。这个记录过程本身就太繁琐并费时费力，需要开发自动化的记录和储存的方式和软件。

建立对结构不敏感的各种物理和化学性能的数据库要相对简单一些，特别是如果采用上面介绍的计算与实验相结合的高通量的方法。CALPHAD 数据库的建立和广泛使用为其他性能数据库的建立提供了非常宝贵先例。

目前的材料数据库很分散，例如，美国 NIST、日本 NIMS、英国 NPL 的数据库强调的内容不一样，数据格式、存储程序、完整程度、开放程度等也不同，没有一个国际标准就很难把这些分散的数据库有机地集成起来。美国 NIST 正在积极促成一个国际通用的材料数据库标准。

大规模的高通量计算将会提供大量而系统的数据，对这些数据进行快速的验证是高通量实验方法最可发挥作用的方式之一。计算数据与实验数据有效地集成起来既可以相互补充又可以相互验证，这个过程中必须清楚地保留元数据（metadata）和每组数据的起源信息，让使用者可以判断数据的可靠性。

材料界对材料数据库开放程度应该有一个现实的态度，因为总是会有保密的数据和收费的数据库。在整个数据库的范畴里商业数据库有它存在必要性。事实上，要求政府机构几十年后仍然对所有的数据库进行维护和升级是非常困难的。商业数据库（如热力学数据库和 Granta 公司的材料数据库）对材料数据的收集、整理、维护、更新和升级有很大的贡献。

有了材料数据库还必须开发材料信息学以充分利用数据库来加速材料设计。材料信息学将是材料基因组工程非常重要的研究方向之一，它必须充分利用现代的计算机科学和性信息学的方法并以生物信息学和天体信息学为榜样来快速发展，以满足材料设计的需求。

第六节 成功实例

美国国家研究理事会（NRC）最近发表的报告《轻质化技术在军用飞

机、舰船和车辆中的应用》中引用了两个成功的 ICME 合金设计实例[183]。一个是由 Olson 领导设计、由 QuesTek 创新公司开发的 Ferrium S53 飞机着陆架用齿轮钢[184,185]，另一个是通用公司开发的燃气涡轮机用 GTD262 高温合金[183,186]。笔者作为共同发明人（江亮博士是主导发明者）参与了 GTD262 合金的设计和开发（图 7-9）。它的设计和开发从概念到生产只用了四年时间，研发所用经费是以前同类合金的开发成本的 1/5 左右。通过把计算热力学相稳定性的预测与通用公司内部的材料性能模型和数据库的整合，我们设计 GTD262 的成分一次到位，没有像以前开发合金那样要经过几次重复的实验才能达到成分的优化，因为设计时考虑到了很多如可铸性、可焊性和抗氧化等因素，中试和生产过程中也没有出现任何问题。

GTD262 合金的设计是一个很好的 ICME 的实例，但希望它的成功不要给人一种错觉，以为现在就可以在把一个全新的合金的研发时间缩短到四年之内。GTD262 是修改一个现有的合金（GTD222）而获得的，在 GTD222 的成分附近，通用公司有过去的经验数据库以帮助我们设计。如果是一个成分远离现有合金的全新的合金，我们现在还没有所需的以物理机制为基础的模型和性能数据库来进行合金设计。材料基因组工程就是要建立这样的模型和性能数据库来实现快速设计新材料。

图 7-9　GTD262 合金中试期间铸造的导向叶片[186]

第七节　小　结

材料基因组工程/计划不仅要开发快速、可靠的计算方法和相应的计算程序，而且也要开发高通量的实验方法，来对理论进行快速验证并为数据库提供必需的输入，还要建立普适、可靠的数据库和材料信息学工具，以加速新材料的设计和使用。因为材料成分-结构-性能关系（特别是结构材料）的复杂性，要实现计算机快速材料设计，计算工具、实验工具和数据库都不可缺。

有一些材料性能（如弹性模量）可以通过第一性原理得到有效且可靠的计算[187,188]，在这种情况下，实验测量的目的就偏重于验证所采用的理论与模型的正确性，以及发现一些理论模型中可能没有考虑到的异常效应。对于其他的如热导率这样的性能，由于目前还没有开发出可靠有效的计算方法，因此就需要通过实验测量获取大量的数据，从而建立/验证数学模型。总之，为了建立数字化关系的框架和某些物理性能的数据库，实验与理论研究相互结合是至关重要的。

计算工具这些年虽然发展非常快，但是还远远不能满足新材料设计所需。需要研发出一批普适的材料设计和优化的程序，就像其他工程领域广泛使用的程序一样（有限元、流体力学、计算机辅助设计等），这样才能把材料设计的周期缩短到与产品设计周期相当或更短，使得开发的最佳材料能及时地用到产品中来提高产品的性能。

现在已建立的理论和方法基本可以从成分预测微观组织结构（如图 7-10），但从微观组织结构预测材料宏观性能的理论和方法还有待建立。对结构材料来说，特别需要：①建立相的各种性能随成分和温度变化的科学理论和数据库；②建立从缺陷的形成和分布来预测材料宏观性能的理论基础；③建立和有效集成多尺度模型。没有这些支柱就无法建立从微观组织结构预测材料宏观性能的桥梁（见图 7-10 中部）。

前文提到，第一性原理计算可以直接用来设计功能材料，因为这时只需要计算某种或几种物理性能，而且大多数情况下不需要计算微观组织，所以情况与图 7-10 中描述的结构材料大不一样。很成功的实例有 Ceder 小组利用第一性原理设计锂电池中的材料[75~77]。

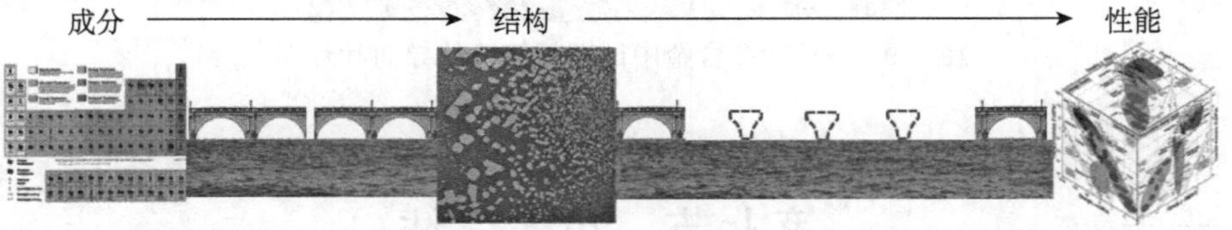

图 7-10　结构材料设计现状的形象说明。现在基本可以从成分预测微观组织结构，但还需要建立几个理论支柱才能建立从微观组织结构预测材料宏观性能的桥梁（右侧的“性能”图片摘自 Granta 公司）

材料基因组计划正在大力推动国际公认的数据库结构和材料信息学工具的建立。这样，材料基因组工程的三个技术平台的科学基础正在快速发展并达到了“临界点”，正是材料科学从“炒菜”到设计的大好时机。国家需要建立支持工业界采用计算材料设计新技术的机制，并大力提倡以应用为背景的材料研究与开发，在开发重要实用材料的过程中大力促进材料设计方法和工具发展。另外，各高校和研究院所在培养新一代材料工程师方面也有重大的责任，计算工具在其课程中应变得越来越重要。材料基因组工程和 ICME 旨在材料领域建立一个新的以理论模型和预测优先、实验验证在后的“文化”，从而取代现有的以经验和实验为主的材料研发的理念。

参考文献

[1] Hold J P. Materials Genome Initiative for Global Competitiveness. http：//www. whitehouse. gov/sites/default/files/microsites/ostp/materials _ genome _ initiative-final. pdf [2011-06-01].

[2] Committee on Integrated Computational Materials Engineering，National Research Council Integrated Computational Materials Engineering：A Transformational Discipline for Improved Competitiveness and National Security. Washington D C：National Academies Press，2008.

[3] “材料科学系统工程”香山科学会议第 S14 次学术讨论会 . http：//159. 226. 97. 16/ConfRead. aspx? ItemID=1998 [2011-12-07].

[4] Collins F S，Morgan M，Patrinos A. The human genome project：lessons from large-scale biology. Science，2003，300：286-290.

[5] Fischer C，Tibbetts K J，Morgan D，et al. Predicting crystal structure by merging data mining with quantum mechanics. Nature Mater，2006，5：641-646.

[6] Ceder G，Morgan D，Fischer C，et al. Data-mining-driven quantum mechanics for the prediction of structure. MRS Bull，31，2006：981-985.

[7] Curtarolo S，Morgan D，Ceder G. Accuracy of ab initio methods in predicting the crystal structures of metals：a review of 80 binary alloys. CALPHAD，2005，29：163-211.

[8] Hart G L W，Blum V，Walorski M J，et al. Evolutionary approach for determining first principles Hamiltonians. Nature Mater，2005，4：391-394.

[9] Wang Y，Lv J，Zhu L，et al. Crystal structure prediction via particle-swarm optimization. Phys Rev B，2010，82：094116-1-094116-8.

[10] Wang Y, Lv J, Zhu L, et al. CALYPSO: a method for crystal structure prediction. Comp Phys Commun, 2012, 183: 2063-2070.

[11] Majzoub E H, Ozoliņš V. Prototype electrostatic ground state approach to predicting crystal structures of ionic compounds: application to hydrogen storage materials. Phys Rev B, 2008, 77: 104115-1-104115-13.

[12] Wolverton C, Ozoliņš V, Asta M. Hydrogen in aluminum: first-principles calculations of structure and thermodynamics. Phys Rev B, 2004, 69: 144109-1-144109-16.

[13] Wolverton C, Ozoliņš V. Hydrogen storage in calcium alanate: first-principles thermodynamics and crystal structures. Phys Rev B, 75, 2007: 064101-1-064101-15.

[14] Chen X, Zhang Y, Wang Y, et al. Structure determination of an amorphous compound AlB_4H_{11}. Chem Sci, 2012, 3: 3183-3191.

[15] Pettifor D G. A chemical scale for crystal-structure maps. Solid State Commun, 1984, 51: 31-34.

[16] Villars P, Girgis K. Regularities in binary intermetallic compounds. Z Metallk, 1982, 73: 455-462.

[17] Seiser B, Drautz R, Pettifor D G. TCP phase predictions in Ni-based superalloys: structure maps revisited. Acta Mater, 2011, 59: 749-763.

[18] Kresse G, Furthmüller J. Efficiency of ab-initio total energy calculations for metals and semiconductors using a plane-wave basis set. Comput Mater Sci, 1996, 6: 15-50.

[19] Kresse G, Furthmuller J. Efficient iterative schemes for ab initio total-energy calculations using a plane-wave basis set. Phys Rev B, 1996, 54: 11169-11186.

[20] Perdew J P, Zunger A. Self-interaction correction to density-functional approximations for many-electron systems. Phys Rev B, 1981, 23: 5048-5079.

[21] Lichtenstein A I, Katsnelson M I, Kotliar G. Finite-temperature magnetism of transition metals: an ab initio dynamical mean-field theory. Phys Rev Lett, 2001, 87: 067205-1-067205-4.

[22] Kotliar G, Savrasov S Y, Haule K, et al. Electronic structure calculations with dynamical mean-field theory. Rev Modern Phys, 2006, 78: 86-865.

[23] Anisimov V I, Kondakov D E, Kozhevnikov A V, et al. Full orbital calculation scheme for materials with strongly correlated electrons. Phys Rev B, 71, 2005: 125119-1-125119-16.

[24] Deng X, Wang L, Dai X, et al. Local density approximation combined with Gutzwiller method for correlated electron systems: Formalism and applications. Phys Rev B, 2009, 79: 075114-1-075114-20.

[25] Zunger A, Wei S H, Ferreira L G, et al. Special quasi-random structures. Phys Rev

Lett, 1990, 65: 353-356.

[26] Soven P. Coherent-potential model of substitutional disordered alloys. Phys Rev, 1967, 156: 809-813.

[27] Faulkner J S. The modern theory of alloys. Prog Mater Sci, 27, 1982: 1-187.

[28] Velicky B, Kirkpatrick S, Ehrenreich H. Single-site approximations in the electronic theory of simple binary alloys. Phys Rev, 1968, 175: 747-766.

[29] Bellaiche L, Vanderbilt D. Virtual crystal approximation revisited: application to dielectric and piezoelectric properties of perovskites. Phys Rev B, 2000, 61: 7877-7882.

[30] Kikuchi R. Superposition approximation and natural iteration calculation in cluster-variation method. J Chem Phys, 1974, 60: 1071-1080.

[31] Sanchez J M, Ducastelle F, Gratias D. Generalized cluster expansion of multicomponent systems. Physica A, 1984, 128: 334-350.

[32] De Fontaine D, Wolverton C. Cluster approach to first-principles thermodynamics of crystals. Prog Theor Phys, 1994, 115: 115-130.

[33] Ceder G. A derivation of the Ising model for the computation of phase diagrams. Comput Mater Sci, 1993, 1: 144-150.

[34] Zunger A. In NATO ASI on Statics and Dynamics of Alloy Phase Transformation. Vol 319. New York: Plenum Press, 1994: 361.

[35] Van de Walle A. Multicomponent multisublattice alloys, nonconfigurational entropy and other additions to the alloy theoretic automated toolkit. CALPHAD, 2009, 33: 266-278.

[36] Van de Walle A, Asta M. Self-driven lattice-model Monte Carlo simulations of alloy thermodynamic properties and phase diagrams. Model Simul Mater Sci Eng, 2002, 10: 521-538.

[37] Van de Walle A, Asta M, Ceder G. The alloy theoretic automated toolkit: a user guide. CALPHAD, 2002, 26: 539-553.

[38] Van de Walle A, Ceder G. Automating first-principles phase diagram calculations. J Phase Equil, 2002, 23: 348-359.

[39] Van de Walle A. A complete representation of structure-property relationships in crystals. Nature Mater, 2008, 23: 455-458.

[40] Parlinski K, Li Z Q, Kawazoe Y. First-principles determination of the soft mode in cubic ZKD2. Phys Rev Lett, 1997, 78: 4063-4066.

[41] Baroni S, Gianozzi P, Testa A. Green's-function approach to linear response in solids. Phys Rev Lett, 1987, 58: 1861-1864.

[42] Kresse G, Furthmüller J, Hafner J. Ab initio force constant approach to phonon

dispersion relations of diamond and graphite. Europhys Lett，1995，32：729-734.
[43] Giannozzi P，De Gironcoli S，Pavone P，et al. Ab initio calculation of phonon dispersions in semiconductors. Phys Rev B，1991，43：7231-7242.
[44] Yu R，Singh D，Krakauer H. All-electron and pseudopotential force calculations using the linearized-augmented-plane-wave method. Phys Rev B，1991，43：6411-6422.
[45] Simunek A，Vackar J. Hardness of covalent and ionic crystals：first-principle calculations. Phys Rev Lett，2006，96：085501-1-085501-4.
[46] Geller C B，Wolf W，Picozzi S，et al. Computational band-structure engineering of III-V semiconductor alloys. Appl Phys Lett，2001，79：368-370.
[47] Mittal R，Chaplot S L，Choudhury N. Modeling of anomalous thermodynamic properties using lattice dynamics and inelastic neutron scattering. Prog Mater Sci，2006，51：211-286.
[48] Mantina M，Wang Y，Arroyave R，et al. First-principles calculation of self-diffusion coefficients. Phys Rev Lett，2008，100：215901-1-215901-4.
[49] Mantina M，Wang Y，Chen L Q，et al. First principles impurity diffusion coefficients. Acta Mater，2009，57：4102-4108.
[50] Huang S，Worthington D L，Asta M，et al. Calculation of impurity diffusivities in α-Fe using first-principles methods. Acta Mater，2010，58：1982-1993.
[51] Van der Ven A，Ceder G. First principles calculation of the interdiffusion coefficient in binary alloys. Phys Rev Lett，2005，94：045901-1-045901-4.
[52] Swoboda B，Van der Ven A，Morgan D. Assessing concentration dependence of fcc metal alloy diffusion coefficients using kinetic Monte Carlo. J Phase Equili Diff，2010，31：250-259.
[53] Van der Ven A，Yu H C，Ceder G，et al. Vacancy mediated substitutional diffusion in binary crystalline solids. Prog Mater Sci，2010，55：61-105.
[54] Van der Ven A，Ceder G，Asta M，et al. First-principles theory of ionic diffusion with nondilute carriers. Phys Rev B，2001，64：184307-1-184307-7.
[55] Moruzzi V L，Janak J F，Schwarz K. Calculated thermal properties of metals. Phys Rev B，1988，37：790-799.
[56] Mounet N，Marzari N. First-principles determination of the structural，vibrational and thermodynamic properties of diamond，graphite，and derivatives. Phys Rev B，2005，71：205214-1-205214-14.
[57] Anisimov V I，Aryasetiawan F，Lichtenstein A I. First-principles calculations of the electronic structure and spectra of strongly correlated systems：the LDA + U method. J Phys Cond Matter，1997，9：767-808.

[58] Sandratskii L M. Noncollinear magnetism in itinerant-electron systems: theory and applications. Adv Phys, 1998, 47: 91-160.

[59] Rosengaard N M, Johansson B. Finite-temperature study of itinerant ferromagnetism in Fe, Co, and Ni. Phys Rev B, 1997, 55: 14975-14986.

[60] Van de Walle C G, Neugebauer J. First-principles calculations for defects and impurities: applications to III-nitrides. J Appl Phys, 2004, 95: 3851-3879.

[61] Skoug E J, Cain J D, Morelli T D, et al. Lattice thermal conductivity of the Cu3SbSe4-Cu_3SbS_4 solid solution. J Appl Phys, 110, 2011: 023501-1-023501-5.

[62] Yang J, Meisner G P, Chen L. Strain field fluctuation effects on lattice thermal conductivity of ZrNiSn-based thermoelectric compounds. Appl Phys Lett, 2004, 85: 1140-1142.

[63] Zhang Y, Skoug E, Cain J, et al. First-principles description of anomalously low lattice thermal conductivity in thermoelectric Cu-Sb-Se ternary semiconductors. Phys Rev B, 2012, 85: 054306-1-054306-5.

[64] Broido D A, Malorny M, Birner G, et al. Intrinsic lattice thermal conductivity of semiconductors from first principles. Appl Phys Lett, 2007, 91: 231922-1-231922-3.

[65] Stackhouse S, Stixrude L, Karki B B. Thermal conductivity of periclase (MgO) from first principles. Phys Rev Lett, 2010, 104: 208501-1-208501-4.

[66] Adler D, Feinleib J. Electrical and optical properties of narrow-band materials. Phys Rev B, 1970, 2: 3112-3134.

[67] Huang B L, Kaviany M. Ab initio and molecular dynamics predictions for electron and phonon transport in bismuth telluride. Phys Rev B, 2008, 77: 125209-1-125209-19.

[68] Ebert H, Vernes A, Banhart J. Anisotropic electrical resistivity of ferromagnetic Co-Pd and Co-Pt alloys. Phys Rev B, 1996, 54: 8479-8486.

[69] Car R, Parrinello M. Unified approach for molecular dynamics and density-functional theory. Phys Rev Lett, 1985, 55: 2471-2474.

[70] Car R, Parrinello M. Structural, dynamical, and electronic properties of amorphous silicon: an ab initio molecular-dynamics study. Phys Rev Lett, 1988, 60: 204-207.

[71] Berendsen H J C, Postma J P M, Van Gunsteren W F, et al. Molecular dynamics with coupling to an external bath. J Chem Phys, 1984, 81: 3684-3690.

[72] Kresse G, Hafner J. Ab initio molecular dynamics for liquid metals. Phys Rev B, 1993, 47: 558-561.

[73] Soler J M, Artacho E, Gale J D, et al. The Siesta method for ab initio order-N materials simulation. J Phys Cond Matter, 2002, 14: 2745-2779.

[74] Andersen H C. Molecular dynamics at constant pressure and/or temperature. J Chem Phys, 1980, 72: 2384-2393.

[75] Kang B，Ceder G. Battery materials for ultrafast charging and discharging. Nature，2009，458：190-193.

[76] Kang K，Meng Y S，Bréger J，et al. Electrodes with high power and high capacity for rechargeable ltihium batteries. Science，2006，311：977-980.

[77] Ceder G，Chiang Y M，Sadoway D R，et al. Identification of cathode materials for lithium batteries guided by first-principles calculations. Nature，1998，392：694-696.

[78] Matar S F，Betranhandy E，Nakhl M，et al. Structural geomimetism：a conceptual framework for devising new materials from first principles. Prog Solid State Chem，2006，34：21-66.

[79] Veprek S. The search for novel，superhard materials. J Vac Sci Technol A，1999，17：2401-2420.

[80] Haines J，Léger J M，Bocquillon G. Synthesis and design of superhard materials. Ann Rev Mater Sci，2001，31：1-23.

[81] Kaner R B，Gilman J J，Tolbert S H. Designing superhard materials. Science，2005，308：1268-1269.

[82] Kaufman L，Bernstein H. Computer Calculation of Phase Diagrams with Special Reference to Refractory Metals. Waltham：Academic Press，1970.

[83] Saunders N，Miodownik A P. CALPHAD（calculation of phase diagrams）：a comprehensive guide. Oxford：Pergamon/Elsevier，1998.

[84] Lukas L H，Fries S G，Sundman B. Computational Thermodynamics：the CALPHAD Method. Cambridge：Cambridge University Press，2007.

[85] Kattner U R. Phase diagrams for lead-free solder alloys. JOM，1997，49：14-19.

[86] Zhao J C，Ravikumar V，Beltran A M. Phase precipitation and phase stability in Nimonic 263. Metall Mater Trans A，2001，32A：1271-1282.

[87] Lu X G，Selleby M，Sundman B. Implementation of a new model for pressure dependence of condensed phases in Thermo-Calc. CALPHAD，2005，29：49-55.

[88] Lu X G，Selleby M，Sundman B. Accessments of molar volume and thermal expansion for selected bcc，fcc and hcp metallic elements. CALPHAD，2005，29：68-89.

[89] Hallstedt B，Dupin N，Hillert M，et al. Thermodynamic models for crystalline phases. Composition dependent models for volume，bulk modulus and thermal expansion. CALPHAD，2007，31：28-37.

[90] Hack K. The SGTE Casebook：Thermodynamics at Work，2nd ed. Cambridge：Woodhead Publishing，2008.

[91] Wheeler A A，Boettinger W J，McFadden G B. Phase-field model for isothermal phase transitions in binary alloys. Phys Rev A，1992，45：7424-7439.

[92] Warren J A, Boettinger W J. Prediction of dendritic growth and microsegregation patterns in a binary alloy using the phase-field method. Acta Metall Mater, 1995, 43: 689-703.

[93] Wang Y, Khachaturyan A G. Three-dimensional field model and computer modeling of martensitic transformations. Acta Mater, 1997, 45: 759-773.

[94] Chen L Q. Phase-field models for microstructure evolution. Annu Rev Mater Sci, 2002, 32: 113-140.

[95] Boettinger W J, Warren J A, Beckermann C, et al. Phase-field simulation of solidification. Annu Rev Mater Sci, 2002, 32: 163-194.

[96] Wang Y, Li J. Phase field modeling of defects and deformation. Acta Mater, 2010, 58: 1212-1235.

[97] Zhou N, Shen C, Mills M J, et al. Large-scale three-dimensional phase field simulation of γ′-rafting and creep deformation. Phil Mag, 2010, 90: 405-436.

[98] Jin Y M, Artemev A, Khachaturyan A G. Threedimensional phase field model of low-symmetry martensitic transformation in polycrystal: simulation of ζ2 martensite in AuCd alloys. Acta Mater, 2001, 49: 2309-2320.

[99] Haeni J H, Irvin P, Chang W, et al. Room-temperature ferroelectricity in strained $SrTiO_3$. Nature, 2004, 430: 758-761.

[100] Lu Y, Wang C P, Gao Y P, et al. Microstructure map for self-organized phase separation during film deposition. Phys Rev Lett, 2012, 109: 086101-1-086101-5.

[101] Kim S G, Kim W T, Suzuki T. Phase-field model for binary alloys. Phys Rev E, 1999, 60: 7186-7197.

[102] Eiken J, Bottger B, Steinbach I. Multiphase-field approach for multicomponent alloys with extrapolation scheme for numerical application. Phys Rev E, 2006, 73: 066122-1-066122-9.

[103] Tiaden J, Nestler B, Diepers H J, et al. The multiphase-field model with an integrated concept for modeling solute diffusion. Phys D, 1998, 115: 73-86.

[104] Cahn J W, Hilliard J E. Free energy of a non-uniform system III: Nucleation in a two-component incompressible fluid. J Chem Phys, 1959, 31: 688-699.

[105] Wang Y U, Jin Y M, Cuitiño A, et al. Nanoscale phase field microelasticity theory of dislocations: model and 3D simulations. Acta Mater, 2001, 49: 1847-1857.

[106] Wang Y U, Jin Y M, Cuitiño A M, et al. Phase field microelasticity theory and modeling of multiple dislocation dynamics. Appl Phys Lett, 2001, 78: 2324-2326.

[107] Rodney D, Le Bouar Y, Finel A. Phase field methods and dislocations. Acta Mater, 2003, 51: 17-30.

[108] Shen C, Wang Y. Phase field model of dislocation networks. Acta Mater, 2003,

51: 2595-2610.

[109] Zhou N, Shen C, Mills M J, et al. Modeling displacive-diffusional coupled dislocation shearing of gamma prime precipitates in Ni-base superalloys. Acta Mater, 2011, 59: 3484-3497.

[110] Fan D, Chen L Q. Computer simulation of grain growth using a continuum field model. Acta Mater, 1997, 45: 611-622.

[111] Chen Q, Jeppsson J, Ågren J. Analytical treatment of diffusion during precipitate growth in multicomponent systems. Acta Mater, 2008, 56: 1890-1896.

[112] Chen Q, Jou H J, Sterner G. TC-PRISMA Users' Guide and Examples, Thermo-Calc Software AB, Stockholm, Sweden. http://www.thermocalc.se/Library.htm [2011-12-31].

[113] Zbib H M, Rhee M, Hirth J P. On plastic deformation and the dynamics of 3D dislocations. Inter J Mech Sci, 1998, 40: 113-127.

[114] Miguel M C, Vespignani A, Zapperi S, et al. Intermittent dislocation flow in viscoplastic deformation. Nature, 2001, 410: 667-671.

[115] Horstemeyer M F, Baskes M I, Plimpton S J. Length scale and time scale effects on the plastic flow of fcc metals. Acta Mater, 2001, 49: 4363-4374.

[116] Asaro R J. Crystal plasticity. J Appl Mech Trans ASME, 1983, 50: 921-934.

[117] Lebensohn R A, Tomé C N. A self-consistent anisotropic approach for the simulation of plastic deformation and texture development of polycrystals: application to zirconium alloys. Acta Metall Mater, 1993, 41: 2611-2624.

[118] Fleck N A, Muller G M, Ashby M F, et al. Strain gradient plasticity - theory and experiment. Acta Metall Mater, 1994, 42: 475-487.

[119] Hutchinson J W. Plasticity at the micron scale. Inter J Solids Struct, 2000, 37: 225-238.

[120] Gurtin M E. A gradient theory of single-crystal viscoplasticity that accounts for geometrically necessary dislocations. J Mech Phys Solids, 2002, 50: 5-32.

[121] Asaro R J. Micromechanics of crystals and polycrystals. Adv Appl Mech, 1983, 23: 1-115.

[122] Budiansky B. Micromechanics. Comput Struct, 1983, 16: 3-12.

[123] Gao H, Rice J R. A first-order perturbation analysis of crack trapping by arrays of obstacles. J Appl Mech Trans ASME, 1989, 56: 828-836.

[124] Ruggieri C, Panontin T L, Dodds Jr R H. Numerical modeling of ductile crack growth in 3-D using computational cell elements. Inter J Fract, 1996, 82: 67-95.

[125] Wilkinson D S, Pompe W, Oeschner M. Modeling the mechanical behaviour of heterogeneous multi-phase materials. Prog Mater Sci, 2001, 46: 379-405.

[126] Weinan E, Huang Z. Matching conditions in atomistic-continuum modeling of

materials. Phys Rev Lett，2001，87：135501-1-135501-13.

[127] Shilkrot L E，Miller R E，Curtin W A. Multiscale plasticity modeling：coupled atomistic and discrete dislocation mechanics. J Mech Phys Solids，2004，52：755-787.

[128] Roters F，Eisenlohr P，Hantcherli L，et al. Overview of constitutive laws，kinematics，homogenization and multiscale methods in crystal plasticity finite-element modeling：theory，experiments，applications. Acta Mater，2010，58：1152-1211.

[129] Vaithyanathan V，Wolverton C，Chen L Q. Multiscale modeling of precipitate microstructure evolution. Phys Rev Lett，2002，88：125503-1-125503-4.

[130] Hoyt J J，Asta M，Karma A. Atomistic and continuum modeling of dendrite solidification. Mater Sci Eng R，2003，41：121-163.

[131] Li J，Ngan A H W，Gumbsch P. Atomistic modeling of mechanical behavior. Acta Mater，2003，51：5711-5742.

[132] Bulatov V，Abraham F F，Kubin L，et al. Connecting atomistic and mesoscale simulations of crystal plasticity. Nature，1998，391：669-672.

[133] Robertson I M，Schuh C A，Vetrano J S，et al. Towards an integrated materials characterization toolbox. J Mater Res，2011，26：1341-1383.

[134] Zhao J C. A combinatorial approach for structural materials. Adv Eng Mater，2001，3：143-147.

[135] Zhao J C. The diffusion-multiple approach to designing alloys. Annu Rev Mater Sci，2005，35：51-73.

[136] Jin Z. A study on the range of stability of sigma phase in some ternary system. Scand J Metall，1981，10：178-187.

[137] Zhao J C，Jackson M R，Peluso L A，et al. Overview：A diffusion-multiple approach for mapping phase diagrams，hardness，and elastic modulus. JOM，2002，54 (7)：42-45.

[138] Zhao J C. Reliability of the diffusion-multiple approach for phase diagram mapping. J Mater Sci，2004，12：3913-3925.

[139] Zhang Q F，Zhao J C. Extracting interdiffusion coefficients from binary diffusion couples using traditional methods and a forward-simulation method. Intermetallics，http：//dx. doi. org/10. 1016/j. intermet [2012-11-12].

[140] Huxtable S，Cahill D G，Fauconnier V，et al. Thermal conductivity imaging at micrometre-scale resolution for combinatorial studies of materials. Nature Mater，2004，3：298-301.

[141] Zheng X，Cahill D G，Zhao J C. Thermal conductivity imaging of thermal barrier coatings. Adv Eng Mater，2005，7：622-626.

[142] Zheng X, Cahill D G, Weaver R, et al. Micron-scale measurements of the coefficient of thermal expansion by time-domain probe beam deflection. J Appl Phys, 2008, 104: 073509-1-073509-9.

[143] Wei C, Zheng X, Cahill D G, et al. Micron resolution spatially-resolved measurement of heat capacity using dual-frequency time-domain thermoreflectance. In preparation.

[144] Zhao J C, Zheng X, Cahill D G. Thermal conductivity mapping of the Ni-Al system and the beta-NiAl phase in the Ni-Al-Cr system. Scripta Mater, 2012, 66: 935-938.

[145] Terada Y, Ohkubo K, Mohri T, Suzuki T. Thermal conductivity in nickel solid solutions. J Appl Phys, 1997, 81: 2263-2268.

[146] Terada Y, Ohkubo K, Mohri T, et al. A comparative study of thermal conductivity in alloys and compounds. Mater Sci Eng A, 2000, 278: 292-294.

[147] Zhao J C. Combinatorial approaches as effective tools in the study of phae diagrams and composition-structure-property relationships. Prog Mater Sci, 2006, 51: 557-631.

[148] Cahill D G, Zheng X, Zhao J C. Spatially resolved measurements of thermal stresses by picosecond time-domain probe beam deflection. J Thermal Stresses, 2010, 33: 9-14.

[149] Guillaume C E. Discovery of the anomaly of the nickel steels. Proc Phys Soc London, 1920, 32: 374-404.

[150] Zheng X, Cahill D G, Zhao J C. Effect of MeV ion irradiation on the coefficient of thermal expansion of Fe-Ni Invar alloys: a combinatorial study. Acta Mater, 2010, 58: 1236-1241.

[151] Oliver W C, Pharr G M. An improved technique for determining hardness and elastic modulus using load and displacement sensing indentation experiments. J Mater Res, 1992, 7: 1564-1580.

[152] Doerner M F, Nix W D. A method for interpreting the data from depth-sensing indentation instruments. J Mater Res, 1986, 1: 601-609.

[153] Lee T Y, Ohmori K, Shin C S, et al. Elastic constants of single-crystal TiNx (001) ($0.67 \leqslant x \leqslant 1.0$) determined as a function of x by picosecond ultrasonic measurements. Phys Rev B, 2005, 71: 144106-1-144106-6.

[154] Schmidt A J, Cheaito R, Chiesa M. A frequency-domain thermoreflectance method for the characterization of thermal properties. Rev Sci Instr, 2009, 80: 094901-1-094901-6.

[155] Takeuchi I, Yang W, Chang K S, et al. Monolithic multichannel ultraviolet detector arrays and continuous phase evolution in $MgxZn_{1-x}O$ composition spreads. J Appl

Phys，2003，94：7336-7340.

[156] Fukumura T，Ohtani M，Kawasaki M，et al. Rapid construction of a phase diagram of doped Mott insulators with a composition-spread approach. Appl Phys Lett，2000，77：3426-3428.

[157] Wei T，Xiang X D，Wallace F W G，et al. Scanning tip microwave near-field microscope. Appl Phys Lett，1996，68：3506-3508.

[158] Gao C，Wei T，Duewer F，et al. High spatial resolution quantitative microwave impedance microscopy by a scanning tip microwave near-field microscope. Appl Phys Lett，1997，71：1872-1874.

[159] Boggild P，Grey F，Hassenkam T，et al. Direct Measurement of the microscale conductivity of conjugated polymer monolayers. Adv Mater，2000，12：947-949.

[160] Chung S Y，Chiang Y M. Microscale measurements of the electrical conductivity of doped $LiFePO_4$. Electroch Solid-State Lett，2003，6：A278-A281.

[161] Uchic M D，Dimiduk D M，Florando J N，et al. Samples dimensions influence strength and crystal plasticity. Science，2004，305：986-989.

[162] Uchic M D，Dimiduk D M. A methodology to investigate size scale effects in crystalline plasticity using uniaxial compression testing. Mater Sci Eng A，2005，400-401：268-278.

[163] Xiang X D，Sun X，Briceño G，et al. A combinatorial approach to materials discovery. Science，1995，268：1738-1740.

[164] DeHoff R T. Quantitative serial sectioning analysis：preview. J Microsc，1983，131：259-263.

[165] Uchic M D，Groeber M A，Dimiduk D M，et al. 3D microstructural characterization of nickel superalloys via serial-sectioning using a dual beam FIB-SEM. Scripta Mater，2006，55：23-28.

[166] Echlin M P，Mottura A，Torbet C J，et al. A new TriBeam system for three-dimensional multimodal materials analysis. Rev Sci Instr，2012，83：023701-1-023701-6.

[167] Dingley D J，Randle V. Microtexture determination by electron backscatter diffraction. J Mater Sci，1992，27：4545-4566.

[168] Schwartz A J，Kumar M，Adams B L. Electron Backscatter Diffraction in Materials Science. New York：Kluwer Academic/Plenum Press，2000.

[169] Miao J，Pollock T M，Jones J W. Microstructural extremes and the transition from fatigue crack initiation to small crack growth in a polycrystalline nickel-base superalloy. Acta Mater，2012，60：2840-2854.

[170] Zurob H S，Hutchinson C R，Brechet Y，et al. Kinetic transitions during non-

partitioned ferrite growth in Fe-C-X alloys. Acta Mater，2009，57：2781-2792.

[171] Hutchinson C R，Fuchsmann A，Zurob H S，et al. A novel experimental approach to identifying kinetic transitions in solid state phase transformations. Scripta Mater，2004，50：285-289.

[172] Jandeleit B，Schaefer D J，Powers T S，et al. Combinatorial materials science and catalysis. Angew Chem Inter Ed，1999，38：2494-2532.

[173] Fukumura T，Yamada Y，Toyosaki H，et al. Exploration of oxide-based diluted magnetic semiconductors toward transparent spintronics. Appl Surf Sci，2004，223：62-67.

[174] Koinuma H，Takeuchi I. Combinatorial solid state chemistry of inorganic materials. Nature Mater，2004，3：429-438.

[175] Maier W F，Stowe K，Sieg S. Combinatorial and high-throughput materials science. Angew Chem Inter Ed，2007，46：6016-6067.

[176] Xiang X D. Combinatorial materials synthesis and screening：an integrated materials chip approach to discovery and optimization of functional materials. Annu Rev Mater Sci，1999，29：149-171.

[177] Potyrailo R A，Mirsky V M. Combinatorial and high-throughput development of sensing materials：the first ten years. Chem Rev，2008，108：770-813.

[178] Amis E J，Xiang X D，Zhao J C. Combinatorial materials science：what's new since Edison? MRS Bull，2002，27：295-300.

[179] Rajan K. Materials informatics. Mater Today，2005，8（10）：38-45.

[180] Sukumar N，Krein M，Luo Q，et al. MQSPR modeling in materials informatics：a way to shorten design cycles? J Mater Sci，2012，47：7703-7715.

[181] Arnold S M. Paradigm shift in data content and informatics infrastructure required for generalized constitutive modeling of materials behavior. MRS Bull，2006，31：1013-1021.

[182] Le Page Y. Data mining in and around crystal structure databases. MRS Bull，2006，31：991-994.

[183] National Research Council. Application of Lightweighting Technology in Military Aircraft，Vessels and Vehicles. Washington D C：The National Academies Press，2012：118-119.

[184] Kuehmann C J，Olson G B. Computational materials design and engineering. Mater Sci Technol，2009，25：472-478.

[185] Olson G B. Computational design of hierarchically structured materials. Science，1997，277：1237-1242.

[186] Jiang L，Zhao J C，Feng G. Nickel-Containing Alloys，Method of Manufacture

Thereof and Articles Derived Therefrom. World Patent Application WO2005056852, filed on September 29, 2004, published on June 23, 2005; U. S. Patent Application 20100135847, filed on October 21, 2009, published on June 3, 2010.

[187] Liu Z K. First-principles calculations and CALPHAD modeling of thermodynamics. J Phase Equili Diff, 2009, 30: 517-534.

[188] Liu Z K. A materials research paradigm driven by computation. JOM, 2009, 61 (10): 18-20.

第八章 超材料拓展材料科学研究新领域

第一节　超材料的崛起

进入 21 世纪，“超材料”（metamaterials）作为一种新的概念进入了人们的视野，引起了科技界、工业界和军界的广泛关注，并处于跨越物理学、材料科学和信息科学等学科的活跃的研究前沿。

超材料的定义是：具有自然界中的材料所不具备的超常性质的人工材料，其超常特性来自于其人工结构而非材料自身。广义的超材料包括“左手材料”、光子晶体、隐身衣结构、非正定介质等。

尽管超材料的概念是在 2000 年前后出现的，但其源头可以追溯到更早的时间。1967 年，苏联科学家维克托·韦谢拉戈（Victor Veselago）提出，如果有一种材料同时具有负的介电常数和负的磁导率，电场矢量、磁场矢量及波矢之间的关系将不再遵循作为经典电磁学基础的“右手定则”，而呈现出与之相反的“左手关系”。这时电磁波的玻印亭矢量方向与波矢方向相反，即相速度与群速度方向相反。这种物质将能够颠覆光学世界，它能够使光波看起来如同倒流一般，并且在许多方面表现出有违常理的行为，例如，光的负折射、“逆行光波”、反常多普勒效应、倏逝波放大、完美透镜效应，以及负 Cerenkov 辐射等[1]。然而，众所周知，同时具有负介电常数和负磁导率的材料在自然界中是不存在的，因此，韦谢拉戈的预言未能得到科学界的重视。直到 20 世纪 90 年代中后期，英国物理学家 John B. Pendry 的工作使韦谢拉戈物质的研究出现了柳暗花明的前景。Pendry 将超材料的思想（尽管当时 metamaterial 一词未被使用）引入了负介电常数和负磁导率的材料的构造，他的一个创新性思路是，一种材料不应仅只被认为是一个均匀的块体，它还可以拥有一些细小的单元。换句话说，材料的电磁特性可以从这些小结构单元中获得，这些小结构合力产生了原本不可能出现的效应。基于这样的思想，Pendry 先后提出了可能具有负介电常数和负磁导率的结构单元[2]。在此基础上，美国科学家 David R. Smith 等从实验上实现了这些结构单元的负折射[3]。Metamaterial 一词连同具有负折射的“左手材料”，一起引起了世界科学界的关注。

与“生不逢时”的左手材料相比，另一类重要的超材料——光子晶体的诞生和发展则幸运得多。1987 年，两位美国科学家 E. Yablonovitch 和 S. John 分别从自发辐射的抑制和光子的局域化两个角度提出了光子带隙（photonic bandgap）的概念[4,5]：具有不同反射率的材料在空间交替构成的一种周期结构，由于光在与其波长相匹配的周期结构中运动时，受到周期的散射和衍射，于是便产生了光的频率禁阻。在该系统中，某些频段的电磁波强度因破坏性干涉呈指数衰减，无法在介质中传播，形成电磁波能隙。当原子被放在一个光子晶体里面，而它自发辐射的光频率正好落在光子禁带中时，由于该频率光子的态的数目为零，因此自发辐射几率为零，自发辐射也就被抑制；反过来，光子晶体也可以增强自发辐射，只要增加该频率光子态的数目便可实现，如在光子晶体中加入杂质，光子禁带中会出现品质因子非常高的杂质态，具有很大的态密度，这样便可以实现自发辐射的增强。由于光子带隙的存在，人们可以通过设计带隙实现对各种波长光的调控，获得各种各样的新型光学器件。由于这一突破给光子技术带来的应用前景，被认为是光信息时代的半导体。

超材料研究的重大科学价值及其在诸多应用领域呈现出革命性的应用前景得到了密切关注。发达国家政府都投入了大量的财力开展相关的研究，其中美国军方（包括包括美国国防部、美国空军、美国海军等）在该领域的投入最为引人注目。1998 年和 1999 年底，由于光子晶体的研究在多方面取得突破，相关的研究两度被《科学》杂志列为当年世界上的“十大科学进展”，并被该杂志评为预测为未来的六大研究热点之一。事隔 7 年以后，当光子晶体领域轰轰烈烈的淘金热刚刚有所降温的时候，《科学》杂志又于 2006 年底再次将光子晶体列为未来的自然科学的热点领域。而左手材料则在 2003 年被《科学》杂志列为当年的“十大科学进展”，三年后的 2006 年底，由于英美两国科学家利用与左手材料的设计方法相类似的梯度超材料成功实现了“隐身斗篷”的功能，《科学》杂志又一次将其列为当年的“十大科学进展”。2008

年，超材料被《今日材料》杂志评选为材料科学领域“50年中的10项重大成果”之一。2010年，美国《科学》杂志又将超材料列为21世纪前10年自然科学领域的10项重大突破之一。

第二节　高性能材料构造的新策略

超材料的重要意义不仅体现在几类主要的人工材料上，也体现在它提供了一种全新的思维方法——这种思维方法对材料科学家来说是非常宝贵的，因为它为新型功能材料的设计提供了一个广阔的空间：昭示人们可以在不违背基本的物理学基本规律的前提下，人工获得与自然界中的物质具有迥然不同的超常物理性质的“新物质”。

基于超材料观念的材料设计方法是多种多样的。事实上，早在超材料的观念出现以前，甚至韦谢拉戈提出左手材料的设想以前，人们已经有过非常类似的尝试，一个典型的例子是多层陶瓷电容器（MLCC)。多层陶瓷电容器是20世纪中叶发明的一种电子元件，它是由陶瓷介质层和内电极交叠而成，相当于多个电容并联在一起，或使电容器的电极面积随层数的增加而增加了若干倍。众所周知，对于平板电容器，其电容量与其中的电介质材料的介电常数、电极面积成正比，而与电容器厚度成反比。因此，如果我们不把多层陶瓷电容器看成是一个多层器件，而仅仅看成是由具有某一介电常数的陶瓷介质构成的单层平板电容器，即把其中的多层结构看成是一种“材料”（事实上是超材料），则该“材料”的表观介电常数可高达陶瓷介质的n^2倍（n是层数）。这种结构的设计事实上也包含了超材料的设计思想，只是没有把最终的多层结构看成是一种“材料”，而是将其视为“器件”。随着材料技术的发展，“材料”的观念也在变化——以往人们对“材料”的认识往往是“原材料”，而今天人们所研究的先进材料，很多都是具有在一定尺度上的结构调控。由此，广义的讲，可以把MLCC中的多层结构本身看成是一种“材料”，而这种“材料”的性能将是普通材料所无法比拟的。

超材料设计一个较重要的理念是巧妙利用材料中的关键物理尺度。材料中所呈现的一些物理性质往往和材料结构中的关键物理尺度有关，一个最直观的例子是晶体。晶体是自然界中物质的有序结构的一个重要形式，它的有序主要存在于原子层次，正是由于在这个尺度上的有序性调制，使晶体材料形成了一些无定型态所不具备的物理特征。由此类比，在其他层次上的有序排列则可能获得一定程度的自然界中的材料所不具备的物理性质。因此，人们可以通过各种层次的有序结构实现对各种物理量的调制，从而获得自然界中在该层次上无序材料所不具备的物理性质。

对于材料与各种波的相互作用，波长尺度往往是材料的关键物理尺度。光子晶体是利用关键物理尺度的控制来实现材料超常物理性质的典型例子，它是通过在波长尺度上材料的介电周期结构来实现对光子在其中运动状态的调控的。

而在 20 世纪 70 年代初由诺贝尔奖获得者江崎等提出的半导体超晶格，则是基于通过半导体能带的周期结构调制其中电子运动的调控。因此广义地讲，半导体超晶格也可以看成是一种超材料。

事实上，在没有任何理论指导的情况下，人们就已经在实践经验的基础上利用材料结构的调控来实现对各种波的调制。一些调制声波的材料仅仅是利用在木板上钻出具有一定分布的空洞，即可获得一些奇特的声学性质；而在调控电磁波方面，一些半经验的天线结构设计也早在光子带隙理论提出之前就得到了应用。这些尝试其实都有超材料思想的影子。

美国科学家发展出的一种具有人工的软磁-硬磁复合材料，则巧妙地利用了磁结构的关键尺度的调控，同时获得了一种既具有高的饱和磁化强度（软磁特性），又具有高的矫顽场（硬磁特性），因此该材料具有非常高的磁能积。这是普通意义上的复合所无法获得的性能。

第三节　人工超材料的困境及其与天然材料的融合

尽管左手材料理论的奠基人韦谢拉戈教授最初期望能从现有材料中找到超常电磁介质，实现左手材料的性质。但这类介质的最终实现则是借助于英国科学家 J. B. Pendry 提出的人工设计的结构——基于 LC 谐振单元阵列的金属图形结构。其中最为典型的人工结构单元的是 Pendry 提出的金属开口谐振环（split ring resonators，SRR）及其衍生结构（如 Ω 形结构、U 形结构、双棒结构、渔网结构等）。这类 metamaterials 较适于微波-毫米波-太赫兹频段。随着工作频率的提高，采用金属基人工结构来实现超常电磁特性的实施难度将越来越大。特别是对于有重要应用价值的光学频段（从红外到紫外），超材料的实现将面临三个方面的极限：①加工技术问题——金属基人工超材料的结构单元尺度要求远小于与其作用的电磁波波长，以满足连续介质近似。

光学波段超材料的结构单元尺度将在纳米-埃量级。对于需要一定宏观尺度和三维结构以获得宏观性质的块体而言，这种人工材料的制备已触及了目前的纳米加工技术的极限。②物理学极限——当光频电磁波与纳米尺度的复杂金属结构相互作用时，其内部电子受人工结构尺寸的限制，运动方式与宏观尺度情况下（如在微波、毫米波超材料中）很不相同，其中的尺寸效应、表面/界面效应、电阻效应等将更为明显，适用于宏观尺度的材料设计模型将失效，使得光频超材料的性质无法准确设计。③材料学困难——金属材料本身属于高电磁损耗材料。而在其高频损耗中占主要部分的涡流损耗与频率的平方成正比。因此在光学频段其电磁损耗将十分严重，这决定了金属基人工介质在光频很难具有在低频时所呈现的良好的电磁波传输特性。

探索基于材料本征结构而非人工结构与电磁波相互作用的产生的电磁耦合响应行为，从中寻找来自材料自身的超常电磁特性，是实现光频超常电磁介质及相关器件的重要途径。

天然材料具有千变万化的显微结构、晶体结构、分子结构和电子结构，这些结构与电磁波的相互作用可导致丰富的电、磁、光响应特性。从原理上分析，一些天然材料中具有类似于超材料中人工超材料结构的微观结构，这些结构对电磁波的响应的色散关系在形式上可与超材料结构单元相类比，能够导致诸如负介电常数、负磁导率、负折射率及超低介电常数、超低磁导率，以及超低折射率等超常的宏观物理现象。例如，近年来的一些研究发现，铁氧体中的铁磁共振可导致在某些微波频段出现奇异的磁导率[6]，极性晶体中的光学声子与中远红外光耦合可实现该频段的超常介电响应[7]，原子结构中电子能级（能带）间跃迁也可能导致光学频段的超常电磁响应[8]。利用这样一些材料作为复杂人工结构的替代品，可以解决或部分解决一些频段人工结构的难题。

另外，部分利用天然材料的一些性质简化电磁谐振也是突破超材料高频的主要途径。其中最成功的例子是利用高介电常数介质材料颗粒作为结构单元实现电磁，由于介电颗粒与电磁波相互作用既能够产生电谐振又能够产生磁谐振，并可以通过调整颗粒的尺寸和材料的介电性质调整谐振的频率和状态，因此原则上可以取代复杂的金属 LC 结构实现可选频率的超常电磁响应[9]。目前，已经可以利用这一原理实现从微波到太赫兹频段的介质基左手材料及其他超材料。

此外，由于一些功能材料的电磁性质（如介电常数和磁导率）随外界环境（如电场、磁场、应力、温度等）的改变而改变，因此将功能材料作为基体进入到超材料系统，将赋予超材料以可调性，这在超材料的器件应用中也将有重要意义。

第四节　利用超材料结构改进与提高材料性能

材料性能的改进与提高是材料科学研究的重要目标之一，通用策略是通过改进材料的组成和结构（主要是分子结构和显微结构）来实现，而超材料结构则为材料的改进与提高提供了一种新的途径。

以光电材料为例，这里材料功能的物理基础是光与物质的相互作用，通过这种相互作用使材料呈现出丰富的物理性质和可资利用的功能。因此，进一步改进与提高光电功能材料的性质、发展新型光电功能材料的重要出路在于对其中光与物质（材料）相互作用过程进行调制。光子带隙结构是一类在波长尺度上具有介电性质的周期性变化的超材料结构。光子带隙结构能够提供一种特殊的物理环境——具有波长尺度的介电周期场。这种物理环境为调制各种“传统的”光电材料中光与材料的相互作用及其光物理过程、改进材料的光电性质提供一种新的可能性。

广义地讲，由于光子带隙存在导致的各种物理环境的变化，在光子带隙结构的调制下的“传统的”光电功能材料中光与材料相互作用的过程、强度、频率依赖性等也将随之改变，使材料宏观光电性质受到调制。光子带隙结构的存在将改变固体中光子态密度分布，从而使材料的光谱性质发生改变。固体中的一些光物理过程（如自发辐射）与系统中的光子态密度（photon DOS）密切相关。通过光子带隙结构可以对系统的光子态密度分布实现人工“剪裁”，从而可以达到调制、改进光电材料本征光电性质的目的。在理想状态下，具有完全光子带隙的材料中带隙内的光子态密度为零，此时落在带隙范围的光既无法进入固体、也不能从其中辐射出去；而在光子态密度较低的区域，材料的自发辐射被抑制，与自发辐射相竞争的一些过程，例如，光电转换、激发饱和、受激辐射、能量传递等则有可能在动力学上得到增强；另一方面，根据态密度总数守恒规则，如果一个光子晶体的态密度在某些频率范围存在相对于等效介质态密度的谷，则一定由其他频率范围内相对于等效介质态密度的峰来补偿。在态密度的峰值区域，则有可能由于光子态密度的增加而实现荧光发射的增强等行为。这种光谱性质的改变对于有效调节各种光电功能材料的敏感频率范围、设计和改善材料的使用特性、增强光学非线性、光发射、光吸收与光电转换、光透射等功能将有重要意义。

从另一个角度看，光子带隙结构内呈现一些奇异色散特性，使光波在被光子带隙调控的固体中传播时具有带隙结构相关的异常群速度，进而实现对光波与材料相互作用的强度的调制。周期性介电性质导致了光子晶体布里渊区中的不同区域具有不同的群速度。由于光在材料中的传播的步长决定于光的传播速度，因此通过光子带隙的设计可以改变光在材料中传播的有效距离。在光子晶体的布里渊区中，一些区域具有超低的、甚至为零的群速度（群速异常，group-velocity anomaly），形成类似于驻波的行为。可以证明，光子晶体中光的能量速度等于其群速度，因此低的群速度意味着长的辐射模态与物质相互作用的时间，其结果是光与物质间耦合时间的增长，使各种光与材料相互作用的过程增强，从而提高材料的光电转换或激发效率、降低实现一些光学过程的阈值。

光子带隙调制普通材料的光学性质与光电性能的问题直到近年来才引起了一些研究者的关注。例如，光子带隙对金属钨辐射体中黑体辐射行为的调制作用[10]；光子带隙结构调制下太阳能光伏电池的光电转换效率的提高[11]等。此外，光子带隙对其他光物理过程，如光学非线性、能量传递、光催化的调制也取得一些重要研究突破，表明光子带隙对相关材料的性能的改进和提高方面大有可为。

第五节　探寻天然材料中的超常特性

超材料的方法论是通过理论推测和巧妙而复杂的结构设计来获得超常性质。但归根结底，这些超常性质是否是天然材料所不具备的，则不宜过早下结论。在常规材料中去寻找“超常”特性，也是摆在材料学家面前的重要课题。

事实表明，常规或天然材料中具有超材料的部分性质是可能的。例如，一种产于澳洲，被称为澳宝（opal 的音译）宝石（天然蛋白石）就具有不完全光子带隙结构，其显微结构是由二氧化硅胶体构成的胶体晶体，和我们合成的胶体晶体很相似，正是由于这种带隙的存在，这种宝石有强烈的反光，且不同角度发射出的光具有不同的颜色。此外，科学家在蝴蝶翅膀、孔雀羽毛及海老鼠的毛中观察到了光子带隙结构，这些结构使本来无色的生物体由于结构的发光而呈现出闪烁斑斓的色彩。

对天然非正定介质的研究也是一个很好的例子。非正定介质是介电常数张量或磁导率张量的主对角元数值符号不一致的强各向异性介质，具有与左手材料类似的负折射性质。一般认为，非正定介质只能通过超材料的途径来实现。而最新的研究结果表明，很多天然的具有层状结构的材料在某些特定频段呈现出非正定性质，如石墨单晶在紫外频段、MgB_2 单晶在蓝紫光频段的均具有非正定介电常数[12]。

第六节 战略思考

1）超材料是新材料的重要生长点，既具有重要的理论价值，又具有广阔的应用前景，已得到了发达国家的高度重视。我国在超材料的研究、开发方面已经有了一定基础，但大的研究项目较少，研究力量的整合不够。为了能抓住超材料的崛起对科学、技术、经济发展带来的新机遇，应进一步组织力量，开展具有一定规模的研究。

2）超材料的研究为材料科学的进一步发展提供了一些新的思路，应重视超材料这一新的概念对材料设计提供的新策略和方法。超材料的基础研究应着眼于新的超常现象的探索和设计以及新机制的发现，而针对现有材料模拟改进方面研究的科学意义不大。

3）超材料与材料的融合既是超材料开展走出目前一些困境的有效方法，也是为传统材料性能的改进提高提供了一种新的选择。材料科学的发展战略应重视这个新的研究方向。

4）即便是公认“超常特性”，有时也未必只有超材料才能呈现。自然界提供的千变万化的物质结构，有可能形成类似于超材料的各种结构与异常的功能。应鼓励打破传统观念的原始创新，探索本征型的超常电磁介质和其他具有超常性质的新材料。

参考文献

[1] Veselago V G. The electrodynamics of substances with simultaneously negative values of ε and μ. Sov Phys Usp，1968，10（4）：509-514.

[2] Pendry J B. Negative refractive refraction makes a perfect lens. Physics Review Letters，2000，85（18）：3966-3969.

[3] Shelby R A, Smith D R, Schultz S. Experimental verification of a negative index of refraction. Science, 2001, 292 (5514): 77-79.

[4] Yablonovitch E. Inhibited spontaneous emission in solid-state physics and electronics. Physics Review Letters, 1987, 58: 2059-2063.

[5] John S. Strong localization of photons in certain disordered dielectric superlattices. Physical Review Letters, 1987, 58: 2486-2090.

[6] Zhao H J, Kang L, Zhou J Q, et al. Experimental demonstration of tunable negative phase velocity and negative refraction in a ferromagnetic/ferroelectric composite metamaterial, Applied Physics Letters, 2008, 93: (20): 201106.

[7] Wang R, Sun J, Zhou J. Indefinite permittivity in uniaxial single crystal at infrared frequency. Applied Physics Letters, 2010, 97: 031912.

[8] Fu X , Xu Y, Zhou J. Abnormal dielectric response in an optical range based on electronic transition in rare-earth-ion-doped crystals. Chinese Physics Letters, 2012, 29: (2) 027805.

[9] Zhao Q, Kang L, Du B, et al. Experimental demonstration of isotropic negative permeability in a three-dimensional dielectric composite. Physical Review Letters, 2008, 101 (2): 027402.

[10] Fleming J G, Lin S Y, El-Kady I, et al. All-metallic three-dimensional photonic crystals with a large infrared bandgap. Nature, 2002, 417 (6884): 52-55.

[11] Mihi A, Calvo M E, Anta J A, et al. Spectral response of opal-based dyesensitized solar cells. Journal of Physical Chemistry, 2008, C 112 (1): 13-17.

[12] Sun J, Zhou J, Li B, et al. Indefinite permittivity and negative refraction in natural material: Graphite, Applied Physics Letters, 2011, 98 (10): 101901.

第九章

材料组织结构研究的新机遇*

现代材料科学在很大程度上依赖于对性能与其成分及显微组织关系的理解。因此，对材料组织从宏观到微观不同尺度的表征技术构成了材料科学与工程的重要组成部分，也是联系材料设计到制造工艺直到使役性能之间的桥梁。从新材料的发展中，可以举出一些事例说明这一点。金属合金通常要依靠多相组织的良好搭配使强度和韧性得以优化，因此需要清楚了解相演变的各个阶段及其结构与形态。碳纳米管如果充填一些原子或分子，可能显示出特异的性能，但管道只有纳米大小，这就需要在相应尺度表征充填状态。微电子与光电子器件的成功或失效，以及它们不断微型化都取决于非常局域的各单元的有效组织结构的在线表征。

材料显微组织表征包括观察组织的形貌，确定相的晶体结构及分析其化学成分。

光学显微术和金相学是在微米以上尺度观察材料组织形貌的很普及的方法。电子显微镜把观察尺度推进到亚微米甚至纳米以下的层次。扫描电镜在材料表面与断口分析中非常有用，随着电子束形成透镜的像差校正技术的发展，扫描电镜的电子束会聚到亚纳米是可以做到的，但为了保持较大的束流以提高分析效率，这种设备不追求过高的空间分辨率。透射电镜的试样制备虽然比较复杂，但在研究材料的缺陷、细小析出相，利用高分辨点阵像直接显示材料中原子或原子集团的排列状态等方面，这种仪器显得很有用。扫描

---

* 本章部分内容取自朱静，叶恒强发表于《金属学报》，2010 年，第 46 卷第 11 期，第 1428～1442 页的文章，内容稍有修改。

探针利用对一根尖针与试样表面之间的隧道效应电流的调控，可以得到表面原子分布的图像。

材料的结构测定仍以X射线衍射为主。同步辐射产生的X射线强度很强，将X射线结构分析的样品尺寸拓展到微米以下。由于电子与物质的相互作用比X射线强四个数量级，所以电子衍射特别适用于测定纳米晶体或材料的亚微米尺度结构。

材料的化学分析有质谱、光谱、光电子谱、电子和原子探针等技术。微分析手段中以电子能量损失谱和X射线能谱分析比较普遍；电子能量损失谱中电离损失峰对各元素是特征的，其强度可量度元素的含量；用特征能量损失的电子成像还可以显示组成元素在试样内的定性分布。利用电子束在试样某元素原子激发的特征X射线，可以对微区进行定性、定量的化学成分分析。电子能量损失谱在元素分析方面优点在于对轻元素的灵敏度高，并与轴向高分辨成像有更好的互补性，所以日益显示其重要性。

装备有微区X射线能谱仪及电子能量损失谱仪的透射电镜，加上原有的放大及衍射功能，使之逐步发展成为在纳米尺度全面提供材料成分、结构与形貌信息的分析系统。本章重点介绍近年来取得重大突破的像差校正电子显微镜及其对材料显微研究的新拓展，同时也简单介绍透射电子显微学的相关进展。

第一节　电子显微镜已可在原子尺度给出材料的成分与结构信息

到20世纪末，透射电子显微镜对材料显微组织的研究已经达到亚纳米的尺度。下面是一些具体实例。

硅是面心立方点阵的金刚石结构，它在电子束辐照下不仅较稳定，而且受污染程度也较轻，所以常用来标定透射电镜的分辨率。硅的[110]取向最近邻原子对（文献中常称之为“哑铃”）间距为0.136纳米，这是20世纪末商用透射电镜的最高分辨水平。

在透射电镜中将电子束会聚到亚纳米大小，将它在样品上扫描，它碰到原子柱时会产生散射，被样品下方的环形收集器接受；碰不到原子柱时相当于穿过空隙，环形收集器接受到空隙的信号。这样可以将样品原子分布成像，束的大小便是图像的分辨率。而且这种散射机制给出电子被原子柱散射的强度与组成原子柱的元素原子序有一定关系。如 GaAs 也是面心立方的金刚石结构，它的[110]取向“哑铃”中一行 Ga 和一行 As 原子的间距是 0.14 纳米，用大小为 0.1 纳米的电子束去扫描，不仅可得到清晰分开的两个像点，而且从像点的亮度可以区分出亮一点的是 As 原子（Z=33），暗一点的是 Ga 原子（Z=31）。这就是原子像中可分辨元素的扫描透射电子显微术。

块体纳米晶体最初是用真空蒸发金属冷凝成纳米晶颗粒再原位加压而成。对这种纳米晶体的晶界的描述．经历了类气态结构、非晶态结构、岛状晶态结构等阶段，最后是从高分辨电子显微像得出结论，那是与块状粗晶晶界类似的晶态结构[1]。这是透射电镜对纳米尺度结构给出直观图像的又一例子。

减小入射束大小又保持高束流的能力使得在纳米尺度分辨的 X 射线分析也逐渐成为可能。在美国利哈伊大学专门为提供最佳 X 射线微分析性能而设计的 VGHB603STEM（300 千电子伏，冷场发射枪，大约 1.0 纳安束流，1.5 纳米束斑，Be 窗口，样品台真空小于 10^{-7} 帕，C_s 校正：C_s = −0.16纳米，C_5 = 500 纳米，等等），得到约 1 纳米分辨水平 X 射线谱像。他们在探测某 Ni 基合金晶界上 Nb、Zr 偏析的 X 射线特征谱像[2]，发现 Zr 的名义成分虽然只有 0.04wt%，但在晶界上偏析大于 0.5wt%。这是 Zr 在 γ/γ' 晶界的偏析的最新报道。图 9-1 是用透射扫描透射电子显微镜对砷化镓[100]取向所成环形暗场像（图 9-1 左侧），X 射线能谱像（图 9-1 中间）和电子能量损失谱像（图 9-1 右侧）。说明在 0.2 纳米分辨水平上，不仅能分辨原子，而且能分辨元素。这得益于几方面的技术进步。首先是电子源的亮度增加；其次是电子束流在束形成透镜的像差校正后，有所增强，适合在束收拢到原子尺度那么小还能有足够强度作谱学分析；最后是接收器的改进，如 X 射线能谱探头可以增加到四个摆放在样品上侧，大大提高信号的收集率[3]。

利用透射电镜的会聚束衍射与电子衍射动力学计算相结合，或者用电子能量损失谱，可以得到材料一些电子结构的信息。以后者为例，在研究Ⅱ-Ⅵ族半导体量子点的能隙宽度与量子点大小的关系时，利用电子能量损失谱在低能端开始有损失谱讯号的起点对应着导带或价带与空带的间隙的关系，使用大小为 3 纳米，能量分辨本领 0.18 电子伏的电子束对大小不同的 GaSe 量子点进行电子能量损失谱的测量，得到 20 纳米量子点的能隙为 1.72 电子伏；5 纳米的为 2.0 电子伏[4]。电子结构信息对于功能材料十分重要，透射电镜这一性能拓展无疑很有价值。

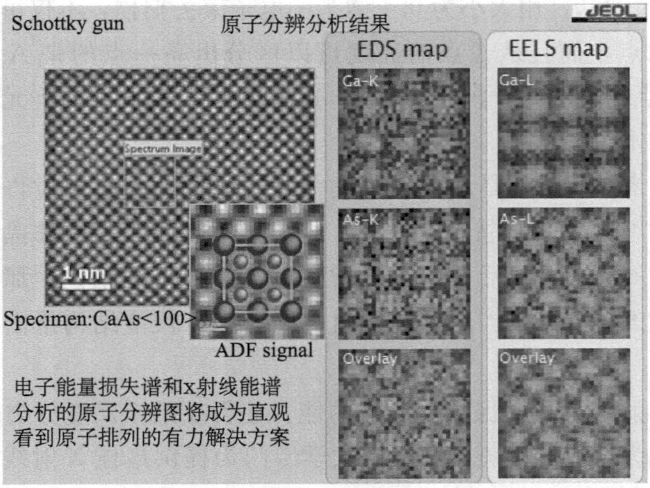

图 9-1 用 X 射线能谱和电子能量损失谱都可以做到元素分析的原子分辨

GaAs [100] 取向的扫描透射电子显微镜的环形暗场像在图左侧；X 射线能谱和电子能量损失谱图像在图右侧。GaAs 的点阵常数为 0.565 纳米，图中 Ga 和 As 原子间距为 0.2 纳米[3]

深入到原子尺度认识物质结构一直是人们的梦想。对晶体可以由衍射技术反向推断出原子的排列，但微量元素的非周期占位却很难从衍射图中反演，更不用说完全非晶态物质的原子结构了。物质内部原子间距在 0.2 纳米左右，高分辨电子显微镜在 20 世纪 80 年代就达到相近的分辨水平，从而在准晶、高 Tc 超导体、纳米碳管等发现与研究中，起着重要的作用。当人们希望把电子显微镜的分辨水平推进到 0.1 纳米甚至亚埃尺度时，遇到了物镜像差的阻碍。直到 10 年前才研制成功球差校正透射电子显微镜，在 200 千伏电镜上实现优于 0.14 纳米的分辨率。美国科学家抓住了这个机遇，在政府支持下提出了像差校正透射电子显微学（transmission electron aberration-corrected microscopy，TEAM）计划，要在 2010 年前后建造 0.05 纳米分辨率的电镜。有关电镜制造厂商纷纷响应，在本世纪初陆续推出分辨率优于 0.1 纳米的像差校正电镜。

像差校正电镜热闹前行的 10 年，对电子光学的像差、分辨率、自动调节等基本概念带来新的冲击；为凝聚态物理、固态化学、材料科学、生物医药、纳米科技等领域应用这一新工具提供了机遇与挑战；为物质科学与生命科学探索微观世界开拓了新的前景。

第二节　电子透镜的像差及其校正

一、电子透镜像差

电子透镜的像差理论基本上是从光学中借用过来的，所以以下介绍采用光学的概念。

光线经过光学系统后，一个物点被成像为一个像点。如果只考虑那些位于轴最近邻的点和光线，而忽略与轴的距离或光线与轴的夹角二者的平方项和更高次方项。由此得出的理论通常称高斯光学，或称理想成像。否则，就会出现像差。以球差为例，由于折射引起的光线偏离，如果说近轴光线经过透镜会聚于焦点的话，远轴光线则偏折更厉害些，会聚于离开焦点而稍靠近透镜的地方，如图 9-2 所示，这样一个物点不是成像于焦点，而是漫散为一个圆盘。计算表明，其横向漫散程度正比于会聚角的三次方，比例系数就叫做球差系数。如果说球面像差是由于透镜自身引起的，那么光束或电子束的非单色性也会引起像差，这就是色差。在光学系统中，由于折射率不是一个物质常数，而随颜色（波长）而定，所以白光经过一个折射面，就会分解为一组波长各不相同的光线，它们将以稍微不同的路径传播，结果，像将会模糊，这是色差的影响。可以参考图 9-2，波长较长的红光如果聚焦在焦点的话，波长较短的蓝光就会会聚在近透镜一点。电子显微镜的色差来自多方面，首先，电子枪发出的电子有多色性；其次，电子经过样品后波长也会改变；最后，电子透镜的励磁电流也有不稳定成分。

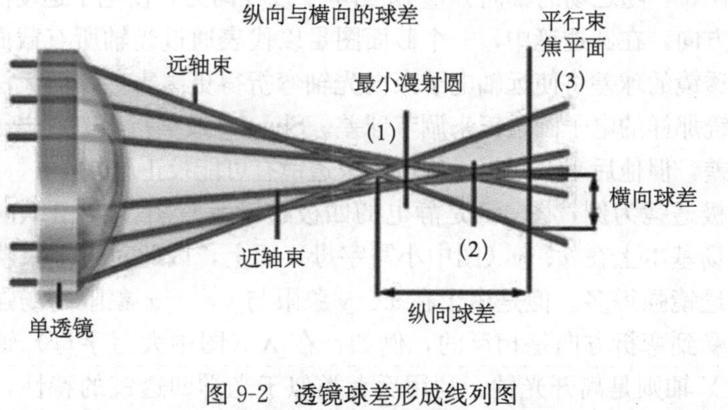

图 9-2　透镜球差形成线列图

远轴光线偏折于离开焦点但稍近于透镜处，在像平面横向漫散程度比例于散射角的三次方除了上述几何光学的简单说明，电子光学还常用物理光学的概念。波的传播是波阵面的运动。理想的高斯像对应着球面波阵面，实际像对应着畸变的波阵面，但两者交于光轴同一点。离轴的光线与两个波阵面有两个交点，这个距离叫光程差，也叫波像差，这个量乘以 $2\pi/\lambda$ 就成了相位差。在波动光学的描述中，近轴光线的波阵面是半径为焦长的球面波，远轴光线的波阵面是曲率半径小一点的球面波。对于电子透镜的焦距调节而言，高斯像的焦距定义为正焦，欠焦对应曲率半径稍大，过焦对应曲率半径稍小的球面波。

以上像差说明是最简单的情况，实际像差理论复杂得多。一般说来，从高斯光学的公式出发，如果在折射定律的有关公式中用正弦函数展开式包括角度的三次方项代入，则得到的公式与高斯光学公式的差别，有 5 项之多。这是由赛德尔（L. Seidel）首先做出的[5~7]，称赛德尔和（Seidel sums）。每一项对应一种像差，分别是球差、彗差、像散、场曲、畸变。由于这类像差是由正弦函数展开至角度的三次方得到的，常称三级像差。以此类推，有五级、七级像差等；但这些像差的代数表达式非常复杂[8]，它的影响也显得不严重，而且由于应用的场合较窄、十分专业，所以常不为人知。随着像差校正电镜研究的深入，在消除（或减少）了三级像差之后，更高级像差的影响就显露出来了。

二、像差校正器

现代电子透镜是用磁场改变电子束光路，磁场 $\vec{B}$ 的主要分量平行于光轴，按速度为 $\vec{v}$ 的电子旅经磁场 $\vec{B}$ 时所受力 $\vec{F}$ 的公式 $\vec{F}=e\vec{v}\times\vec{B}$。由于电子运动速度与磁场方向的一个分量平行，在这个 $\vec{B}$ 分量作用下电子的方向应不受影响。但在进入透镜之初，磁场的径向分量 $\vec{B}_r$ 使电子绕轴旋转，得到一个角速度，$|\vec{v}_\theta|=r\mathrm{d}\theta/\mathrm{d}t$，随之场的轴向分量 $\vec{B}_z$ 给电子以径向力，使电子运动的方向总是朝向光轴方向。在圆透镜中，一个截面图足以代表通过光轴所有截面的电子轨迹。因此透镜的球差将使远轴电子束向光轴弯折得更厉害些，而无法构造类似光学凹透镜那样的电子圆透镜来调节球差。Sherzer 最早指出[9]，电子圆透镜无法消除球差，但他后来又指出，构造多极透镜有可能校正球差[10]。

以四极透镜为例，图 9-3 是静电的四极透镜示意图[11]，由纵向分布的电极产生的场基本上在 x、y（图中小写字母）面上，因此对电子束轨迹的弯折力要比圆透镜强得多。但是由于在 x、y 象限与 y，$-x$ 象限内场强的走向不同，电子受到弯折方向是相反的，例如，在 X（图中大写字母）轴是朝向光轴，而在 Y 轴则是离开光轴。利用后者类似于光学凹透镜的特性，可以在一定方位校正圆透镜的球差。然而，多极透镜使圆透镜失去圆对称性，自然也破坏像的质量。因此，起码要用两组四极透镜来使此透镜组在 X，Y 轴都具有使电子束离开光轴的功能，并且还要引入弱激发的圆透镜在相邻两个多极透镜之间作过渡，以减小多极透镜对圆对称性的影响。

构造一个消色差的多极透镜的原理，见图 9-4，这组混合透镜由四磁极与四电极组成，其配置如图 9-4 所示。如果能调节到磁透镜在一定平面上使电子会聚，同时静电透镜则使其发散。总的效果将使透镜的总会聚效应比之单纯用磁透镜要弱一些。这意味着，这组透镜会影响电子的波长（希望是有选择地影响），从而达到校正色差的效果。

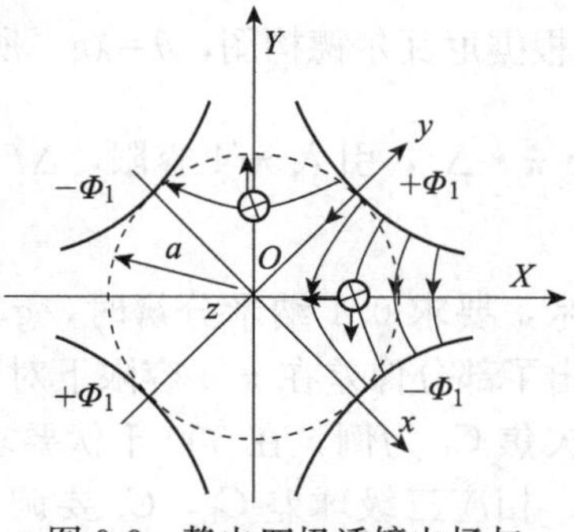

图 9-3　静电四极透镜电场与电子束光路示意图[11]

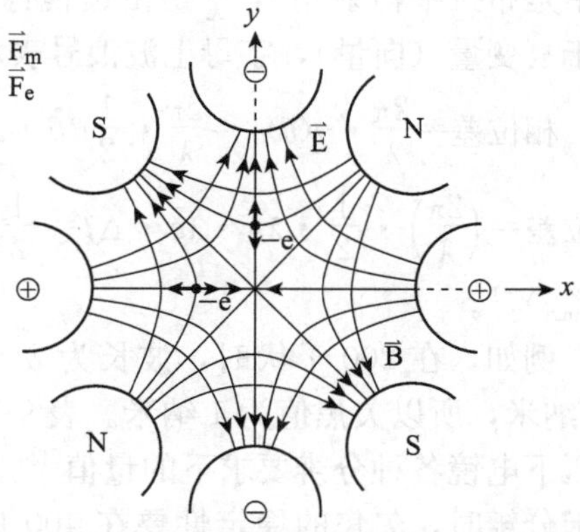

图 9-4　采用复合的电-磁四极透镜消色差示意图[11]

诚然，上述图解是原理性的，人们沿这个思路以不同的技术手段研究了半个世纪，虽然在实验上屡屡证明其可行性，但由于所引入多组多极透镜及过渡透镜在各自调节时的复杂性，以及它们之间对中的繁琐程序，使得用人工调整整个系统几乎不可能。计算机的介入使系统的调节对中大为加速，球差校正器首先在 20 世纪 90 年代取得突破，色差校正器则仍在研制中。作为相应的手段，科研人员提出了在聚光镜前或物镜后加装单色器的技术方案，并取得相当的成就[12]。

为了说明电子透镜校正像差的困难，接下来引入一些定量的数据，以上的像差效应基本上不考虑像的强度问题。几何光学预言高斯像平面上像点的强度无限大，其他各处的强度为零。然而，光分布由于衍射效应将复杂化。物理光学的像差效应衍射理论有两个重要结论。其一是位移定理，像差函数并不引起像点附近三维强度分布的变化，只是整个分布有一位移。这一结论对应着几何光学的线像差，即在存在像差的情况下，理想像点移动了一个位置。其二是关于初级像差容限条件。当存在像差时，衍射像中最大强度小于具有相同孔径和焦距的无像差系中的高斯像点处的强度。瑞利（Lord

Raylergh）首先证明[13]，初级球面像差导致波阵面偏离不到 1/4 波长时，其强度减弱不到 20%，光的这种损失通常是可以容许的。其后一些研究表明[13]，当其他像差存在时，若波阵面形变小于 1/4 波长，则像的质量同样不受严重影响。

如上所述，瑞利提出了像差的 1/4 波长容限，这在相位移动相当于 π/2。现在，用更严格的 1/8 波长容限，对应 π/4 相位移动来考察单项像差在要求的分辨率情况下所需的量值。分辨率在衍射空间用 $g_{\max}$ 表示，在物理空间用 $(g_{\max})^{-1}$（埃）表示。以欠焦为例，下面公式中 λ 是波长，θ 是散射角（在晶体中是布拉维衍射角），χ 是由透镜像差导致波像差的函数，Δf 是离焦量，对于复变量（向量），字母上波浪号表示共轭。

相位差 $=\frac{2\pi}{\lambda}\cdot\chi(\theta)=\frac{2\pi}{\lambda}\cdot\frac{1}{2}\theta\tilde{\theta}\cdot\Delta f$，根据厄瓦尔德构图，$\theta=\lambda g$，所以，相位差 $=\left(\frac{2\pi}{\lambda}\right)\cdot\frac{1}{2}\cdot\lambda g\cdot\lambda\tilde{g}\cdot\Delta f=\frac{1}{2}\lambda g^2\cdot\pi\cdot\Delta f$，引入 π/4 容限，$\Delta f=\frac{1}{4}(\lambda g_{\max}^2)^{-1}$。

例如，在 200 千伏时，波长为 2.5 皮米，要求 0.1 纳米分辨时，$g_{\max}$ 为 10/纳米，所以欠焦值为 1 纳米。表 9-1 列出了部分像差在 π/4 容限下对不同电压下电镜各种分辨要求下的量值[14]。以欠焦 C_1 为例，在 300 千伏要求 50 皮米分辨时，欠焦的稳定性要在 400 皮米，相应三级球差 C_3，C_s 要调节到 500 纳米（在最佳欠焦条件下）。

诚然，π/4 容限一方面是非常严厉的。表 9-1 中的数值给人印象是，单项像差调节要求较高，考虑到像差部分的互补性而作的多重调节更为复杂。这一切自然要用计算机帮助完成，并且要有适当的可数值化的实时测量像差的办法。

表 9-1　部分单项轴像差在 π/4 容限下对所要求分辨的上限值

像差	π/4 容限	80kV 0.8Å	120kV 0.65Å	200kV 1Å	200kV 0.5Å	300kV 0.5Å
欠焦 C_1/nm	$\frac{1}{4}(\lambda g_{\max}^2)^{-1}$	0.40	0.31	1.0	0.25	0.4
二重像散 A_1/nm	$\frac{1}{4}(\lambda g_{\max}^2)^{-1}$	0.40	0.31	1.0	0.25	0.4
三级球差 C_3，C_s/μm	$\frac{1}{2}(\lambda^3 g_{\max}^4)^{-1}$	0.30	0.24	3.2	0.2	0.5
五级球差 C_5/mm	$\frac{3}{4}(\lambda^5 g_{\max}^6)^{-1}$	0.17	0.13	7.68	0.12	0.4
色差 C_{c1}/μm	10	10	10	10	10	10

目前对于像形成透镜采用六极球差校正器。单一的六极透镜会引入额外的像差（最明显的是在120°方位的畸变），所以需要安放一个转动了60°的第二个六极透镜。为了减少其他像差，在它们之前及中间还要引入较弱激发的传导圆透镜。这种校正器也被用于透射扫描电镜的束形成透镜球差校正[15]。考虑到透射扫描的特点，除在下面的六极透镜与物镜之间还要加一组传导圆透镜外，还须把扫描单元移到校正器与物镜之间，以避免扫描彗差。Zach 和 Haider 在1995年发展出用于低压扫描电镜的束形成透镜的 C_s/C_c 校正器[16]。这系统的基本构形包括四个强激发的四极场作会聚，同时有八极场和十二极场以补偿球差，色差校正是靠静电和磁的四极场。对于束形成透镜也有采用四极像差校正器，美国 Krivanek 研究组研制的专用像差校正透射扫描电镜就是这样配置的[17,18]。

美国的 TEAM 计划对透射电镜和扫描透射电镜都提出分辨率为 0.05 纳米的高要求。仅校正球差，还不能满足原位实验和研究磁性材料时用 Lorentz 模式的要求，由于波长短的优势，加速电压有趋于 200～300 千伏的选择，这对 C_s/C_c 校正器提出更高的要求。命名为“Apochromat”的校正器包括10组四极、八极元件，若干传导透镜和偏折器，能校正 C_s、C_c、B3（轴外彗差）。由于多极元件众多，需要超稳定的151个电流和4个电压供应单元。由于激发强度增强，校正器直径由30厘米扩大到35厘米，长度增加到82厘米，重量达470千克。结果在 TEM 和 STEM 模式均能达到50皮米的分辨率，在8000×8000CCD 相机全视场都达到信息分辨极限。该校正器已于2008年底装备了美国 TEAM 计划的有关仪器[15]。

三、单色器

在校正球差之后，信息分辨极限仅受限于电子波能量上的漫散。改进的措施有：冷场发射枪＋像差校正器；高亮度的热场发射枪＋电子枪的单色器；全消球差＋色差校正器。现介绍单色器。

单色器的策略是将高能电子先减速到1～5千伏，将电子束在能量上展宽，用适当的狭缝选取所需要的能量段的电子，经过滤的电子重又加速到最终电压。能量过滤是通过 Wein 过滤器实现的。即在垂直于磁场 $\vec{B}$ 加一个电场 $\vec{E}$，让电子沿电场方向而垂直于磁场射入，将受到洛伦兹力 $\vec{F}=q\ [\vec{E}+(\vec{v}\times\vec{B})]$。对于速度 $\vec{v}_0=\vec{E}/\vec{B}$ 的电子，$\vec{F}=0$，它直接通过狭缝；其他速度的电子将展宽而被过滤掉。调节电场和磁场强度就可选出所需能量的电子。

配合各种电子谱仪的单色器研制已有多年。单就能量分辨而言，有3毫电子伏，角分辨 0.1 毫弧度的高指标。但那种设备的最小束斑只有 0.1 毫米，是极好的谱仪，但不能做能量选择像，不适合与电镜配合。

Nion 公司新发展用于透射扫描电镜的单色器配置有 14 个 4 极透镜（Q）和 8 个六极透镜（S-Sextupole），达到指标是束斑 1～2 埃；能量漫散 10～30 毫电子伏；束流足够用于电子能量损失谱分析。

图 9-5 给出光学显微镜和透射电子显微镜分辨率随时间改进的曲线，小圆点代表光学显微镜的分辨极限为微米级；方块代表透射电子显微镜，从电子显微镜出现的同样是微米分辨能力，到 20 世纪 90 年代超高压超高分辨的电镜达到的 0.1 纳米分辨率，经历了半个多世纪。通过提高电压、减少波长来提高分辨率，其成本很高，难以普及。大圆点和虚线代表像差校正电镜成果：1995 年，德国科学家用电子全息术得到的 1 埃高分辨率；1998 年，德国科学家用 200 千伏球差校正电镜得到 1.2 埃分辨率；2004 年，美国科学家用像差校正的扫描透射电子显微镜得到 0.78 埃分辨率。显然，像差校正电镜的出现使分辨率的改进出现明显加速。

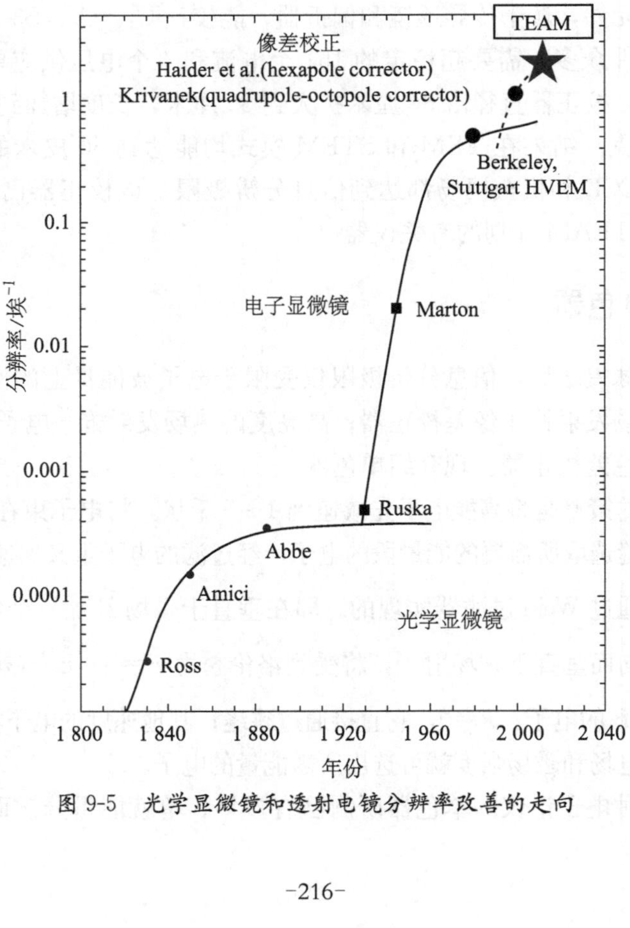

图 9-5　光学显微镜和透射电镜分辨率改善的走向

第三节　材料显微研究新机遇

一、像差校正电子显微学

(一) 提高分辨率

用像差校正电子显微镜可以拍出比未校正像差的电镜所拍的像更清晰的图像。之所以采用“更清晰”一词是因为单纯用“高分辨”来形容从像差校正电子显微镜拍出来的图像，目前还没有很大意义。拿未校正与已校正的电镜拍出图像进行比较，才看出图像质量的明显改善，尽管在大多数情况下，分辨率并没有提高。

图 9-6 是用我国第一台球差校正电镜［北京电子显微镜中心（清华大学）FEI Titan 80-300 电镜］拍出的 Si［112］取向原子像，图的左下方是用黑度计对“哑铃”两像点进行扫描的结果，0.78 埃分开的“哑铃”清晰可见。图 9-6 的右侧是输入相应成像条件和晶体厚度得到的计算模拟像，与实验像匹配良好。

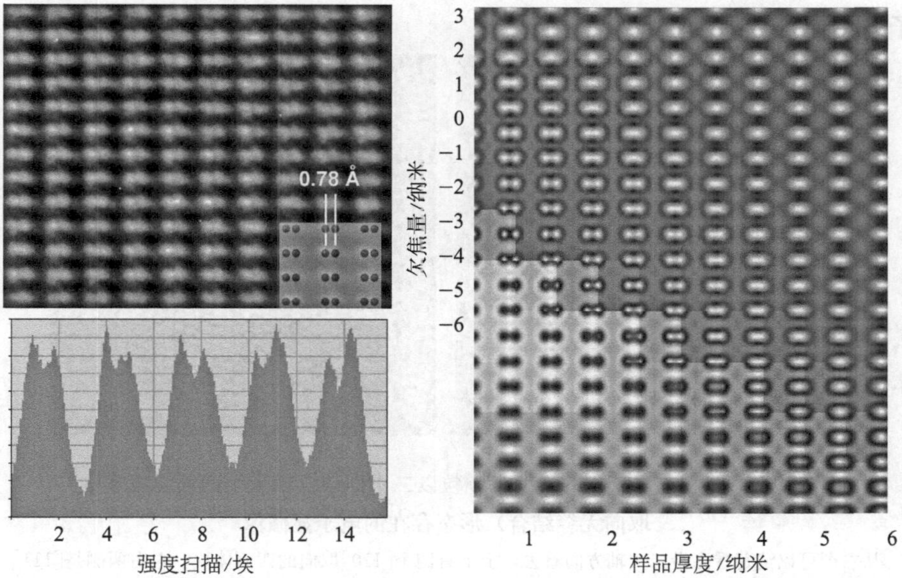

图 9-6　在北京电子显微镜中心 FEI Titan 80-300 电镜拍摄得到的硅［112］取向的高分辨像

左上图为实验像；左下图是对“哑铃”像点的强度扫描，0.078 纳米的间距被清楚分辨开；右图是像模拟，纵轴为欠焦量（单位：纳米），横轴为样品厚度（单位：纳米）

目前，电子显微镜分辨的最高纪录是由美国 TEAM 计划采用 C_s/C_c 校正器的电镜取得。他们拍得在 Ge［114］取向的原子像，相隔 47 皮米的“哑铃”投影已被分辨开。拍摄采用 STEM 模式[19]。

（二）减少离位效应

由于球差的影响，与光轴成不同角度的电子束成像会有横向位移，即所谓离位效应。像的离位效应也可以从透镜的点扩展函数来理解。不适当的球差存在会使物镜的点扩展函数大于相位衬度形成的像点，相邻像点的点扩展函数相互干涉会使图像失真（特别在表面或界面的情况）、模糊，从而使像点强度的定量化与结构对应有困难。降低球差会扫除这一障碍。图 9-7 给出 Fe 二十面体颗粒沿二次轴看去的原子像，边缘是颗粒最薄处。因为粒子是放在无定形碳膜上，所以 Fe 粒子表面原子像点的规则排列与碳膜的图像应该能够明确区分。图 9-7 左图是用无像差校正电镜拍摄的，颗粒表面有很粗一条白边，这是表面轮廓的欠焦菲涅耳条纹，它与表面呈亮点的原子混在一起，看不清表面原子构型。图 9-7 右图是从像差校正电镜得到的图像。对比可以看出。像差校正使离位效应大为减少[20]。不仅在表面得到清晰图像，而且经过细致的像模拟计算，还有可能从像点强度得到原子柱内原子数目的信息。

图 9-7　面心立方点阵的铁纳米颗粒以二十面体（二十个四面体以孪生取向无缝结合）形态存在的电子显微像

从右图可以清楚看出沿二次轴方向看去，上下有四个[110]取向的四面体块，左右两侧是[111]取向的四面体块，中间是[112]取向的四面体块。左右两图分别拍摄自没有与有像差校正的电镜。从颗粒边缘可看出离位效应的影响程度[20]

（三）轻重原子同时成像—负球差成像

直观观察化合物中轻原子一直是电子显微学中的难题。图 9-8 是球差校正电镜拍摄（$K_{0.5}Na_{0.5}$）NbO_3 的[110]取向的原子像，这是一种钙钛矿结构的铁电体。见图 9-8（d）的结构模型，铌氧八面体以顶点相连，钾、钠原子占领成近正方形的空隙位置。部分氧原子位移引发极化，这种位移由于钙钛矿结构的对称性，可能在不同区域沿不同方向，形成畴结构。晶体的宏观性能如铁电、压电等受畴壁结构影响很大，因此有关氧原子位移的细节一直很受关注。球差校正电镜不仅提高了分辨率，使氧原子柱与相邻金属、金属与氧原子混合原子柱能清楚分开，而且氧原子和金属原子柱都成像为亮点，衬度也很好。通过细致的分析，还可以把不同畴区内氧原子的位移测量出来[21]。

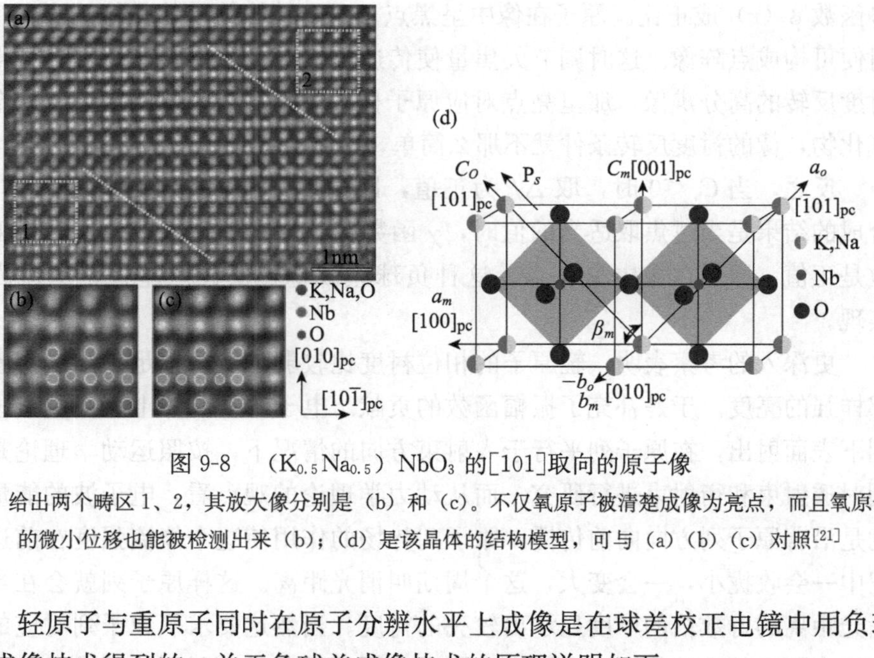

图 9-8 （$K_{0.5}Na_{0.5}$）NbO_3 的[101]取向的原子像

（a）给出两个畴区 1、2，其放大像分别是（b）和（c）。不仅氧原子被清楚成像为亮点，而且氧原子的微小位移也能被检测出来（b）；（d）是该晶体的结构模型，可与（a）（b）（c）对照[21]

轻原子与重原子同时在原子分辨水平上成像是在球差校正电镜中用负球差成像技术得到的。关于负球差成像技术的原理说明如下：

物镜由于像差造成的相位差函数

$$\exp\{2\pi i\ [\chi(\vec{g})]\}=\exp\left\{2\pi i\left[\frac{1}{2}\Delta f\lambda\left|\vec{g}\right|^{2}+\frac{1}{4}C_{s}\lambda^{3}\left|\vec{g}\right|^{4}\right]\right\}$$

这里由透镜像差导致光程差的 χ 函数的自变量用衍射矢量 g 表示，Δf 为离焦量，λ 是波长，C_s 是三级球差系数。携带着物的信息又经过物镜像差调制

的电子波强度分布是

$$I(r)=1-2\mu(r)*F\cos\chi-2\sigma\phi(r)*F\sin\chi$$

这里 F 表示傅里叶变换，第二项是电子波振幅，μ 表示吸收函数，第三项是对电子波相位的影响，σ 为电子与物的相互作用常数，ϕ 是晶体势函数。如不考虑振幅函数的影响，我们有衬度函数

$$C(r)=1-I(r)=2\sigma\phi(r)*F\sin\chi$$

当 $C_s>0$ 时，取 Δf 为负值，即欠焦，可起补偿球差的作用。如果考察 χ 函数对倒易矢 g 的分解曲线，$C_s\lambda^3g^4$ 此时为一条相位差函数为正值的较陡的曲线，而 $\Delta f\lambda g^2$ 在欠焦时为在负值的抛物线。合成的结果是当欠焦取适当的值时，χ 函数在 $\pi/2$ 处出现极值。使 $\sin\chi$ 函数在较大的 g 值范围展现绝对值为 1 的平台，造成物函数的较宽频率得以不受像差影响而参与成像，这个欠焦值也称 Scherzer 欠焦。在这种情况下，衬度函数是负值，且绝对值将与物的势函数 $\phi(r)$ 成正比。原子在像中呈黑点。对于结构简单的晶体，两三个衍射便可构成点阵像。这时调节欠焦量使传递函数的平台反转，那么也会得到衬度反转的高分辨像，那里亮点对应原子柱。对于复杂结构的晶体，如金属氧化物，像的衬度反转条件就不那么简单，必须依赖细致的像模拟计算。

反之，当 $C_s<0$ 时，取 Δf 为正值，即过焦，也可起补偿球差的作用。合成的结果是当过焦取适当的值时，χ 函数在 $\pi/2$ 处出现极值。这时衬度函数是正值，原子在像中呈亮点。这种负球差成像，仅在像差校正电镜方能实现。

更深入的考察表明，轻原子的相位衬度比较弱，似乎不足以给出实验像那样强的亮度。于是补充了振幅函数的贡献。电子波从晶体上表面垂直进入到下表面射出，在原子列平行于入射束方向的情况下，按照运动学理论是分别对透射束和衍射束进行研究，而从动力学理论的观点看，电子波的能量流动是沿着原子列方向向前传播。原子列势场的作用使这个能流强度在前进过程中一会收拢小，一会变大，这个周期叫消光距离。这样原子列就会在半个消光距离的奇数倍的厚度显示出较亮的衬度。当然这要求氧原子列对应的半个消光距离的奇数倍厚度，同时也要考虑到其他种类原子列的要求。德国的 Urban 研究组最早成功地运用负球差成像技术，并详细研究了有关成像条件，给予理论解释[22]。氧原子的位置和位移对解释有着钙钛矿结构的铁氧体的畴结构和电、磁性能很重要。Urban 研究组通过基体原子像点位置作内标的办法，将有些畴区的氧原子位移量测量精确到 6 皮米[23]。负球差系数技术对于成像（位置、亲度）的影响还在进一步研究中。

（四）系列欠焦像和原子分辨电子层析成像术

除了用硬件像差校正器减少或消除像差之外，还有利用软件来消除像差以改善电子显微像图像质量。

从弱相位体近似出发，高分辨电子显微像的分辨能力受限于包含有球差和欠焦量构成的物镜传递函数，使用退卷积的数学处理，有可能回复出在样品下表面的出射电子波函数，也就是物的势函数，一般认为这就能直观反映物的原子分布。如果拍摄多幅变焦系列的显微像，可得到更多信息进行图像处理。以下简述其原理[24]。

系列欠焦像的复振幅

$$\psi(x, y, \Delta f_n) = \phi(x, y) F[E(u, v)\ exp\ \{i\chi(u, v, \Delta f_n)\}]$$

此处 ψ 函数表示像函数，ϕ 函数表示物的势函数；E 函数表示由能量漫散和空间不相干性引起的衰减包络函数；χ 函数代表电子透镜球差与欠焦构成的光程差函数。

像强度

$$\begin{aligned} I_i(x, y, \Delta f_n) = |1+\psi(x, y, \Delta f_n)|^2 = 1+\psi(x, y, \Delta f_n) \\ +\psi^*(x, y, \Delta f_n) + h \end{aligned}$$

h 是单散射仍然成立的非线性项。

现在取出所希望的线性项，即第二项。对像强度的傅里叶变换乘以物镜传递函数的共轭，起退卷积作用，并将不同欠焦所记录的像求和：

$$\begin{aligned} S(u, v) &= \sum\nolimits_n I(u, v, \Delta f_n) \exp\{-i\chi(u, v, \Delta f_n)\} \\ &= \delta(u, v) + \phi(u, v)\sum\nolimits_n 1 \\ &\quad + \phi^*(-u, -v)\sum\nolimits_n \exp\{-i\chi(u, v, \Delta f_n)\} \\ &\quad + \sum\nolimits_n H_n \exp\{-i\chi(u, v, \Delta f_n)\} \end{aligned}$$

这里 $\phi(u, v) = -i\sigma F\{\phi_p(x, y)\}$ 是我们需要的像的衍射复振幅。$H_n(\Delta f_n)$ 是非线性项的傅里叶变换。注意到 $\sum_n 1 = N$，也就是说线性像积累了 N 次。而指数函数的 N 次求和仅是原值的 $N^{1/2}$ 倍。所以，将不同欠焦所记录像求和的效果是保留了线性像的特征，而降低了共轭像及非线性成像的干扰。

系列欠焦像的应用取得一定的效果。1998 年，在一台 300 千伏的电镜上的系列欠焦像处理得出分辨水平达到 0.078 纳米的图像[25]，但这种处理要求电镜的稳定性一定要好。如果装上像差校正器的电镜达到了所要求的稳定性，再应用系列欠焦像技术，可以得到更好的效果。

比利时 Dirk Van Dyck 教授和台湾陈福荣教授发展的“大爆炸”（Big Bang）原子分辨电子层析成像术（atomic resolution electron tomography）[26]方法以高分辨电子显微学出射波重构技术为基础，辅以一些特定的计算机三维重构计算算法，目前已能够在原子尺度上获得材料三维的结构信息，这一方法的原理是：在电子束经过试样中原子散射后按球面波传播的假设下，考察出射波的空间傅里叶变换，其各个分量的相位随傅里叶分量的平方是线性变化的，而斜率则是焦距（即原子至出射波平面的距离）。基于成熟的出射波重构技术，可以获得每一个原子的出射波在重构面上的振幅和相位信息，便可推得该原子的出射波传播到重构面时已走过的距离，即得到了原子在电子束传播纵深方向上的位置。应用此方法解出了双层石墨烯的三维结构，其重构结果中展现出处于两个平面的碳原子的层间距为 3.28 埃，与理论模型中预测的 3.35 埃相接近[27]。

二、扫描透射电子显微学与原子柱元素分辨的成分分析

在一般电子显微镜中，用选择电子能量损失谱所成的成分化学像的分辨不优于 1 纳米。这是由于要将束形成小于 1 纳米，不仅需要像差校正，而且要使这么小束斑下有足够大的束流，困难很大。Nion 公司研制的校正三级像差的 STEM，使束流增加 4～6 倍。无像差校正 STEM 的束形成光阑半角为 10 毫弧度，三级像差校正器使之加倍，因此对于同样光源束流增加 4 倍。五级像差校正器使半角再加倍，因此束流增加 16 倍。电子枪用冷场发射枪取代 Schottky 热发射枪，又可得到近 10 倍的收益。再加上相应的样品之后光学系统的改进保证收集更大散射角的信号，这一切使得束流达 0.78 纳安。图 9-1 已经给出砷化镓原子分辨的环形暗场像和元素分辨的电子能量损失谱元素选择成像。锂离子电池电极材料的结构表征的一个重要技术瓶颈是在原子尺度实现对锂离子的直接观测。对于 X 射线和电子散射，锂离子的散射截面相对较小，因此难以被观测。如何才能弱化原子序数对于图像衬度的影响，同时保留原子级分辨率？日本 Ikuhara 研究组展示了一种球差校正环形明场扫描透射电子显微方法，可以在原子尺度实现对锂离子的直接观测[28,29]。图 9-9（a）展示了环形明场光路图。电子束经过球差校正器，使其束斑尺寸小于 1 埃，电子束扫描并穿过样品，环形探头接收低角散射的信号。图 9-9（b）和图 9-9（c）分别显示了原子尺度下 $LiFePO_4$ 沿 b 轴的高角暗场像与环形明场像。特别是在环形明场像图 9-9（c）中，锂离子的空间排布可以被直接显现出来。通过系统地实验与模拟，可以获得锂离子的空间占位与空位等信息。

应用这一方法，他们已成功地研究了系列材料的表界面结构及储锂机制[30~33]。例如，在 $LiFePO_4$ 正极材料中，观测到了锂与锂空位有序分布的“阶”结构现象[28,31]。与之前提出的相边界推移、核壳结构等各类反应模型均不一致，对于深入认识这一材料的储锂机制及“阶现象”具有重要意义。该结果发表后为《自然・材料》杂志上的理论计算所支持。

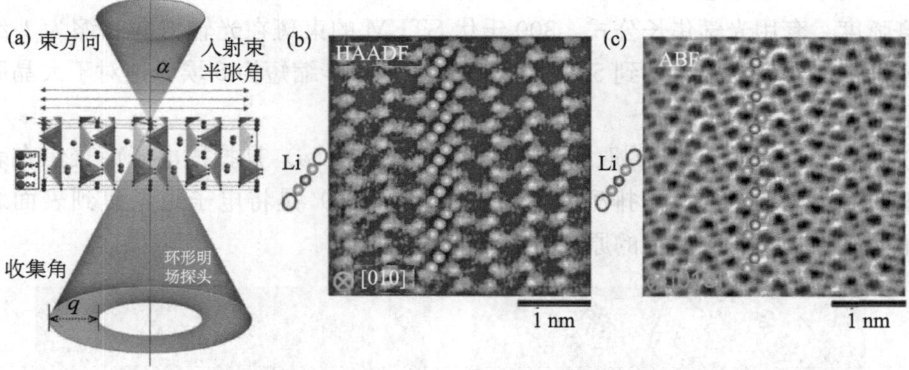

图 9-9　环形明场光路图（a），$LiFePO_4$ 沿 b 轴的高角暗场像（b），环形明场像（c）

三、三维原子像

以上介绍的都是二维的投影原子像。三维原子像的含义是在原子分辨水平上得到物体的三维原子排列状况的直观图像。原理上有多种途径：其一是用双倾样品台，在样品每个倾斜角度记录有原子分辨水平的图像，然后用计算机合成和复原出三维原子排列。但在任意角度拍摄物体的原子像目前尚不可能，何况也难以找到在任意角度都呈现对透射电子显微镜来说是合适厚度的物体，所以这一技术路线尚处于三维纳米分辨的水平。其二是沿着电子层析图的思路，利用扫描电子束很高的横向分辨率（50 皮米）和原子分辨水平的纵向分辨水平（1～2 纳米），对物体作不同焦长的一层一层扫描，最后把各层信息综合起来。

何谓电子束的纵向分辨水平？下面借用光束的三维强度分布作一说明。

考虑会聚球面波在圆孔的衍射，分别引入光轴上及垂直于光轴平面上无量纲变量 u，v，$u=2\pi\theta^2 z/\lambda$，$v=2\pi\theta\ (x^2+y^2)^{1/2}/\lambda$，这里 θ 是衍射张角，λ 是波长，x，y，z 是三坐标方向的度量。焦平面上强度分布 $I\ (v)=[2J_1(v)/V]^2 I_0$，这是圆孔夫琅和费衍射的爱里公式，用第一类贝塞尔函数表示，这在光学、电子显微学的教科书中都讲述过。现在关心光轴（z

方向）上的强度分布，$I(u)=[\sin(u/4)/(u/4)]^2 I_0$。注意 u 表示光轴上 z 方向的量。这是矩形孔夫琅和费衍射 $(\sin x/x)^2$ 类型的强度分布，轴上强度的第一个零值决定于 $u/4=\pi\theta^2 z/2\lambda=(+/-)\ \pi$，即 $z=(+/-)\ 2\lambda/\theta^2$。[34] 显然会聚角越大，光束在光轴方向的分辨水平就越高。这个道理在扫描透射电子显微镜中也适用。

用束形成像差校正电镜可将电子束会聚到亚埃尺度，相应会聚角高达 35 毫弧度。套用光学焦长公式，300 千伏 STEM 的束斑在光轴方向收缩为 1 纳米。下一代仪器如果做到 50 毫弧度，光斑进一步缩短为 5 埃。这对于大晶胞晶体已适于作层析。

图 9-10 是 Au[111]取向的原子像，图 9-10（a）是扫描电子束聚焦在表面时得到的图像，原子排列很完整；图 9-10（b）是将电子束聚焦到表面之下 6 纳米处，得到晶界的原子排列图像[35]。

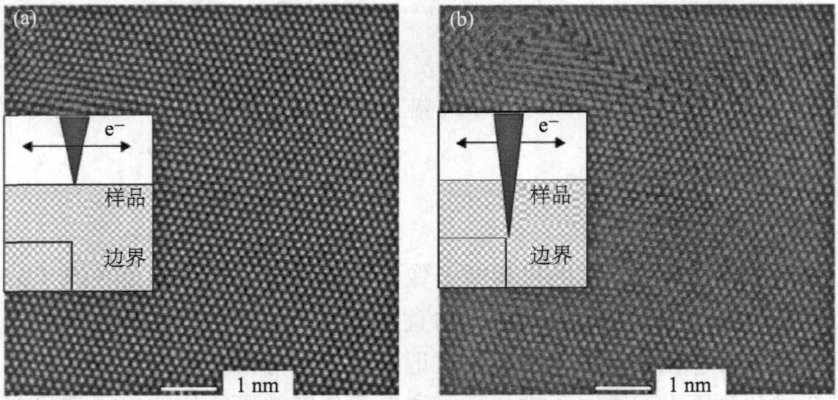

图 9-10　显示像差校正电镜具有三维原子成像能力的照片。Au 的［111］取向扫描透射环形暗场像

（a）是电子束聚焦在样品表面所得原子像，表面原子排列完整；（b）是将电子束聚焦在表面以下 6 纳米处扫描所得像，显示出的 $\sum 3$ 的｛112｝晶界[35]

四、复杂结构晶体表面与界面

材料的制备过程牵涉到加工导致的变形，其中，层错切变是滑移和孪生变形过程中重要的重要环节。简单金属中的滑移面上的层错切变机制在复杂结构中并不适用，因为复杂结构中滑移面不是单一原子面，而是复合的原子层。因此理解复杂结构晶体的滑移机制，进而推广到相应界面结构的研究，在材料科学中有基本的意义。

这里介绍的具体事例是拉弗斯相（Laves phase）的层错结构及滑移机制的研究。拉弗斯相是化学组成为 AB_2，两类原子半径比 r_A/r_B 在 1.22 附近的一类金属间化合物的总称。结构多型体包括 C15（abc 堆垛）、C14（ab 堆垛）、C36（abac 堆垛）。这里的小写字母表示的是密堆积面的堆垛顺序记号，不要与化学组成式子中的大写字母含义相混淆。密堆积面在立方结构为{111}面，在六角结构为（0001）面，它们在拉弗斯相都是复合原子面，四层原子面依次是三层 3^6 网格，分别有两层由原子半径大的 A 原子和一层小原子的 B 类原子占据，接下一层是 3636 网格的由小原子占据的层。如果沿〔2－1－10〕方向看去，{2－1－10} 面同样是三层复合原子层组成的。主层是五角形与三角形的网格，格内中大小原子都有；次层则是 3^6 的三角形网，全由小原子组成。图 9-11 左上角给出 C14 拉弗斯相沿〔2－1－10〕方向投影的结构模型，注意两个主层的五角形是反对称地堆垛，而次层的小原子正好坐落在主层五角形的中心。因此从这个方向看去，主次层的三层堆垛构一个五角反棱锥，次层原子是棱锥的顶点。如果把复合层扩展到三个次层、两个主层，那就呈现二十面体结构。这时投影轴成了五次轴，三个次层原子依次成为二十面体的角顶和中心原子。

试样成分为 Ni-33Al-7.5Cr-3.5Nb（原子百分比）的高温合金经快速冷却后在 800℃进行热压缩，然后制成适于透射电镜观察的样品。高温合金内有析出相 $NbCr_2$（C14）拉弗斯相，属六角点阵，点阵常数 a 为 0.493 纳米，c 为 0.812 纳米。电镜观察是在配有成像透镜球差校正器的 Titan 80-300 电镜中进行的。操作电压 300 千伏，球差设定在－13 微米。在焦长范围 20～－18 纳米之内采集了 20 幅图像，然后在 TrueImage 软件中完成出射波重构。

图 9-11 给出不同分辨水平的拉弗斯相的高分辨像。左下图是 20 多年前用分辨率为 0.25 纳米的日本电子 200CX 电镜拍的〔2-1-10〕方向 C14 拉弗斯相的像。由于分辨率的限制，当时只能分辨五角反棱锥的大通道。通道之间的距离为 0.45 纳米。右图则是最近在清华大学球差校正电镜上拍摄得到的同一方向的像。那里用红框勾画出投影单胞的大小，可见五角反棱锥的周边原子柱都已分辨开，最近邻原子柱的距离为 0.11 纳米。相关的像模拟图也置于像中。

以最简单的（0001）层错为例，因为这个点阵平面是四层原子的复合面。以图 9-11 左上方结构图为参考，那里垂直方向为〔0001〕。从堆垛 a（由小原子 B 在 3636 网格）到堆垛 b 要经过一层大原子 A 的 3^6 网格，一层小原子 B

的 3^6 网格（与下层A原子错开），再经过又一层A原子的 3^6 网格（同样与B原子和隔一层的A原子都错开），再到一层小原子B的3636网格，这是b位置。如果层错发生b到c堆垛的错动，滑移是如何启动与完成的呢？要知道层错的结果只不过产生一小片abc堆垛的C15拉弗斯相结构，也就是说含层错的拉弗斯相保持其拓扑密堆特征不变。显然单一的晶体学切变不能满足这一点。有的研究组提出一种“同步切移”的机制进行解释[36]。我们利用能量计算认为，引入“拖动切移”机制更为合理，并得到像差校正电子显微像的实验支持[37]。

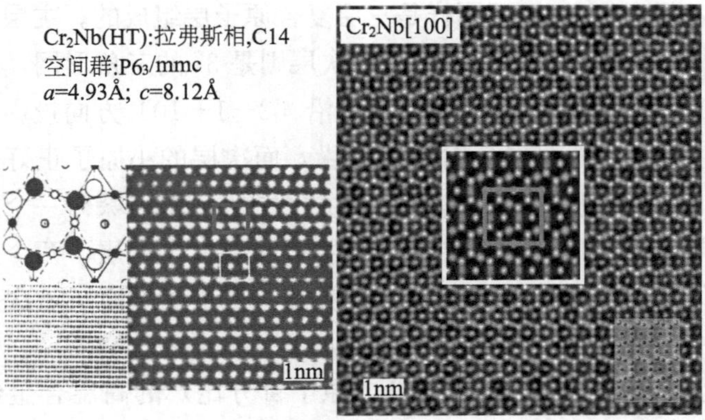

图 9-11　C14 拉弗斯相沿〔2-1-10〕方向高分辨像

左下图是用分辨率为0.25纳米的JEOL 200CX拍的像，仅能分辨大的原子通道；右图是用球差校正电镜拍得的像。五角反棱锥的周边原子柱均已分辨开，最靠近原子柱距离为0.11纳米

材料的表面结构在催化剂、纳米科技等广泛的领域有重要的意义，表面结构直接影响了材料的服役性能。扫描隧道显微学和低能电子衍射方法在表面科学领域被认为是比较有效的研究表面结构的工具；但前者除了不利于观察试样下表层的结构外，还要求试样是导体；而后者除了要求试样为单晶外，在求解的过程中需要较多的参数拟合。利用球差校正电子显微镜观察试样的近表面的截面像（cross-section）或表面的侧面像（profile），能直接获得试样表面原子构型，从而获得最表层原子的种类和电子结构[38,39]、表面弛豫[40]、表面应变[41]、表面的相变和可逆相变[42]。

五、时间分辨电子显微术

电镜里的原位观测不仅希望能在一定环境里用高空间分辨观察样品的物理、化学变化，也希望在较高的时间分辨水平纪录变化过程。超越已有的录像带记录的“慢速”，21世纪初发展了用激光脉冲辅助的时间

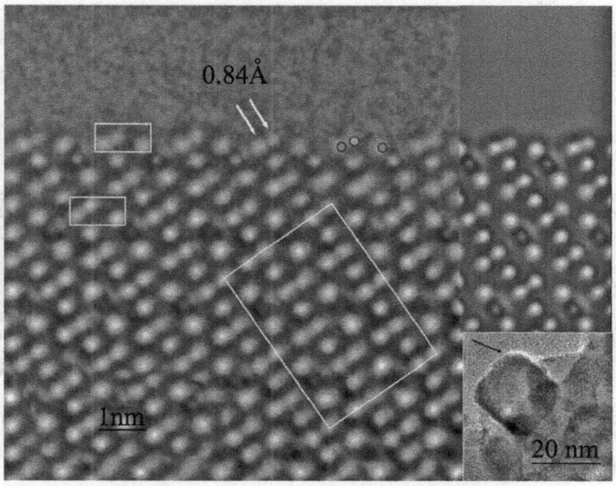

图 9-12 具尖晶石结构的 Co_3O_4 的［110］带轴的高分辨图像，显示了（111）表面，绿色的 Co 原子在最表层，红色的氧原子在次表层，表层的原子面之间收缩明显可见。精确确定原子的位置后，可用第一原理方法计算出表面原子的电子结构[39]

分辨电子显微镜[43]，又称动态透射电子显微镜（dynamic TEM-DTEM）。以在美国 Lawrence Livemore 国家实验室（LLNL）的 DTEM 为例加以说明。在 JEOL 2000FX 电镜中装入两个激光系统，第一个波长为 1064 纳米的激光打在样品上启动被电子束扫描的过程；第二个波长 211 纳米，时长 12 纳秒的激光脉冲通过反射镜打在光电阴极上，激发出时长约 15 纳秒，含 10^9 电子的电子束。这个电子束如在通常透射电镜那样被加速和会聚，成为通常透射电镜的电子源。因为电子的时间分辨来自激光，可用标准探头接受，少去其他途径如高速快门、连拍相机等限制。该装置的另一特点是采用环形暗场技术，这与扫描透射电镜无异，其优点是挡住了中央部分的相干散射，而把环形探头接受非弹性散射作为成像信息的主要来源。该装置所用环形探头内径 137 毫米，外径 264 毫米，对应于 20～40 毫弧度会聚角。虽然激光脉冲激发的电子束不算很强，但环形探头使线扫描的信噪比从 0.4 提高到 1.2。

图 9-13 展示了纳米颗粒的普通透射电子显微像（a），扫描透射明场像（b）和 15 纳秒脉冲的扫描环形暗场像（c）[44]。在明场像中，小于 50 纳米的颗粒看不大见。而在时间分辨暗场像中，许多 30 纳米的颗粒都可以看到。在对金与碳多层膜的测试中，LLNL 的 DTEM 达到 15 纳秒脉冲的 8 纳米空间分辨。虽然这个样品的质厚比格外的高，对信噪比的要求相应低一些。但已显示了动态透射电镜的高分辨水平。

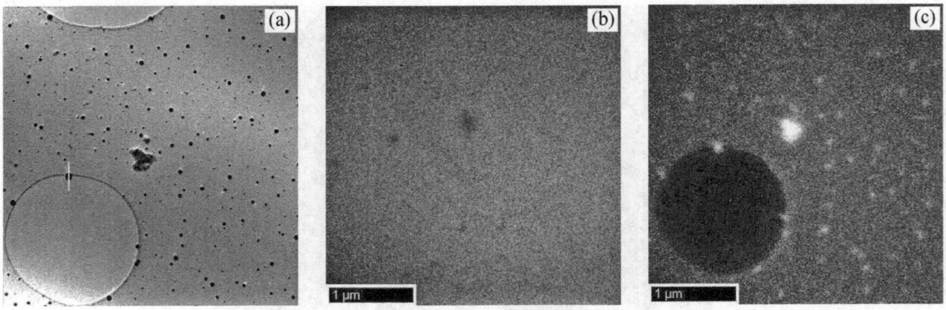

图 9-13　用时间分辨电子显微镜拍摄的金纳米颗粒的分布

(a) 普通电镜照片；(b) 用时间分辨电子显微镜拍摄的明场像，50 纳米以下颗粒很难看到；(c) 用时间分辨电子显微镜拍摄的环形探头接收的暗场像，30 纳米颗粒都能看到[44]。

六、电子全息术

电子显微像被记录的是电子波的强度，其相位信息就丢失了。盖柏(Gabor) 在 1948 年提出了相干衍射的概念——电子全息成像的原理[43]。电子全息成像技术（简称电子全息术）是利用电子与物体相互作用产生的出射波射与参考的相干波叠加而形成的干涉，所得到的全息图并不一定像物体，但它包含了重现物体出射波所必需的全部信息：振幅和相位。在 20 世纪 50 年代，电镜电子源的相干性很差，完成不了电子全息实验。20 世纪 60 年代，高相干性的激光问世，激光全息术得到长足发展。20 世纪 80 年代，在场发射电子枪出现之后，电子枪相干性不再成为制约因素，电子全息术重现生机。有关电子全息实验与理论请参见相关文献［46，47］。下面为行文的方便，作简单说明。

全息像可通过受照射物体发出的散射波沿光轴方向传播，而参考波的传播方向与光轴有一个夹角，称为离轴全息。在像平面记录到的全息图复振幅分布 $\Phi_2(x, y)$ 是出射波 $\Phi_0(x, y)=a(x, y)\exp[i\varphi(x, y)]$ 与参考波 $\Phi_r(x, y)=\exp[i(k_x x+k_y y)]$ 的相干叠加，x，y 为像平面上的空间坐标，$\varphi(x, y)$ 是物的势函数，其强度分布为

$$
\begin{aligned}
I_h(x,y)=|\Phi_r(x,y)+\Phi_0(x,y)|^2&=1+\Phi_0(x,y)\Phi_0^*(x,y)\\
&+\Phi_r(x,y)\Phi_0^*(x,y)+\Phi_r^*(x,y)\Phi_0(x,y)
\end{aligned}
\tag{9.1}
$$

将 $\Phi_0(x,y)$ 和 $\Phi_r(x,y)$ 代入式(9.1)，并展开得

$$
\begin{aligned}
I_h(x,y)=&1+a(x,y)^2\\
&+2Va(x,y)\cos[(k_x x+k_y y)+\varphi(x,y)]
\end{aligned}
\tag{9.2}
$$

这是一个以波矢 $\vec{k}$ 为载波频率并受物波相位因子 $\varphi(x, y)$ 调制的余弦型

干涉条纹，这里引入了参数 V，称为条纹的可见度（$0 \leqslant V \leqslant 1$），表明电子束照明条件对干涉条纹质量的影响，这就是电子全息图的数学表述。对式(9.1)作傅里叶变换后可得

$$F\{I_h(x,y)\}=\varphi_0(f_x,f_y)+\varphi(f_x,f_y-f_0)+\varphi(f_x,f_y+f_0) \tag{9.3}$$

其中 $\varphi_0(f_x, f_y)=F\{|\Phi_0(x,y)|^2+|\Phi_r(x,y)|^2\}$、$\varphi(f_x, f_y-f_0)=F\{\Phi_0(s,y)\Phi_r^*(x,y)\}$、$\varphi(f_x,f_y+f_0)=F\{\Phi_0^*(x,y)\Phi_r(x,y)\}$，$F\{T\}$表示对 T 作傅里叶变换，且有：$f_x=\dfrac{\sin\theta_x}{\lambda}$、$f_y=\dfrac{\sin\theta_y}{\lambda}$，$\theta_x$、$\theta_y$ 分别为衍射波的 x、y 分量与全息图法线方向的夹角，f_0 是由出射波和参考波的夹角所决定的空间频率。式(9.3)式是全息图作傅里叶变换后的数学表述，或称重构中的衍射图。$\varphi_0(f_x,f_y)$、$\varphi(f_x,f_y-f_0)$、$\varphi(f_x,f_y+f_0)$分别称为零级、+1 级和−1 级频谱，亦称中央带、两个共扼边带。通过滤波的方法，可以把 $\varphi(f_x,f_y-f_0)$ 或 $\varphi(f_x,f_y+f_0)$分离出来，再将其平移到傅里叶空间的原点得到$\varphi(f_x,f_y)$。对 $\varphi(f_x,f_y)$经过一定的处理，如去噪声、扣除透镜像差函数等，再作反傅里叶变换：

$$F^{-1}\{\varphi(f_x,f_y)\}=\Phi_0(x,y) \tag{9.4}$$

其中可将参考波 $\Phi_r(x,y)$看成常数。这样就实现了出射波的重现过程。该方法的优点是充分利用了离轴全息图频谱分离这一特点，消除零级、+1 级（或−1 级）以及噪音等因素的影响。通过数字化处理得到的物波复振幅可直接成像，也可以将复振幅进行相位和振幅的分离，然后用相位和振幅分别成像，得到相位衬度像和振幅衬度像。

请注意（9.4）式，物体的出射波所包含的势函数即可推算出来。物的势函数包括电场与磁场的贡献

$$\varphi(x,y)=\sigma V_{\text{proj}}(x,y)-2\pi\frac{e}{h}\phi_{\text{mag}}(x,y) \tag{9.5}$$

$\sigma=2\pi e/h\nu$。举例来说，对于 200 千伏电镜，$\sigma=0.0073$/伏纳米，对于要达到 $\phi=2\pi$ 的相位移动，投影势要对应 861 伏纳米。而实际相位测量下限为 $\delta\phi_{1\text{im}}=2\pi/30$，所以噪声以上的投影势可测值为 29 伏纳米。下面以铁电体的极化场测定来说明中等分辨的电子全息术的应用。

在铁电材料中，电极化 $\vec{P}$ 激起一个电场

$$\vec{E}_{\text{pol}}=-\frac{\vec{P}}{\varepsilon_0} \tag{9.6}$$

ε_0 为介电常数。这电场引起特殊的内势

$$V_{\text{pol}}(\vec{R})=-\int_{-\infty}^{\vec{R}}\vec{E}_{\text{pol}}\mathrm{d}\vec{R}\text{；}\vec{R}=(x,y,z) \tag{9.7}$$

沿 z 方向积分得到投影势

$$V_{\mathrm{Proj}}(x,\ y) = \int_{-\infty}^{\infty} V_{\mathrm{pol}}(\vec{R})\ \mathrm{d}z \tag{9.8}$$

显然，不在像平面上取向的极化的势沿 z 方向的投影将“看不见”，只能探测到其在像平面上的分量。所以铁电样品的相位移是由极化向量投影在像平面上的分量给出

$$\vec{P}_{\mathrm{proj}}^{\text{平面内}} = \int_{-\infty}^{\infty} \vec{P}^{\text{平面内}}\mathrm{d}z \tag{9.9}$$

相位移是

$$\varphi(x,\ y) = \sigma V_{\mathrm{proj}}(x,\ y) = \frac{\sigma}{\varepsilon_0}\int_{\text{真空}}^{\vec{r}} \vec{P}_{\mathrm{proj}}^{\text{平面内}}(\vec{r}')\ \mathrm{d}\vec{r}',\ \vec{r} = (x,\ y) \tag{9.10}$$

在这种定义下，沿极化方向，相位增加。

图 9-14 是锆钛酸铅压电陶瓷的电子全息图，经重构后的相位图（a）及其相位分布的数值分析（b）与（c）[48]。从相位分布的梯度，可以推算出压电晶体在 b、c 区的极化方向。初看来，从 c 区似乎有极化方向“头对头”的现象。从固体物理的角度看，这是不太可能发生的。细致的分析表明，无论 b 区还是 c 区，都有一个过渡带。图 9-14 中箭头给出极化向量分布的示意图。在中等分辨水平的电子全息图的相位移分析对于电场、磁场分布提供丰富的资料。在微电子、光电子器件中注入原子的分布等研究，也是有力的工具[49]。

对于高分辨的电子全息图来说，也具有不可替代的功能。在高分辨电子显微像中，只有像强度被记录，相位信息则被丢掉了。在离轴电子全息中，像的傅里叶变换包含着非线性的中央带（与普通像强度的傅里叶变换一样）和纯线性的边带。曾经做过这样的实验。对［110］取向的 Ge/CdTe 界面拍摄全息图，其傅里叶变换的中央带与边带显示出微妙的差别。Ge 与 CdTe 同属面心立方点阵，且有平行取向，但前者点阵常数稍大，所以两套点子中靠里边一套属于 Ge。Ge 是金刚石结构，且是单质，所以其｛200｝衍射是禁止衍射。CdTe 是异质金刚石结构，｛200｝是不消光的。中央带中 Ge 的禁止衍射出现，说明动力学衍射不可忽视。但边带中禁止衍射没有出现，说明运动学衍射成立。这样，将全息图的边带进行重构可以得到实空间和倒空间的振幅像与相位像，这些二维的数据提供了进行有效的定量波动光学分析的可能：如事后校正像差，即使硬件的球差校正器把电镜分辨推进到 0.1 纳米以下，但高阶像差还需

要校正；又如晶体的稍为倾斜会造成全息图变换出的边带图衍射点强度不对称，据此可作精确对中；再如通过全息纳米衍射可以很容易作局域的晶体厚度与倾斜度的测量。

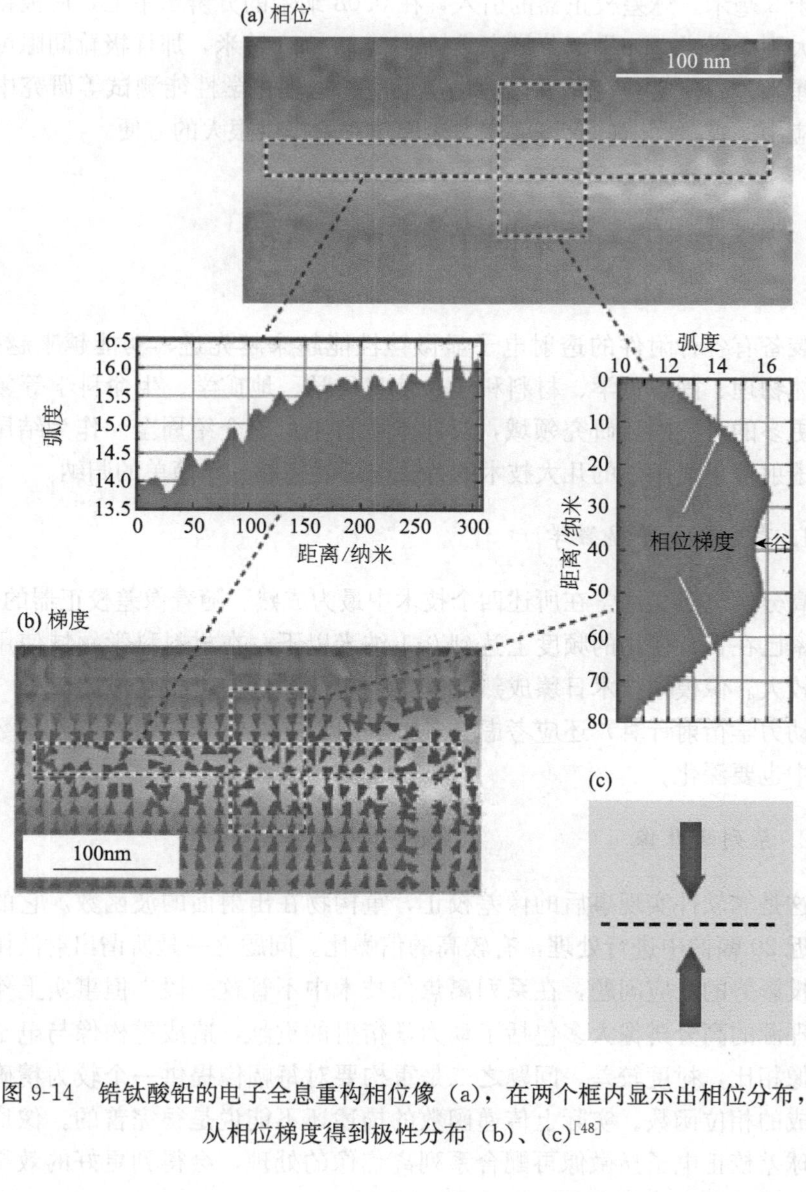

图 9-14　锆钛酸铅的电子全息重构相位像（a），在两个框内显示出相位分布，从相位梯度得到极性分布（b）、（c）[48]

七、原位电子显微术

在传统的电子透镜设计中，需要上下极靴尽量靠近以降低球差，一般间隙小于3毫米。球差校正器的引入，在0.08纳米的分辨水平上，使极靴间隙可扩大到5毫米。如果把分辨率维持在0.2～0.3纳米，那样极靴间隙可放宽至2厘米。原位实验在环境包、化学反应、物理化学性能测试等研究中都有很多应用。极靴间隙的允许度增大给原位实验提供很大的方便。

第四节　小　　结

装备有各种附件的透射电子显微镜性能越来越先进，功能越来越强大，对固体物理、固态化学、材料科学、信息科学、地矿学、生命科学等领域贡献着更多的可能的新研究领域，对此本章自不可能介绍周全。作为结尾，将现行透射电子显微学的几大技术的特长与可能拓展，作简单的归纳。

1. 高分辨电子显微学

高分辨电子显微学在所述四个技术中最为成熟。随着像差校正器的使用，分辨率已在日常使用的频度上达到0.1纳米以下，在材料科学领域使用的广度比较大。像模拟技术日臻成熟，但对于电子束与物质相互作用部分（程序中用动力学衍射计算）还应考虑更多影响因素，而电子透镜的像差函数，在程序中也要深化。

2. 系列离焦像

这是靠软件实现事后的像差校正，重构物在出射面的波函数。它的优点是从近20幅像中进行处理，有较高的信噪比。问题之一是所谓出射波函数与物的投影势的对应问题，在系列离焦像技术中不管这一段。但事实上作为图像处理源的高分辨像大多包括了动力学衍射的贡献，造成重构像与电子全息重构像相比，衬度较差。问题之二是重构要对每幅像提供一个较为精确的像差形成的相位函数。实际上传递函数的描述还不能说是很完善的。像形成透镜的球差校正电子显微像再配合系列离焦像的处理，会得到更好的效果。问题之三是采集多幅图像过程中试样的漂移。

3. 原子序衬度像

束形成透镜的像差校正也达到0.1纳米的高分辨水平，而且扫描像中像点强度与原子序大致有 $Z^{1.7}$ 的对应关系。加之它与电子能量损失谱的兼容，亚埃大小的束提供足够的亮度，使之实现电子能量损失谱特征谱窗口扫描成像的图像提供原子柱的元素分辨。扫描透射电子显微镜是最有可能实现三维原子像的技术。

4. 电子全息术

提供像的相位信息，在中等分辨时测量电势、磁场、极性、离子注入等有无可取代的优势。从全息图作傅里叶变换得到的边带衍射是纯弹性散射电子的贡献，因此重构的相位像比一般意义上的物出射面波函数更靠近物的投影势函数。不过重构出来相位像的相位不一定仅仅对应着物的势函数，诸如样品厚度，晶体倾斜都会产生相位移动，所以电子全息对实验条件（包括样品）的要求较为严格。深入研究原子序对电子波相位移动的影响，有可能仅凭重构相位像的像点强度，便可指认对应原子柱的元素，或者原子柱内原子数目。

参考文献

[1] Li D X, Ping D H, Ye H Q, et al. HREM study of the microstructure in nanocrystalline materials. Materials Letters , 1993, 18: 29-34.

[2] Watanabe M, Ackland D W, Burrows A, et al. Improvements in the X-ray analytical capabilities of a scanning transmission electron microscope by spherical-aberration correction. Microsc Microanal, 2006, 12: 515.

[3] 日本电子株式会社 . JEOL NEWS. http: //www. jeol. co. jp/technical/eo. htm, 2012.

[4] Erni R, Browning N D. *In*: Tanaka N, Takano Y, Mori H, et al. Proc Asia-Pacific Conference on Electron Microscopy (8 APEM). Kanazawa: 8 APEM Publication Committee, 2004: 130-131.

[5] Seidel L. Zur Dioptrik Ueber die Entwicklung der Glieder 3ter Ordnung, welche den Weg eines ausserhalb der Ebene der Axe gelegenen Lichtstrahles durch ein System brechender Medien bestimmen, von Herrn Dr. L. Seidel. Astronomische Nachrichten, 1856, 43 (19): 289-304.

[6] Seidel L. Zur Dioptrik Ueber die Entwicklung der Glieder 3ter Ordnung, welche den Weg eines ausserhalb der Ebene der Axe gelegenen Lichtstrahles durch ein System

brechender Medien bestimmen, von Herrn Dr. L. Seidel. Astronomische Nachrichten, 1856, 43 (21): 321-332.

[7] Seidel L. Zur Dioptrik Ueber die Entwicklung der Glieder 3ter Ordnung, welche den Weg eines ausserhalb der Ebene der Axe gelegenen Lichtstrahles durch ein System brechender Medien bestimmen, von Herrn Dr. L. Seidel. Astronomische Nachrichten, 1856, 43 (20): 305-320.

[8] Klein M V. Optics. Wiley Intenational Edition, 1970, 141.

[9] Scherzer O. Theoretical proof that Cs and Cc are unavoidable with round electron lences. Z Phys. 1936, 101: 23.

[10] Scherzer O. Ein neues Verfahren Zur Bestimmung des Öffnungsfehlers von Electrbnenlinsen (A new method for determination of aperture aberrations of electron lenses). R Seeliger in Optik, 1948-1949,4: 258-262.

[11] Septier A. Electron Microscopy in Material Science. Pittsburgh: Academic Press, 1971: 14-73.

[12] Krivanek O L, Ursin J P, Bacon N J, et al. High-energy-resolution monochromator for aberration-corrected scanning transmission electron microscopy/electron energy-loss spectroscopy. Phil Trans R Soc A, 2009, 367: 3683-3697.

[13] Rayleigh L. Investigations in optics, with special reference to the spectroscope. Phil Mag, 1879, 8 (5): 463.

[14] Haider M, Muller H, Uhlemann S, et al. Prerequisites for a C-c/C-s-corrected ultrahigh-resolution TEM. Ultramicroscopy, 2008, 108: 2008, 167.

[15] Haider M, Hartel P, Müller H, et al. Current and future aberration correctors for the improvement of resolution in electron microscopy. Phil Trans R Soc A, 2009, 367: 3665-3682.

[16] Zach J, Haider M. Correction of spherical and chromatic aberration in a low voltage SEM. Optik, 1995, 98: 112-118.

[17] Dellby N, Krivanek O L, Nellist P D, et al. Progress in aberration-corrected scanning transmission electron microscopy. J Electron Microsc, 2001, 50 (3): 177-185.

[18] Krivanek O L, Corbin G J, Dellby N, et al. An electron microscope for the aberration-corrected Era. Ultramicroscopy, 2008, 108: 179-195.

[19] Erni R, Rossell M D, Kisielowski C, et al. Atomic-resolution imaging with a sub-50-pm electron probe. Phys Rev Lett, 2009, 102: 096101.

[20] Ling T, Xie L, Zhu J, et al. Icosahedral face-centered cubic Fe nanoparticles: Facile synthesis and characterization with aberration-corrected TEM. Nano Letters, 2009, 9 (4): 1572-1576.

[21] Lu N, Yu R, Chen Z Y, et al. Ferroelectric polarization and domain walls in orthorhombic ($K1-_xNa_x$) NbO_3 lead-free ferroelectric eramics. Appl Phys Letters,

2010, 96: 221905.

[22] Urban K W, Jia C L, Houben L, et al. Negative spherical aberration ultrahigh-resolution imaging in corrected transmission electron microscopy. Phil Trans R Soc A, 2009, 367: 3735-3753.

[23] Houben L, Thust A, Urban K. Atomic-precision determination of the reconstruction of a 90 degrees tilt boundary in $YBa_2Cu_3O_7$-delta by aberration corrected HRTEM. Ultramicroscopy, 2006, 106: 200-214.

[24] Coene W, Janssen G, Op de Beek M Van Dyck D. Phase Retrieval Through Focus Variation for Ultra-resolution in Field-Emission Transmission Electron-microscopy. Phys Rev Lett, 1992, 69: 3743-3746.

[25] O'Keefe M A. Seeing atoms with aberration-corrected sub-Angstrom electron microscopy. Ultramicroscopy, 2008, 108: 196-209.

[26] Van Dyck D. Chen F R. "Big Bang" tomography as a new route to atomic-resolution electron tomography. Nature, 2012, 486 (7402): 243-246.

[27] Reich S, et al. , Tight-binding description of graphene. Phys Rev B, 2002. 66 (3): 35412-35412.

[28] Gu L, Zhu C B, Li H, et al. Direct observation of lithium staging in partially delithiated $LiFePO_4$ at atomic resolution. J Am Chem Soc, 2011, 133: 4661-4663.

[29] He X, Gu L, Zhu C, et al. Direct imaging of lithium ions using aberration-corrected annular-bright-field STEM and associated contract machanisms. Mater Express, 2011, 1: 43-50.

[30] Lu X, Jian Z L, Fang Z, et al. Atomic-scale investigation on lithium storage mechanism in $TiNb_2O_7$, energy environ. Science, 2011, 4: 2638-2644.

[31] Suo L M, Han W Z, Lu X, et al. Highly ordered staging structural interface between $LiFePO_4$ and $FePO_4$. Phys Chem, 2012, 14: 5363-5367.

[32] Lu X, Zhao L, He X Q, et al. Lithium storage in $Li_4Ti_5O_{12}$ spinel: the full static picture from electron microscopy. Adv Mater, 2012, 24: 3233-3238.

[33] Wang Y Q, Gu L, Guo Y G, et al. Rutile-TiO_2 Nanocoating for a high-rate $Li_4Ti_5O_{12}$ anode of a lithium-ion battery. J Am Chem Soc, 2012, 134: 7874-7879.

[34] Born M, Wolf E. Principles of Optics. London: Pergamon Press, 1975. 中译本：光学原理．杨葭荪等译校．北京：科学出版社，1978：578.

[35] Dahmen U, Erni R, Radmilovic V, et al. Background, status and future of the transmission electron aberration-corrected microscope project. Phil Trans R Soc A, 2009, 367: 3795-3808.

[36] Chisholm M F, Kumar S, Hazzledine P. Dislocations in complex materials. Science. 2005, 307: 701.

[37] Zhang W , Yu R, Du K, et al. Undulating slip in laves phase and implications for de-

formation in brittle materials. Phys Rev Lett, 2011, 106: 165505.
[38] Lu N, Wan Q H, Zhu J. Surface structure of Zigzag SnO_2 nanobelts, surface structure of Zigzag SnO_2 nanobelts. J Phys Chem Lett, 2010, 1 (9): 1468-1471.
[39] Yu R, Hu L H, Cheng Z Y, et al. Direct subangstrom measurement of surfaces of oxide particles. Physical Review Letters, 2010, 105: 226101 .
[40] He M R, Yu R, Zhu J. Subangstrom profile imaging of relaxed ZnO (10 (1) overbar0) surfaces. Nano Letters, 2012, 12: 704-708.
[41] Gan L, Yu R, Luo J, et al. Lattice strain distributions in individual dealloyed Pt-Fe catalyst nanoparticles. J Phys Chem Lett, 2012, 3: 934-938.
[42] He M R, Yu R, Zhu J. Reversible wurtzite-tetragonal reconstruction in ZnO (1010) surfaces. Angewandte Chemie International Edition, 2012, 124: 7864 -7867.
[43] King W E, Cambell G H, Frank A, et al. Ultrafast electron microscopy in materials science, biology, and chemistry. J Appl Phys, 2005, 97: 11110.
[44] Masiel D J, Browning N D. Time-resolved annular dark field imaging of catalyst nanoparticles. Chem Phys Chem, 2010, 11: 2088-2090.
[45] Gabor D. A new microscopic principle. Nature, 1948, 161: 777-778.
[46] Lichte H, Geiger D, Linck M. Off-axis electron holography in an aberration-corrected transmission electron microscope. Phil Trans R Soc A, 2009, 367: 3773-3793.
[47] 王岩国. 电子全息术在材料研究中的应用. 见:叶恒强,王元明. 透射电子显微学. 北京:科学出版社,2003。
[48] Lichte H, Formanek P, Lenk A, et al. Electron holography: Applications to materials questions. Annu Rev Mater Res, 2007, 37: 539-588.
[49] McCartney M R, Agarwal N, Chung S, et al. Quantitative phase imaging of nanoscale electrostatic and magnetic fields using off-axis electron holography. Ultramicroscopy, 2010, 110: 375-387.